打敗基因決定論

一輩子都可以鍛鍊大腦！

CONNECTOME

How the Brain's Wiring Makes Us Who We Are

承現峻 Sebastian Seung 著　陳志民 譯

獻給我摯愛的母親與父親
感謝你們創造了我的基因體
也塑造了我的神經連結體

打敗基因決定論

第三篇　先天與後天

第四篇　神經連結體學

推薦序（一）
人是扁舟，心是天地

大小創意齋共同創辦人兼創意長　姚仁祿

如果，我們向一個沒有看過兔子的人，解釋兔子是什麼，大概很難；但是，拿出兔子的圖片，大概就不需要太多解釋了。

同理，解釋「心」是什麼，也是一樣，對很多人來說，比起兔子，更是難以理解；但是，當有機會，看見圖片，理解腦神經細胞，在腦殼裡，依靠著相互連接，這樣的圖形樣貌，我們就比較有概念，也比較摸得著頭緒了。

我們也一定常聽人說「萬法唯心造」，意思是，所有的事，無論好事壞事，無論武器醫藥，好好壞壞，無一不是來自「心靈的創作」。

但是，「心靈」到底是什麼？

幾年前，我在ＴＥＤ網站上，看到本書作者，關於「Connectome」的介紹，精闢扼要的說明，加上，邏輯清晰的圖片，讓我深受吸引，原因是，這樣圖像化的概念，基本上，可以解釋「心」是什麼。

簡單的說，我的解讀是，Connectome，就是「心」的現代化解釋。

當作者在書的開頭，寫下：

「獻給我摯愛的母親與父親，感謝你們創造了我的基因體（genome），也塑造了我的神經連結體（connectome）。」

作者清晰的表達，父母給了他以基因體為核心的「生命」，同時，父母也在作者成長過程之中，費心費力的塑造了作者以Connectome為核心的「心靈」。

作者為什麼這麼說？

他解釋說：「你的『基因體』，在你當初受孕的那一刻就定了型，然而你的『神經連結體』並非如此，它在你這輩子活著的每一天都會有所改變。」

為什麼會改變？

因為，我們分分秒秒一直在做事情，我們也一直在做決定。我們做的事，我們做的決定，都讓我們的腦神經細胞的連接，不斷的改變。

我曾多次告訴有志上進的年輕朋友，不要怕看「看不懂的書」，因為看不懂，你會產生許多思考後的疑問，這些疑問，雖然，一時沒有答案，甚至，永遠沒有答案，但是，卻會讓你的腦神經細胞，產生作者說的四個「R」——重新加權（reweighting）、重新連結（reconnection）、重新接線（rewiring）、再生（regeneration）。

我的經驗是，這四個R，有許多好處：

其一，讓你在答案出現的時候，很快的認識，那就是答案。如果，你從來沒有疑問，就算答案站在你面前，拍你肩膀，你也不認識，他到底是誰？

其二，就算永遠沒有答案，這樣的思考訓練，也會讓你觸類旁通，創意十足，原因是，你的腦神經細胞連接，與他人有極大的不同。

其三，我認為是最大的好處，那是，你會懂得，自己不懂的，實在太多；所以，面對宇宙人生，面對知識心靈的遼闊與浩瀚，你會更加謙卑，但是，同時，卻也更有自信。

所以，作者說：「你們以為，我是因為知道這些答案，才會當上教授，其實我當上教授，是因為，我很清楚自己還有那麼多東西不知道。」

建議讀者，稍微仔細的讀完這本書。

因為，拜現代科技之賜，我們第一次，可以通過科學家的努力，「看見心靈的圖像」，也理解，我們的「心靈」，擠在小小的腦袋裡，竟然如宇宙般的無邊無際，令人著迷。

讀這本書的心境，也許，借用蘇軾的話，很貼切：「駕一葉之扁舟，舉匏樽以相屬；寄蜉蝣於天地，渺滄海之一粟」。

我們既是扁舟，又是天地，奇妙吧？

推薦序(二)

你就是你的神經連結體

清華大學系統神經科學研究所所長 焦傳金

大多數人都喜歡將大腦比喻成電腦,因為它可以處理訊息,也能儲存訊息。但我們都知道,人類大腦遠比現在世界上任何一台超級電腦都厲害,因為它能讓我們產生心智活動,也能讓我們有意識。大腦是如何做到的?重建大腦的神經網路就可以讓我們產生心智活動與意識嗎?

人類大腦是由約一千億個神經細胞所構成,彼此之間的聯繫方式就是本書所說的「神經連結體」。在過去超過一個世紀的努力,神經科學家已對部分神經組織的細胞形態及它們的連接方式有初步理解(例如:視網膜),但要對整個大腦的所有細胞類型與聯繫方式都能完全瞭解,直到今天仍是一個非常嚴峻的挑戰。

比起過去的神經科學家,當代的研究者有更先進的儀器設備,加上創新的研究方法,要去建構一個完整的人類大腦,包含它的所有細胞與全部的突觸連結,理論上是可以做到的,但問題是為何要這樣做?完成人腦的神經連結體能夠幫助我們理解大腦的運作方式嗎?對人類社會有何好處呢?在本書中,作者除了提供上述問題的獨到見解,也對「你就是你的神經連結體」的概念,做了深入的解析。

就像每個人的基因體都略有不同，每個人的神經連結體也不完全一樣。但跟基因體不同的地方是，神經連結體是每個人人生經驗的總和，每一次的學習，每一次的事件，都會改變我們的神經連結體，就像是影像光碟的刻痕，忠實的記錄了我們的生命軌跡。若是我們每個人都能建構一個屬於自己的神經連結體，那是否我們就能永久保留這些生命軌跡呢？答案其實目前還不確定，因為就像光碟要能重現影音，必須要有合適的光碟機才能播放，同樣的，神經連結體要能再現人生經驗，必須要對神經訊息的編碼與解碼有所瞭解才行，但是這點神經科學家還無法完全做到。

即使這個偉大的計畫——建構人類的神經連結體——還有很多不確定的地方，但這個目標本身就能激發許多科技的創新，更重要的是，它提供了人類對未來瞭解大腦的期望。藉由比較一般人與精神疾病患者的神經連結體，或許我們可以找出自閉症與精神分裂症的真正原因，進而以改變神經連結體的方式來治療精神疾病患者。對我們一般人來說，或許也可藉由瞭解每個人神經連結體的些微不同，幫助我們設計訓練方式來加強大腦的功能。當然在老化的過程中，神經連結體也會有不同程度的改變，知道這些神經網路的變異與阿茲海默症及巴金森症的關係，或許也可幫助我們找出治療這些神經退化性疾病的方法。

我覺得除了研究神經科學的老師與學生應該閱讀此書，因為作者將神經科學的研究脈絡做了非常清楚的介紹，其他任何對大腦如何感知世界、形成記憶、學習語言及形塑思考感到好奇的人，也都會喜歡此書，因為作者除了為我們提供了知性與感性的解答，更讓我們對大腦的探索充滿期待！

引言

為什麼每個人都不一樣？

沒有任何一條道路或小徑能夠穿越這座森林。那些樹木頎長纖細的枝條橫亙四處，以蓬勃生長之勢窒息所有空間；枝椏糾結纏繞，其間狹隘空隙曲折縈迴，連一絲陽光也無法穿透。這座黑暗森林裡的所有樹木，是由種在一起的上千億顆種子生長而來，而且所有樹木到了命定的某一天，都將同時凋亡。

這座森林既雄偉威嚴，又滑稽可笑，甚至還悲慘淒切，它可說是集上述感覺之大成。事實上，有時候我覺得它根本就是一切，包含所有小說與所有交響樂，所有殘忍凶殺及所有慈悲善行，所有愛戀韻事與所有齟齬衝突，所有戲謔玩笑及所有憂煩傷痛。所有的一切，全都來自這座森林。

如果你知道這座森林就裝在直徑不到一呎的容器裡，而且在這個地球上有七十億座這樣的林子，你可能會驚訝不已。你自己剛好就是其中一座森林的照護者，這座森林正位於你的頭蓋骨之內。我所提到的那些樹木，是一種特殊的細胞，稱為神經元。神經科學的使命，便是探索它們令人著迷的枝椏，以馴服這座心智叢林（參見圖一）。

神經科學家竊聽它們發出的聲音（大腦內部的電子訊號），也早就用精細描繪的圖示或照片來揭露神經元細胞令人驚異的面貌。然而我們真的能指望單靠少數幾棵零星散布的樹木，就足以瞭解這一整座森林嗎？

十七世紀時，法國的哲學家兼數學家布萊斯．巴斯卡（Blaise Pascal）曾經針對宇宙的浩瀚無際，寫下這段文字：

> 就讓人類細細尋思整個大自然的崇高巍峨吧！讓他目光宏遠，不再只見到周遭的卑微事物；讓他敬重那團猶如永恆燈火、照亮世界的熾烈光芒；讓他看出在這顆天體所敘述的浩淼星圖中，地球只是一個小點；讓他驚奇讚歎，因為自蒼穹中漫移的繁星處觀之，連這個巨碩圓球本身也不過是個渺小斑點。

這樣的想法讓巴斯卡深為震驚並倍感謙卑，他坦承這種「無限空間中的永恆寂靜」把他嚇壞了。巴斯卡沉思冥想的對象是外太空，不過我們只需要將自己的思緒往內轉，就能體會到他的恐懼。位於我們頭顱內那個器官的複雜度之壯闊深遠，很有可能同樣得以列入無限之列。

身為神經科學家，我早就經由第一手的資料明瞭巴斯卡體會到的那種恐懼，也同樣經歷過一些尷尬場面。有時我發表演說，介紹我們這個研究領域的現況，講完後總是會被一堆問題「痛宰」，像是：憂鬱症和精神分裂症的導因是什麼？愛因斯坦或貝多芬的大腦有什麼地方不一樣？

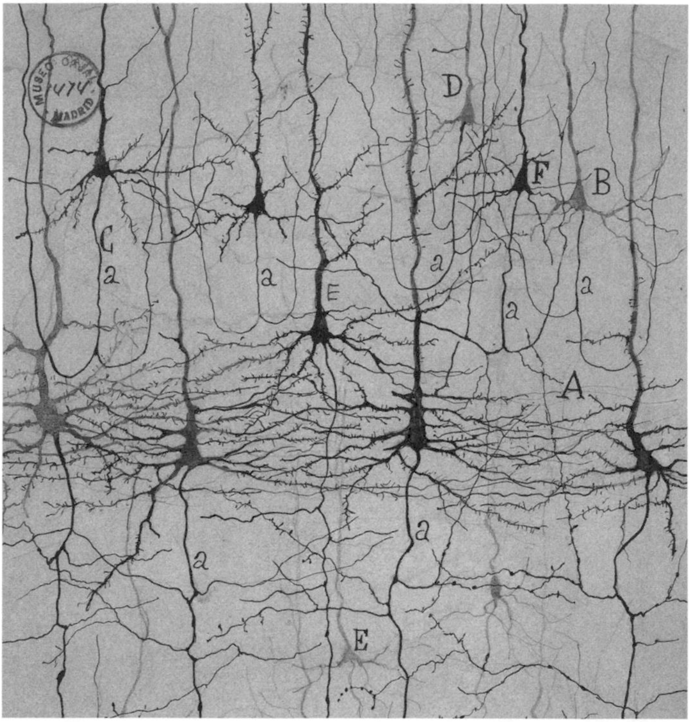

圖一：心智叢林：大腦皮質的神經元；以卡米洛．高爾基（Camillo Golgi, 1843-1926）發明的染色法上色，本圖由桑地亞哥．拉蒙．卡哈爾（Santiago Ramón y Cajal, 1852-1934）繪製。

我的孩子要怎樣才能學會把書讀得更好？只要我說不出令人滿意的答案，就會看到那一張張臉孔頓時垮了下來；最後我只能羞愧地向觀眾道歉：「真是對不起，」我說道，「你們以為我知道這些答案才會當上教授，其實我當上教授，是因為我很清楚自己還有那麼多東西不知道。」

以大腦這樣錯綜複雜的東西為研究對象，看起來幾乎是件徒勞無功的差事。腦中數以十億百億計的神經元，就像是種類繁多、各具奇形怪狀的樹木，只有決心最堅定的探險家，才膽敢寄望一瞥林中奧祕；但即使是他們，也只能窺見吉光片羽，而且視野總是一片模糊，難怪大腦至今仍然是個謎。我的觀眾們對於大腦故障或優異的表現格外好奇，但對於大腦，就算最平凡無奇的表現，我們也還沒有辦法提出解釋。每一天，我們都會回憶過去、感受現在、想像未來，究竟大腦是如何完成這些壯舉的呢？我可以肯定地說：沒有人真正知道。

因為被大腦的複雜性嚇到了，所以許多神經科學家選擇研究神經元數目比人腦少得多的動物腦。圖二所示的蠕蟲缺少我們所謂的「腦」，牠的神經元散布全身，而不是集中在單一器官上；牠的神經系統總共只含三百個左右的神經元——聽起來應該是在人力可以處理的範圍內。我敢打賭，即使是像巴斯卡那樣容易憂心忡忡的個性，應該也不會害怕這條秀麗隱桿線蟲（C. elegans，這種只有一公釐長小蟲的學名）所擁有的「森林」。

這條線蟲的每個神經元都得到獨一無二的命名，並且各有其特定位置與形狀。線蟲就像是工廠大量生產的精密機械：每一條線蟲都有相同組件構成的神經系統，並且這些組件總是以同樣的方式安置排列。

更重要的是，這種標準化的神經系統已經被完整勘測出來，並且繪成地圖，結果（參看圖

圖二：秀麗隱桿線蟲（C. elegans）。

三）就像我們在飛機上的航空雜誌封底看到的那種航線圖一樣。每個神經元的名稱以四個字母代表，有如世界各機場的三字母代碼；一條條直線代表神經元之間的連結（connection），就像是各城市之間的航線。如果神經元藉由小小的接頭〔稱為突觸（synapse）〕彼此接觸，我們就會說這兩個神經元互相「連結」。神經元會透過突觸彼此傳送訊息。

工程師都知道，若是想要做出一台收音機，就需要將一些電子元件，例如電阻、電容和電晶體組裝在一起；神經系統就是神經元的組合成品，再靠神經元纖細的分支「接線」，這就是為何圖三這幅神經地圖原本被稱為「接線圖」的緣故。最近有個新的名詞出現了：神經連結體（connectome，譯注：或譯「神經網路體」），這可不是電機工程學術語，而是基因體學（genomics）的用詞。你可能聽說過去氧核糖核酸（DNA）是一種像條長鏈般的長型分子，長鏈之間的個別連結則是稱為核苷酸（nucleotide）的小分子，分成四種，以英文字母A、C、G、T為代碼。你的基因體（genome）指的是你的DNA中核苷酸的整體序列，或者可以說是用這四個字母組出來的長串字母表。圖四摘錄自三十億個這種字母序列的組合，如果把這些字母全部印成一本書，這本書大概會有一百萬頁那麼厚。

所以「神經連結體」也是同樣一回事，**它指的是神經系統中各個神**

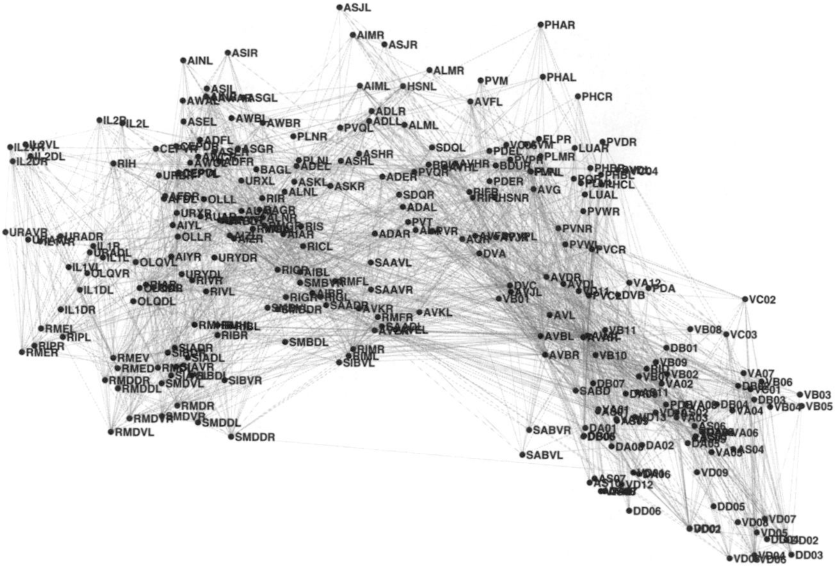

圖三：秀麗隱桿線蟲的神經系統地圖，或者稱為牠的「神經連結體」。

經元連結的整體狀況；這個名詞和「基因體」一樣，帶著「完整性」的意味。神經連結體指的並非一個連結，甚至也不是很多個連結，它的意思是全部的連結。原則上，你的腦子也可以用一張圖示來概括描述，就像線蟲的一樣，只是當然比牠的複雜多了。你的神經連結體會不會透露任何與你相關的有趣訊息呢？

它會透露的第一件事，就是**你是獨一無二的**；這一點你當然早就知道，但若想要明確定位出你的獨特性究竟所在何處，卻是出乎意料之外地困難。你的神經連結體和我的大不相同，它們並不像線蟲的神經連結體那樣標準化；這一點相當符合「人和線蟲不一樣，每個人都是獨一無二的」這種概念。（我可沒有故意要貶低線蟲的意思唷！）

差異性特別吸引我們的注意。當我們

```
>gi|224514737|ref|NT_009237.18| Homo sapiens chromosome
11 genomic contig, GRCh37.p5 Primary Assembly
GAATTCTACATTAGAAAAATAAACCATAGCCTCATCACAGGCACTTAAATACACTGAAGCTGCCAAAACA
ATCTATCGTTTTGCCTACGTACTTATCAACTTCCTCATAGCAAACTGGGAGAAAAAAGCAATGGAATGAA
TAAAATGATAGCCACAAAAATCAAGGTGGGAGAAATACTTATTATATGTCCATAAAAAATTTTAATTAAT
GCAAAGTATTAACACCAATGATTGCAGTAATACAGATCTTACAAATGATAGTTTTAGTCTGAACAGGACT
ATCCAAAAGTTAATTTTCTATAGTAACAGTTTTTAAATAAAATATCAATTCCTGAAACACATAAAATGGT
CCATGAGTATACAACGAGTGAAAAAAAACAAATTCAGAGCAAAGATAAATTAAGAAGTATCTAATATTCA
AACATAGTCAAAGAGAGGGAGATTTCTGGATAATCACTTAAGCCCATGGTTAAACATAAATGCAAATATG
TTAATGTTTACTGAATAACTTATCTGTGCCAAGTGGTGTATTAATGATTCATTTTTATTTTTCACTAAAT
CTTTTCTCTAAAGTTGGTGTAGCCTGCAACTAAATGCAAGAAATCTGACCTAGGACCTGCACTTCTTACC
ATTTTGCTCATATTTATTCCCTGTGCATTTTTGTAACATGTATATGTTATATATATAGAAAGAGAGAGAG
GCAGAGATGGAAAGTAATTTATGGAGTTTGATGTTATGTCAGGGTAATTACATGATTATATAATTAACAG
GTTTCTTTTTAAATCAGCTATATCAATAGAAAAATAAATGTAGGAATCAAGAGACTCATTCTGTCCATCT
GTGATAGTTCCATCATGATACTGCATTGTCAAGTCATTGCTCCAAAAATATGGTTTAGCTCAACACTGAG
TGACTATAGGAAACCAGAAACCAGGCTGGGCGCTAAAGATGCAAAGATGAATGAGACATCATCTCTGCCG
TCCAAAAGCTTACTGTCTAGTGGGAGAGTTACACACGTAAGGACAGTAATCTAATAAGAGCTAATAAGTG
AAAACTAAGATAAATTAATAATACAAGATTACAGGGAAGGTTTCCAAAGTCAATGAGGCCTCAAATGAAT
CTTGAAAGTGTGCAAGGATTAACCAAATGAAGAAATGTGTAAGTTTTTCAAACAAAAAGGAACAGCATGA
GCAAATGCAAGGAGGCCTAAAATAAAGAGATGTGTAAAGAGGTGTAAGCAGCTTTGTGCTACTGCCTGAT
AATTAGAAGAATATCGGGAGTAACAAGAGCTATAGAAGAGAGTCACAATTATGGAAAAATATTTATTAAA
TTATAAGAAATTTATAGCATAAGGAATAGTAGGACCATTAAATGTTTTAATAAAGATGATGCTTCTTTTT
TAATATTTATTTTTATTATACTTTAAGTTCTAGGGTACATGTGCACAACGTGCAGGTTACATATGTATAC
ATGTGCCGTGTTGGTGTGCTGCACCCATTAACTCATCATTTACATTAGGTATGTCTCCTAATGCTATCCC
TCCCCCCTCCCCCAACCCCACAACAGGCCGCGGTGTGTGATATTCCCCTTCCTGTGTCCAAGTGTTCTCA
TTGTTCAAGTCCCACCTATGAGTGAAAACATGCGGTGTTTGGTTTTTTGTTCTTGAGATAGATGATGCTT
TAAATTGACCACTCTAGCTGCATTGTGGGAGGAAAAAAAGATTTTAAAACAAGACTAGAAACAGAATAAT
TAGAAAAATGCAACTACAATGCAGATGAGTGATTATCAAGGTCTGAACTGAATAGTGGAAATAGAGATAA
```

圖四：人類基因體的簡短摘錄。

問道：腦子究竟如何運作？其實最令我們感興趣的是，為何每個人的腦子運作方式如此不同？為什麼我不能變得更外向一點，就像我那些個性外放的朋友一樣？為什麼我的兒子發現自己閱讀文字比同學困難得多？為什麼我那十來歲的表弟開始聽到想像中的聲音？為什麼我的母親漸漸失憶？為什麼我的配偶（或者我自己）不能更有同情心、更善解人意一點？

本書提出的是個簡單理論：**頭腦的差異源自神經連結體的差異**。這個理論常隱含在報紙的標題中，像是：「自閉症者的腦子接線方式與常人迥異」。一個人的個性與智商都可能可以用神經連結體來解釋，說不定連你的記憶，也就是你的自我認定上最與眾不同的面向，一樣可能早已編碼在神經連結體之中。

雖然這樣的理論已經存在很長一段時間，但神經學家仍然不知道它是否為真，不過它的影響顯然非同小可。如果這個理論是真的，那麼精神疾病治療最終指的就是修復神經連結體；事實上，任何一種個人的改變，包括自我教育、少喝一點水、拯救婚姻，其實都是在改變你的神經連結體。

還是讓我們先考慮另一種理論吧：心智的差異源自基因體的差異。就本質上而言，我們之所以是我們，正是因為我們的基因。個人基因體的新時代已經到來，很快地我們就能以快速而便宜的方法查出自己的DNA序列，我們還知道基因在精神疾病方面扮演某種角色，甚至在個性與智商的正常變異上也有所影響。如果基因體學已經這麼厲害了，我們幹嘛還要研究神經連結體呢？

原因很簡單：單靠基因，並無法解釋你的腦子為何一定會變成現在這個樣子。當你在母親子宮內舒舒服服地安頓下來時，你就已經擁有現在的基因體，但是並不會有初吻的記憶；你的記憶得自出生之後的時光，而非在此之前。有的人會彈鋼琴，有的人會騎自行車，這些都是經由學習獲得的能力，而不是基因中早已編寫好的天生本能。

你的基因體在你當初受孕的那一刻就定了型，然而神經連結體並非如此，它在你這輩子活著的每一天都會有所改變，現在神經科學家已經確認出這些變化的基本類型。神經元會藉著加強或削弱與其他神經元的連結，達成調整或「重新加權」的效果；它們還會透過生成或消除突觸的方式與其他神經元「重新連結」；並且靠長出或縮回分支來「重新接線」。最後還有一點：現有的神經元遭到淘汰後，全新的神經元將經由「再生」作用而生成。

我們不知道那些生命中的重大事件，像是父母離異、在國外度過美好的一年，究竟如何改變你的神經連結體，不過我們已經得到確切證據，證明上面提到的**四個「R」**：**重新加權**（reweighting）、**重新連結**（reconnection）、**重新接線**（rewiring）、**再生**（regeneration），都會被你的經驗所影響；但在此同時，這四個R也都遵循基因的引導支配。心智的確會受基因影響，尤其是腦子正在「自我接線」的嬰兒及童年時期。

基因和經驗都會塑造你的神經連結體。想解釋你的腦子為什麼會是現在這個樣子，就一定得同時考慮上述二者一路走來造成的影響。神經連結體理論和基因理論在解釋心智差異方面可以並行不悖，但前者遠比後者更為豐富及複雜，因為它還包含了活在這個世界上所遭受的各種影響。再者，神經連結體理論也比較沒有「一切皆已命定」的意味；我們很有理由可以相信：我們所採取的行動會塑造我們本身的神經連結體，即使那個念頭只是存在腦海裡，也一樣能產生效果。腦子的接線方式造就了我們，但是我們本身在腦子如何接線上，同樣扮演重要的角色。

若要把這個理論簡單地重述一次，那就是：

你不只是你的基因而已，你就是你的神經連結體。

如果這個理論是正確的，那麼神經科學最重要的目標，就是好好駕御這四個R的力量。我們必須先弄清楚想達成所期望的行為改變，需要讓連結體產生哪些變化，然後想出方法來造成這些變化。如果我們成功了，那麼神經科學將在人類治療精神疾病、治癒腦部損傷，以及提升自我的努力道路上，發揮極其深遠的影響。

由於神經連結體如此錯綜複雜，因此這個挑戰確實無比艱鉅。秀麗隱桿線蟲的神經系統僅僅包含七千個連結，繪製牠的地圖就花了十二年時光。你的神經連結體比它大上千億倍，連結的數目則是你的基因體所包含字母的一百萬倍。與神經連結體的複雜度相較，基因體不過是小孩子的玩意兒而已。

時至今日，我們的科技終於變得足夠強大，可以接受這個挑戰了。藉著操控精密複雜的顯微鏡，我們的電腦現在已經能夠收集並儲存構成龐大數據庫的大腦影像，電腦還可以幫助我們分析這些資料洪流，測繪定位神經元之間的連結。在這些機器智慧的輔助下，最後我們終將目睹長久以來一直無法捉摸的神經連結體面貌。

我相信在二十一世紀結束之前，我們有可能找出人類的神經連結體。不過首先我們要把研究對象從蠕蟲換成蒼蠅，接下來該對付的是老鼠，然後是猴子；最後我們將接受最終極的挑戰：完整的人腦。我們的後代子孫對這些成就的評價，勢必不亞於一場科學革命。

難道我們真的還得捱上幾十年，才能等到神經連結體告訴我們一些人腦的奧祕嗎？幸好並非如此，目前的科技已經強大到足以看見腦子裡許多小區塊的連結，這些知識雖僅是片斷，卻非常有用。此外，我們還能從演化過程中與我們關係親密的表兄弟：老鼠（mouse）和大鼠（rat），那裡學到很多東西，牠們的腦子和我們的非常相似，某些運作操控的原則是一樣的；研究牠們的神經連結體，不但能進一步闡明牠們的腦子內容，也能為我們的腦子透露端倪。

神經連結體中的自我

西元七九年時，維蘇威火山猛烈爆發，使得古羅馬的龐貝城遭到數以噸計的火山灰與熔岩所掩埋。時光就在那一瞬間凍結，龐貝城靜靜躺在那裡，等待了將近兩千年之久，才在偶然之中被建築工人發現。考古學家於十八世紀開始挖掘此地時，驚訝地發現所見情景有如古羅馬城鎮鉅細靡遺的生活快照：富裕人家的豪華度假別墅、街道上的噴泉、公共浴池、酒吧、妓院、一家麵包店、一座市場、一座體育館、一座劇院、許多描繪日常生活的壁畫，還有到處都看得到畫著陽具的塗鴉。這座死去的城市猶如一場展覽，讓人有機會見識古羅馬生活最精微的細節之處。

目前我們只能藉著分析死亡大腦的影像，來想像神經連結體的面貌，你可以把這工作想成腦子的考古學，不過它通常被稱為「神經解剖學」。一代又一代的神經解剖學家總是用力盯著顯微鏡下神經元的冰冷屍體，試圖想像它的過往。將死去的腦子裡的一個個分子用防腐液體固定住，就像是為曾經存在其中的思想與感情樹立紀念碑。到現在為止，神經解剖學的工作方式，和用硬幣、陵墓、陶器碎片等零碎證據來重建古老文明的方法並沒有很大差別。不過神經連結體就像是整個腦子的詳細快照，有如停留在時光軌道上的龐貝城一般；這樣的快照將徹底改革神經解剖學家的能力，讓他們能夠重建活生生大腦的運作狀況。

不過你應該會問我：既然已有時髦的科技可以研究活的大腦，幹嘛還要研究死的腦子呢？如果我們能讓時光倒流，重回以前充滿生氣的龐貝城，難道不會得到更多知識嗎？其實不見得如此，如果你想知道為什麼，請想像一下當我們面對一座活生生的小鎮時，觀察能力上會有什麼樣的局限。比方說，我們可以緊盯著某個鎮民的所有行動，但是這樣就沒有辦法同時看到其他所有居民的活動。或者說，我們也可以經由紅外線衛星影像看出鄰近地區的平均溫度，但是這麼做又看不到更清楚的細節。由於有這樣的限制，研究活生生的城鎮得到的訊息反而低於我們的期望。

我們研究活腦的方法也有類似的局限。如果我們把頭蓋骨掀開，就能看到個別神經元的形狀，並且測量它們發出的電子訊號，然而這麼做透露的只是腦子裡數以十億百億計的神經元中極小部分的情況。如果改用非侵入性成像方法穿透顱骨，來顯示大腦的內部狀況，那又無法看到個別的神經元，只能勉強接受這些與大腦各區域形狀及活動相關的粗略信息。我們不敢說未來會不會出現能夠消除這些限制的先進科技，讓研究者得以測量活生生腦子內每一個神經元的特性，但至少目前這種科技還只是個幻想。

測量活的腦子與死的腦子這兩種方式是互補的，在我看來，最強大有力的方法，就是把它們組合在一起。

不過，許多神經科學家並不贊同死的腦子也很有用，可以提供許多資訊的這種觀念，他們認為研究活腦是神經科學的真正出路，因為：

你就是你的神經元活動。

這裡所謂的「活動」，指的是神經元發出的電子訊號。由於已經測到這些訊號，代表我們找到充足證據，證明你的腦子在任何一刻都有神經活動，而你在那一瞬間的思想、感覺與感知，就是被編碼在這些活動裡。

「你就是你的神經元活動」這種想法，要怎麼與「你就是你的神經連結體」這種概念相符呢？這兩種說法看似互相矛盾，其實卻能兼容並蓄，因為它們起源於對「自我」的兩種不同概念。其中一個「自我」無時不刻都在快速改變：才發完一頓脾氣，馬上就開心起來；本來正在思考嚴肅的人生意義，一下子雞毛蒜皮的家務瑣事又湧上心頭；剛對著外面的落葉傷春悲秋，轉眼又被電視播的足球賽吸引過去。這個自我與意識交纏糾結，它千變萬化的本質源於大腦中迅速變化的神經活動模式。

另一個「自我」比較穩定，它畢生都保有童年的回憶，它的本質（我們稱之為「個性」）大部分都是恆定不變的，這個事實會讓家人和朋友倍感安心。這種自我的特性在你意識清楚時會表現出來，但在你處於無意識狀態，像是睡覺的時候，也依然存在。這種自我，就像神經連結體一樣，只會隨著時間過去而慢慢改變。這個自我就是帶來「你就是你的神經連結體」這種概念的自我。

從歷史上看來，「意識自我」獲得大部分的關注。十九世紀時，美國心理學家威廉．詹姆斯（William James）發表有關意識流（stream of consciousness）的灼見；意識流指的是連續不斷流過心頭的思緒。但是詹姆斯卻沒有提到每條河流都會有河床，如果沒有這道地表上的凹溝，水就不知道該往哪個方向流動。既然神經連結體限定了神經活動可以流動的路徑，我們便可以視之為意識的河床。

這個比喻很有用。經過一段長時間後，水流會慢慢塑造河床的形狀，就像神經活動也會漸漸改變神經連結體。前述兩種「自我」的概念：既是迅速流動、變化多端的水流，也是較為穩定、緩慢改變的河床，就是以這樣的關係彼此糾結、無法分離。這本書談的是當作河床的自我，存在神經連結體中的自我——也是已經被忽視太久的那種自我。

人究竟是什麼

在接下來的篇章，我將提出我對一個科學新領域：神經連結體學（connectomics）的願景。我的首要目標，是刻畫想像出神經科學的未來，並且和大家分享發現新知時的興奮悸動。我們究竟要如何找到神經連結體、瞭解它們的意義，並且發展出改變它們的新方法呢？如果未能充分瞭解我們的起點，就沒有辦法為將來規畫出最好的路線，所以我會先說明過去種種，告訴大家我們已經知道哪些事，又在哪些地方被卡住了。

大腦包含一千億個神經元，這個事實足以嚇倒最無畏的探險家。我在本書第一篇中會說明其中一種解決方式，那就是不要管神經元了，先把腦子劃分成少數幾個區域再說。神經學家藉著解讀腦部受損所造成的症狀，已經瞭解許多與這些區域的功能有關的知識；這種方法是經由十九世紀一種稱為顱相學（phrenology）的思想學派啟迪發展而來的。

顱相學家認為個人心智的差異，源自腦子本身以及其中各區域的大小不同。現代研究人員根據多位人體試驗受測者的大腦成像，已經確認了這種概念，並且用來對智力差異以及像自閉症與精神分裂症之類的精神疾病提出解釋。他們也已發現一些至今最有力的證據，證明「心智差異源於大腦差異」的概念；不過這些證據是統計數據，只能說是某些族群的平均結果。就預測個體心智特性而言，從腦子及其各區域的大小幾乎還是看不出什麼結果。

這樣的限制並非只是技術性的問題，而是根本上的問題。雖然顱相學認定腦子的區域各有職司，但卻未試圖解釋每個區域如何執行其功能。因為沒有做到這一點，我們就無法以令人滿意的方式解釋為什麼某些人的某個區域功能特別強，而其他人的同一個區域卻功能不良。我們應該可以，而且也必須找到不像「大小」這麼膚淺粗略的答案。

在本書第二篇，我將介紹一種替代顱相學的理論，稱為連結論（connectionism），此理論同樣可以追溯至十九世紀。這種方法在概念上更加雄心勃勃，因為它試圖解釋大腦的各個區域實際上如何運作。**連結論學者並不是把腦子的各個區域視為一個個基本單位，而是把它們看成由大量神經元組成的複雜網路**。網路中各個連結的組織方式井然有序，所以這些神經元可以集合起來產生複雜的模式，構成我們腦中各種感知及思維的基礎。這些連結的組織結構可以因經驗而改變，這一點讓我們有能力學習及記憶。基因也同樣會塑造這個組織結構，我們在第三篇將說明這一點，所以這理論也能解釋基因對心智的影響。這種概念聽起來相當強大有力，但是有個問題：它從來不曾被令人信服的實驗驗證過。雖然連結論就知性而言很有吸引力，但它始終未能成功地轉變為真正的科學，這是因為神經科學家一直缺乏良好的科學技術，無法將神經元之間的各個連結測繪定位出來。

簡而言之，神經科學一直背負著一個兩難的困境：顱相學的概念可以用實證檢驗，但是太過於簡化；連結論複雜得多，但它的概念卻無法以實驗來評估。我們要如何打破這個僵局呢？答案就是找到神經連結體，並且學習如何運用它們。

在本書的第四篇，我將探討如何做到這一點。我們已經開始研發尋找神經連結體的新技術，我將介紹最尖端的機器設備，這種機器很快就會在世界各地的實驗室裡勤奮運作。等到我們找到神經連結體後，又該把它怎麼辦呢？首先，我們會運用它來為大腦分割區域，助新的顱相學家一臂之力；我們也會把數量龐大的神經元分成不同類型，就像植物學家將樹木分為不同種類那樣。這樣做和神經科學裡的基因體學方法相吻合，因為基因藉著操控不同種類神經元與其他神經元接線的方法，對腦子發揮極大的影響。

神經連結體就像是一本本龐大的書籍，裡面的文字我們幾乎看不到，所用的語言我們也還無法理解；等到我們的科技讓裡面的文字清晰可辨，接下來的挑戰就是讀懂裡面的含義。我們將學習如何解讀寫在神經連結體裡的密碼，因為我們很想讀出裡面所包含的記憶。這些努力終將為連結論者的理論提供一個決定性的考驗。

然而只找到單獨一個神經連結體是不夠的，我們想要做到的是找出許多神經連結體，然後互相比較，以瞭解一個人的心智為什麼會和另一個人不一樣，還有一個人的心智為什麼會隨著時間改變。我們也要尋覓連結病變（connectopathy）的蹤跡，也就是神經連結的異常模式，這可能就是自閉症和精神分裂症這類精神疾病的導因。此外，我們還要尋找學習加諸神經連結體上的結果。

有了這些知識當靠山之後，我們將研發新的方法來改變神經連結體，目前最有效仍是傳統的方法：訓練我們的行為與思維。不過學習療法若獲得分子介入療法（molecular intervention）輔助，將會更有效果，因為後者可以促進神經連結體的四個R產生改變。

神經連結體學這門新科學並非一朝一夕就能建立起來的。如今我們只看得到這條道路的起點，而且還有許多障礙物橫亙前方；不過在未來的幾十年內，科技的進步以及因此而獲得的知識，勢必突飛猛進、無可抵擋。

神經連結體終將主宰我們對於「人究竟是什麼」的想法，所以本書的第五篇會以把科學推到邏輯最極致做為總結。所謂的超人類主義（transhumanism）運動早已精心建立詳盡的方案，想要超越人類原有狀況，然而機率會站在他們的那一邊嗎？企圖冷凍死者，最終讓他們復活的人體冷凍（cryonics）這種野心，究竟有沒有成功的可能呢？還有那種完全不受身體與大腦限制，以電腦模擬身分過著永遠幸福快樂生活的心智上傳電腦終極夢想，也是可能實現的嗎？我將嘗試從這些期望中找出一些具體的科學主張，並且提出如何運用神經連結體學理論，以實證來測試這些想法。

不過，讓我們先不要為這些與來世有關的念頭而飄飄然，讓我們先好好思索這輩子的生活，尤其應該開始想想前面所提過的問題，也就是每個人在生命中的某個時刻，多少都曾經想過的問題：**為什麼每個人都不一樣？**

第一篇

大小真的有關係嗎？

瞭解究竟是什麼東西讓腦袋變聰明，可以協助我們設計出更好的教學方法或其他工具，來讓大家都變得更聰明。

第一章
天才與瘋子

一九二四年，阿納托爾．法朗士（Anatole France）在羅亞爾河畔的圖爾（Tours）附近過世，全法國都在為這位著名作家哀悼時，當地醫學院的解剖學家卻在研究他的大腦，結果發現他的腦子只有一公斤重，比一般平均數字低了二五％。他的崇拜者大失所望、垂頭喪氣，然而我認為他們其實不應如此驚訝。從圖五的照片就可以看得出來，和旁邊的俄國作家伊凡．屠格涅夫（Ivan Turgenev）相較，法朗士根本像個「尖頭鰻」。

英國最知名的人類學家亞瑟．基斯爵士（Sir Arther Keith）表達了他的困惑：

> 雖然我們對阿納托爾．法朗士的腦子結構組織一無所知，但是我們確然知道他以這樣的腦子完成天才般的表現。他那些數以百萬計的其他同胞，即使腦子比他大上二五％，甚至五〇％，也只表現出日薪工人般的平均能力。

基斯特別標注：法朗士是「一般男人的平均身材」，所以他的腦子特別小並無法用身材矮小來解釋。基斯接著繼續表達他的莞爾與迷惑：

> 這種腦子重量與心智能力缺乏對應關係的情形……對我而言，是個終身難解之謎。我已經知道……那些頭最大、外表最睿智的人，在世界加諸他們的所有考驗上，都已證實一敗塗地；我也知道一些小頭人士反而成就輝煌，就像阿納托爾．法朗士一樣。

基斯坦承自己的無知，他的誠實令我驚訝；而他的那種想法——認為法朗士是神經方面的少年大衛，戰勝了如巨人歌利亞般的這個世界——則讓我忍俊不禁。有一次我在某個科學研討會把基斯說的這些話大聲朗讀

伊凡．屠格涅夫（Ivan Turgenev, 1818-1883），腦重二〇二一公克

阿納托爾．法朗士（Anatole France, 1844-1924），腦重一〇一七公克

圖五：兩位知名作家，他們的腦子都在過世後接受檢查及稱重。

出來，有位法國理論物理學家搖了搖頭，挖苦地做出評論：「反正法朗士也不是什麼偉大的作家吧。」觀眾大笑，等到我指出這位作家不夠專業的拙劣作品早已為他贏得一九二一年的諾貝爾文學獎時，眾人又再次哄堂大笑起來。

腦子差異造成心智差異

從法朗士的例子，可以看出個人腦子的大小和智力並沒有相關性，換句話說，對任何一個人而言，你都無法用其中一項的情況確定預測另外一項的狀況。不過事實證明，此二者的數值在統計學上確實有相關性——表示這個關係要從大批人口的平均數字上才看得出來。一八八八年，英國有位博學之士法蘭西斯・高爾頓（Francis Galton）出版一篇論文，標題是〈論劍橋大學學生的頭顱發育〉。他根據成績把學生分成三組，並且指出成績最優秀學生的平均腦袋大小，比成績最糟糕的那些學生稍微大一些。

多年來，已經有許多人進行過高爾頓研究的變化版本，採用的方法變得更加複雜；像是用標準化的智力測驗——俗稱ＩＱ（智商）測驗——來取代學校的成績。高爾頓估算腦袋容積的方式是測量頭顱的長、寬、高，再把這些數字相乘；其他研究者是用捲尺測量頭圍；不過最大膽無畏的人比較喜歡選擇將死者的腦子取出來稱重。所有這些方法現在看起來都太過粗糙原始，因為現今的研究人員已經可以利用核磁共振造影（ＭＲＩ）的方式，透過頭蓋骨直接看到活生生的腦子。這種令人驚歎的科技，可以形成人腦的橫切面影像，如圖六所示。

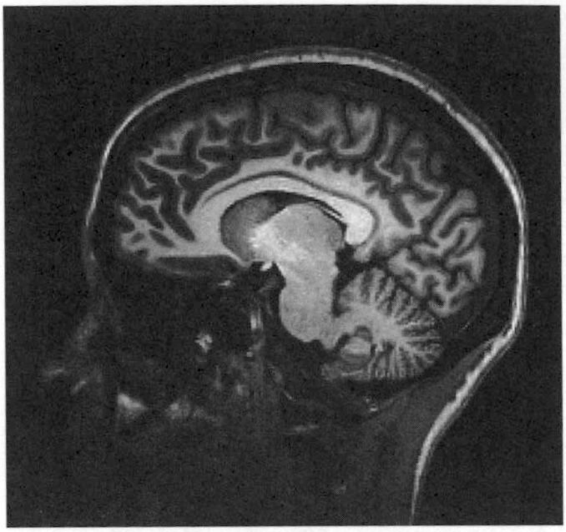

圖六：人腦的MRI橫切面影像。

就效果而言，MRI真的是把頭顱切成一張張薄片，每張薄片生成一個二維（2D）影像，將這些二維影像「堆疊」起來以後，研究人員便可以重建出腦子的三維（3D）整體外形，然後精確計算出腦子的體積。因為有了MRI，腦容量與智商的相關研究變得更容易進行。從過去二十年如此多的這類研究中，我們得到的結果相當一致：平均而言，腦子比較大的人智商的確比較高。以改進過的方法所做的現代研究，確認了高爾頓當年的研究結果。

然而確認了這回事，並不會與我們從法朗士的例子所得的結果相牴觸。以腦子的大小預測個人IQ，幾乎算是無用的資訊。我所說的「幾乎算是無用」，究竟是什麼意思呢？如果兩個變量在統計上有關聯，我們就會說它們是相關的（correlated）。統計學家會用一個介於極限負一與正一之間的數字，來表達關聯的強度，這個數字稱為皮爾森相關係數（Pearson's correlation coefficient），一般指定用字母「r」來代表。這個數字愈趨近極限值，表示相關性愈強，也就意味著只要你知道其中一個變量，便可以更準確地預測另外一個變量。如果r趨近零，代表相關性很弱，想用一個變量來預測另一個變量會相當不準確。智商與腦子體積的相關性大約是r＝〇．三三，算是相當微弱。

這個故事的寓意告訴我們：表達平均狀況的統計敘述不應該用於解釋個體的情況。這種曲解資料的情形很容易發生，也很容易助長；正如某句譏諷妙語所說的，謊言有三種：謊話、該死的謊話，以及統計數字。

在這一方面的科學研究論文通常都冠冕堂皇地塞滿學術文字，更不用說還會有一大堆注釋及引用文獻標注，但還是很難不讓人覺得那些測量頭顱的方法都很好笑。其實高爾頓本人就很搞笑，同時也是個怪人；由他的座右銘：「只要能計數的時候，就非數不可」，可以清楚看出他對量化有多麼迷戀，與荒唐可笑僅有一線之隔。他在回憶錄中詳述自己曾經試圖製作一份英國「美人地圖」，每次他在城市街頭漫步，都會偷偷在口袋裡的一張紙上戳洞，這些洞記錄的是他遇上的美人兒，評等包括「很有魅力」、「沒啥看頭」，以及「讓人退避三舍」。他的研究結果如何呢？「我發現倫敦在美女方面分數最高，亞伯丁（Aberdeen）的分數最低。」

此外，這方面的研究還具有另一種極具侮辱性的觀點。著名的統計學家卡爾．皮爾森（Karl Pearson）是高爾頓的門生，也是前述相關係數的發明人，他把人類依線性比例分成九種：天才、能力過人、有能力、智力平庸、智力遲鈍、遲鈍、遲鈍愚笨、非常愚笨，以及低能。用一個數字或是一種類別來概括敘述一個人，不管這個概述談的是智能、美貌，或是任何其他個人特徵，都是過分簡化及泯滅人性的做法。有些研究者更跨越侮辱性的界線，踏入不道德的境地，運用他們的研究來鼓吹優生學及種族歧視的極端政策。

不過若只因為高爾頓的發現似乎有些愚蠢、可以被人濫用，或者相關性太弱，便全然否定它的價值，那麼你就錯了。就正面意義來說，高爾頓的發現為一個可能合理的假設提供了依據，那就是：**心智的差異是由於腦子的差異造成的**。他採用了對他而言最合適的方法，也就是觀察腦袋大小與學校成績的關聯性。現在的研究人員用的是ＩＱ和腦子的大小，雖然測量方法比以前來得好，但仍然顯得粗糙。如果我們能夠不斷精進測量的精細度，是否就會發現二者之間有更強的關聯性呢？

愛因斯坦的腦子

只用總體積或總重量的數值來概括描述整個腦子的結構，似乎相當膚淺草率。其實，即使只是非正式地檢查一下腦子，都可以看得出來它分成好幾個區域，用肉眼就能分辨各區域之間有相當大的差異。圖七中顯示的是從顱骨中完整取出來的腦子，可以清楚看出分為大腦、小腦和腦幹；法朗士和屠格涅夫過世後的解剖過程中，腦子也是這樣被取出來研究。

你可以想像腦幹把大腦撐起來，就像果柄上長著水果一樣，而小腦則如葉子般點綴於相接的位置。小腦對動作的優雅度很重要，不過若是把它移除，一般而言，對心智能力並沒有影響。腦幹受損可以讓人送命，因為它控制許多重要的功能，例如呼吸。大腦受損範圍較大時，傷者有可能活著，但會處於昏迷不醒狀態。一般認為就人類智能而言，大腦是這三個部分中最重要的，它

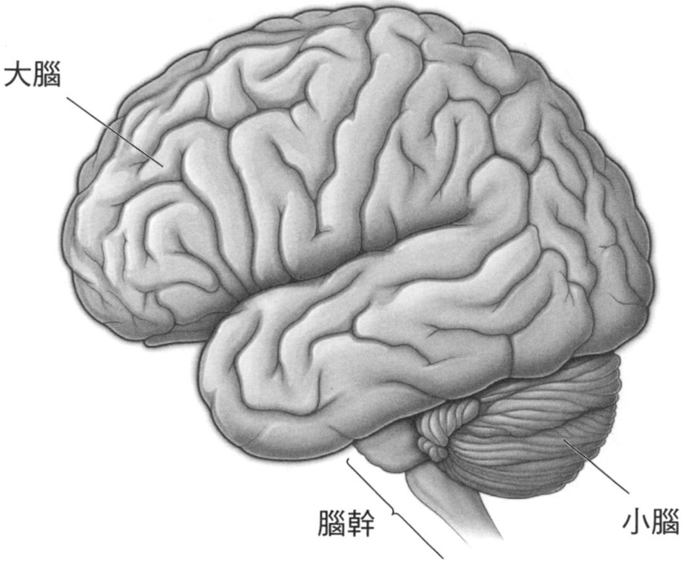

圖七：分為三大部分的人腦。

對我們所有方面的心智能力幾乎都不可或缺；同時它也是這三個部分裡最大的，占據人腦總體積的八五%。

大腦大部分的表面都覆蓋一層只有幾公釐厚的組織，稱為大腦皮質（cerebral cortex），或者簡稱「皮質」。大腦皮質展開來面積約有一般毛巾大小，它之所以能夠裝進頭骨裡面，是因為它能摺疊起來；這些皺褶讓大腦有個皺巴巴的外觀。大腦皮質最明顯的分界線從其正上方可以看得到：一條由前側延伸至後側的大型裂溝（見圖八左方），稱為縱裂（longitudinal fissure），它把大腦分成左、右兩個半球，也就是大眾心理學上所說的「左腦」和「右腦」。

接下來就沒有別的那麼明顯的分界線，可以把各個大腦半球再細分為更小的區域了，不過合理的劃分方式同樣是仰賴大腦皮質上的溝紋。除了縱裂之外，其次明顯的溝紋叫做薛氏裂〔Sylvian fissure，見圖八右方；譯注：又稱側溝（lateral sulcus）〕，再其次則是中央溝（central sulcus），它從薛氏裂垂直延伸至大腦頂部。這兩條主要的溝紋，將每邊大腦半球分為四葉：額葉（frontal lobe）、頂葉（parietal lobe）、枕葉（occipital lobe）和顳葉（temporal lobe）。（順便說一下，最好能把這些腦葉的名稱和位置記下來，因為之後我會經常提到它們。）

大腦表面還有許多更小的溝紋，有一些差不多在每個人大腦上的位置都一樣，這些溝紋都有特定名稱，而且至今仍被用來當作定位標記。然而用這些溝紋把大腦皮質分區真的有意義嗎？它們是真正的邊界？或者只是大腦皮質為了要裝進頭骨裡面，不得不摺疊起來所產生的無足輕重副產品？

大腦皮質該如何分區的問題，最早是在十九世紀浮現出來。在此之前，人們認為皮質只是用來覆蓋大腦其餘部分而已。〔皮質（cortex）一詞衍生

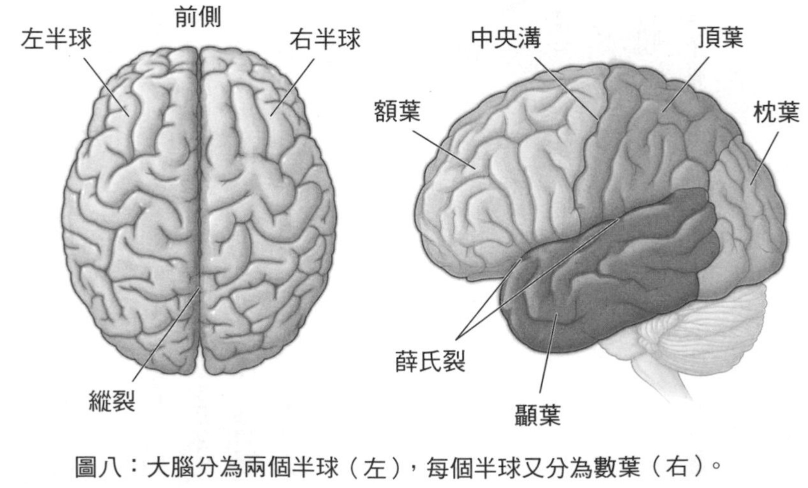

圖八：大腦分為兩個半球（左），每個半球又分為數葉（右）。

自拉丁字，意思是「樹皮」。〕一八一九年時，德國醫生法蘭茲・約瑟夫・高爾（Franz Joseph Gall）出版「器官學」理論，他指出：身體的每個器官都會提供一項獨特的功能，像是腸胃負責消化、肺臟進行呼吸等等。高爾主張腦子太過複雜，不能稱之為一個器官，心智也太過複雜，不能說是單獨一種功能；他建議此二者都需要再做細分。而且他還特別辨認出大腦皮質的重要性，並將它劃分成一系列的區域，他並稱之為心智的「器官」。

高爾的弟子約翰・史波茲海姆（Johann Spurzheim）後來採用顱相學這個術語來稱呼這個理論，這個說法對我們而言比高爾原先用的名稱熟悉多了。圖九所示的顱相學地圖標示出各個區域，對應到以「利慾」、「堅定」、「理想」等為名的功能。這些特殊的對應關係，現在咸認近乎異想天開，立論證據太過薄弱，不過最終結果顯示：顱相學的概念其實對的比錯的多。其理論中強調皮質的部分如今已被世人廣為接受；而他們將心智功能定位於特定皮質區域的方法，至今仍然受到大家的重視；現在這種理論的名稱叫做皮質或大腦的區域論（localizationism）。

功能區域化的第一個真正證據在十九世紀出現，源自對腦損傷病患的觀察。當時法國有許多神經學家在巴黎的兩家醫院工作，一是塞納河左岸的沙佩提耶（Salpêtrière），收容的是女病患；男性患者則安置在離市中心較遠的比塞特（Bicêtre）。兩家醫院都創立於十七世紀，也都曾充當過監獄和精神病院。（比塞特因為收容過最知名的病患：薩德侯爵，因而聲名受損。）〔譯注：薩德侯爵（Marquis de Sade）是法國貴族，也是以性虐待色情小說而出名的作家。〕兩家醫院同樣都以人性化方法治療精神病患者，像是不會用鏈子綁住病人等等。不過我猜想那裡應該和別的精神病院一樣，總是會有一些讓人覺得相當灰暗消沉的地方吧。

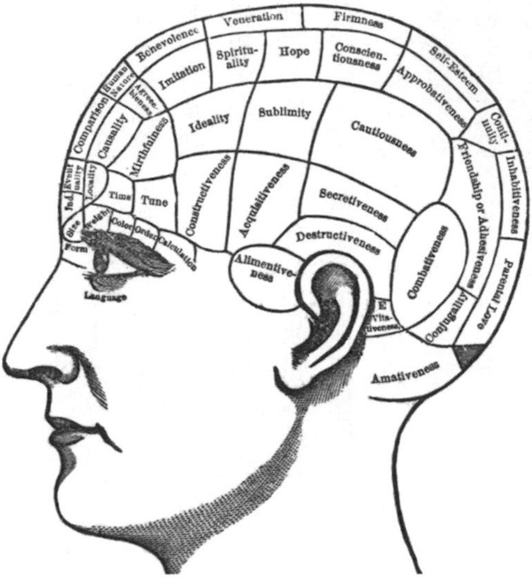

圖九：顱相學地圖。

一八六一年，法國醫生保羅・布洛卡（Paul Broca）受召前來，為一名在他位於比塞特的手術房動過手術而受感染的五十一歲病人做檢查。根據記載，這名病患自三十歲起就遭到監禁，在入院時便已失去說出任何語句的能力，他只會發出「譚」（tan）的單音節字眼，因此這就成了他的綽號。這位「譚」先生可以靠手勢與人溝通，所以他雖然說不出話來，但似乎可以理解語言。

檢查後過了幾天，「譚」終於因為感染而去世，布洛卡解剖病人的屍體。他把病人的頭蓋骨鋸開，取出腦子，放置在酒精中保存。「譚」的腦子上最明顯的受損處（參見圖十），就是左額葉上有個大空洞。

隔天布洛卡便對人類學學會宣布他的發現。他斷言「譚」的大腦受損區域就是說話能力的源頭，和理解能力的來源之處並不相同。如今，失去語言能力稱為失語症（aphasia）；若是喪失的特別是說話能力，則稱為布洛卡失語症（Broca's aphasia）；「譚」的大腦皮質受損的部位則被稱為布洛卡區（Broca's region）。布洛卡設法用他的發現，來解決已經持續幾十年的激烈爭端：顱相學學者高爾在十九世紀初便已主張語言功能位於大腦的額葉，但一直遭人質疑；而布洛卡終於提供一些令人信服的證據，同時也確認這個區域確實位於額葉。

隨著時間過去，布洛卡遇到更多情況與「譚」相似的病例，發現他們都有大腦左半球受損的情形。由於大腦的兩個半球看起來如此相似，實在很難相信二者的功能會不一樣；然而鐵證如山，於是布洛卡在一八六五年的論文中做出結論，認為左半球為語言區域，或是在語言方面擔任主導地位。其後的研究者已經證實幾乎所有人的情況都是如此；因此，布洛卡的發現不僅證實大腦皮質的功能區域化，也同樣為大腦單側化（cerebral lateralization）提供證據，這個概念

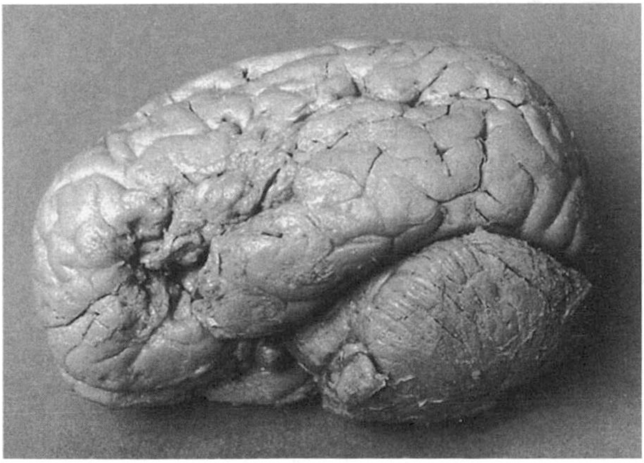

圖十：「譚」的大腦，布洛卡區受損。

指的是心智功能可能只位於左半球或右半球。

一八七四年，德國的神經學家卡爾・韋尼克（Carl Wernicke）敘述有另外一種不同的失語症。他的病人和「譚」不同，可以說出流利的字眼，但是組合出來的句子沒有意義可言；此外，患者也無法理解別人問他們的問題。解剖結果顯示患者大腦左半球的顳葉有部分受損；韋尼克推斷失去理解能力是這個區域受損的最主要影響，講出沒有意義的句子則是次要的結果，因為這個情況可能是因為患者需要理解自己想說的話，才有辦法講出有意義的語句。如今我們把韋尼克區（Wernicke's region）受損引發的症狀，稱為韋尼克失語症（Wernicke's aphasia）。

布洛卡和韋尼克二者的發現總合起來，說明了**語言產生及理解的雙重分離**（double dissociation）現象。布洛卡區受損會阻礙語詞的產生，但是理解能力完好無缺；韋尼克區受損會破壞理解能力，但是語詞的產生不受影響。這是很重要的證據，證明**心智是模組化**（modular）的。原本我們似乎就可以明顯看出語言能力和其他心智能力是分開的，因為只有人類懂得掌握語言，其他動物並不是如此。不過語言還可以進一步細分為產出及理解兩個單獨模組，這就不是那麼明顯的一回事了。或者該說在布洛卡及韋尼克的發現之前，「曾經」不是那麼明顯的一回事。

布洛卡和韋尼克讓大家知道如何透過將病人症狀與其腦部受損位置互相對照的方式，來定位大腦皮質的功能。他們的後繼研究者藉著這個方法，成功辨識出大腦皮質許多其他區域的功能；這些研究者製作出來的大腦地圖，雖然看起來和顱相學學者的作品很相似，但卻是建立在堅實可靠的數據資料上。他們在大腦皮質區域化方面的發現，是否能夠用來瞭解心智為何會有差異呢？

亞伯特・愛因斯坦在一九五五年去世，之後他的屍體被火化了，但他的腦子則不然，因為病理學家湯瑪斯．哈維（Thomas Harvey）已經在解剖過程中取下他的腦子。哈維於幾個月後被普林斯頓醫院解雇，但他一直保留著愛因斯坦的腦子；接下來的幾十年裡，無論他遷徙到哪個城市，總是帶著裝在玻璃罐裡的那兩百四十片腦子。從一九八〇年代至九〇年代，哈維把這些標本寄給數位研究人士，因為這些人都和他有共同目標：想要找出天才的腦子究竟有何特別之處。

哈維早已確認愛因斯坦的腦子重量只有一般水準，甚至還略低於常人的平均數字，因此腦子的大小並無法解釋為什麼愛因斯坦為何如此傑出不凡。桑德拉．維特森（Sandra Witelson）與她的共同研究者於一九九九年提出另一種解釋，他們認為，根據哈維在解剖過程中所照的照片看來，某個稱為下頂小葉（inferior parietal lobule）的大腦皮質區域有擴大的情形。（這部位是大腦頂葉的一部分。）也許愛因斯坦之所以成為天才，是因為他的大腦有某個部分變大了。愛因斯坦本人曾說他通常是以圖像思考，並不是以文字思考；而我們已知大腦的頂葉與視覺及空間思考有關。

法朗士和愛因斯坦的情形隸屬大眾迷戀天才大腦的悠久傳統；十九世紀有些熱衷此道者還保存一些傑出人物的腦子，像是詩人拜倫勳爵（Lord Byron）與華特．惠特曼（Walt Whitman）等等；如今他們的腦子還裝在滿是灰塵覆蓋的玻璃罐中，擺在博物館後方的房間裡無人聞問。我發現「譚」和布洛卡的境遇反而奇妙地鼓舞人心，這位無言的病人和研究他腦子的神經科醫生現在成了永恆的同伴，因為他們的腦子都保存在同一座巴黎博物館裡。神經解剖學家還保存卡爾．高斯（Carl Gauss）的大腦，他是有史以來最偉大的數學家之一；早在維特森對愛因斯坦的天才之源做出說明之前，這些學者已指出變大的大腦頂葉，用來解釋高斯的天才。

因此，研究大腦特定區域的大小，而非整體大腦的尺寸，並不是什麼新的策略；事實上，這種方法最初是由顱相學家發明的。這門學問的創立之父高爾於一八一九年發表的論文題目就是：〈整體神經系統及特別針對大腦部分之解剖學及生理學，以人類與動物頭部外形判定數種知性及道德傾向之可能性的觀察結果〉（The Anatomy and Physiology of the Nervous System in General, and of the Brain in Particular, with Observations upon the possibility of ascertaining the several Intellectual and Moral Dispositions of Man and Animal, by the configuration of their Heads）。高爾認為每一種心智狀態的「傾向」會與相對應的大腦皮質區域大小相關；他還主張頭顱的形狀會反映其內部大腦皮質的形狀，所以可以用來推測個人的傾向，這點更是讓人半信半疑。顱相學在當時大為流行，這些學者會用觸摸頭部隆起部位的方式，來為求助者預測孩子的命運、評估結婚對象，或是篩選求職者。

高爾和他的門生史波茲海姆判定大腦皮質各區域功能的方式，是以各種極端傾向的軼事為依據。如果某位天才額頭很大，那麼智力勢必是位於大腦的前面部分；如果有個罪犯頭部的兩側往外鼓起，那麼顱葉對說謊而言必然相當重要。他們用軼事來為皮質區域定位的方式大多是荒謬的；到了十九世紀下半葉，顱相學已經成為眾人嘲笑的對象。

如今我們已擁有當初顱相學家只能想像的科技，ＭＲＩ可以提供大腦皮質區域大小的精確測量結果，讓我們不必再採用那種觸摸頭部隆起部位的愚蠢方法。研究人員掃描過許多人的大腦後，可以收集到足夠的數據資料，遠遠超過維特森研究愛因斯坦的腦子所得到的祕聞。那麼，這些新派顱相學家究竟發現什麼呢？

他們已經證實智商的確和額葉和頂葉的大小有關；事實顯示，其相關性比智商與大腦整體尺寸的相關性稍微大一點點，符合大腦這幾個部位對智力而言比較重要的想法。（枕葉和顳葉的主要功能在於感官能力，像是視覺和聽力。）然而儘管如此，其相關性還是微弱到頗令人失望的地步。

不過這些研究並沒有完全遵循顱相學的精神；顱相學不僅將大腦劃分為各個區域，也把心智劃分成許多個別的能力。我們都知道數學能力高超的人，往往在言語表達上就沒有那麼厲害，反之亦然。現在有很多研究者對智商及一般智能不以為然，認為這種概念過度簡化；他們比較喜歡談的是多元智能（multiple intelligence），而這其實正和腦子特定區域的大小有關。倫敦計程車司機的右後海馬迴（right posterior hippocampus）特別大，咸認這個皮質區和導航能力有關。就音樂家而言，他們的小腦會比較大，某些皮質區域也會比較厚。（小腦變大是有道理的，因為一般認為這個部位對精細的動作技能很重要。）能講雙語的人，則是在大腦左頂葉的下半部有較厚的皮質。

這些發現雖然都很迷人，但它們只是統計數字。如果你懂得查看細節，就會明白這些大腦區域只是就平均而言稍微大一些而已。所以結論和之前差不多：**想要憑藉腦部區域的大小來預測一個人的能力是沒有用的。**

關在玻璃罩裡的孩子

智力的差異可以讓一些事變得比較困難，但通常並不會釀成災難。然而其他類型的心智變異，卻可能強行帶來可怕的苦痛，並且讓我們的社會付出昂貴的代價。在工業化國家裡，據估計每一百個人當中就會有六個人患有某種嚴重的精神疾病；幾乎半數的人在他們這輩子的某段期間，都曾經為某種較溫和的精神問題所苦。行為療法與藥物治療對大多數精神疾病只有部分奏效，很多精神疾病問題目前仍然無法治療。為什麼精神疾病會這麼難對付呢？

疾病的發現者，通常就是第一個描述其症狀的人。一五三〇年時，義大利醫生吉羅拉莫・佛拉卡斯托羅（Girolamo Fracastoro）是運用很不尋常的表現方式來描述疾病——一部名為《*Syphilis sive morbus Gallicus*》（意思是《梅毒或法國病》）的敘事長詩。他用神話中牧羊人西菲力士（Syphilus）的名字來為梅毒（syphilis）命名，好對這第一位染上此病的男人表達敬意，西菲力士是因為被天神阿波羅懲罰才罹患此病。在這總共三本以六步格拉丁長詩寫就的著作中，吉羅拉莫描述了梅毒的症狀，認定這是一種性傳染病，並且開出一些藥方。

梅毒會造成醜陋的皮膚損傷以及嚴重的身體畸形，之後還會出現另一種可怕的症狀：精神錯亂。法國作家居伊・德・莫泊桑（Guy de Maupassant）在他寫於一八八七年的恐怖故事《奧爾拉》（*Le Horla*）中，構思出一個超自然的生物，不停折磨故事的敘述者，首先是用身體疾病，接著再以精神瘋狂來摧殘他：「我已經迷失了！有人強占了我的靈魂而支配著它！有人操控著我所有的行為、所有的動作、所有的思想。我再也不是我自己了，我什麼都不是，只是一個被奴役而且嚇壞了的旁觀者，目擊自己所做的一切。」敘述者最後終於以自殺來了結這場苦難。這個故事似乎帶著半自傳體的味道，因為莫泊桑在二十來歲時便染上梅毒，一八九二年他企圖割喉自殺。後來被送進精神病院，隔年過世，享年四十二歲。

畫家保羅．高更（Paul Gauguin）和詩人夏爾．波特萊爾（Charles Baudelaire）很可能也罹患梅毒，不過我們沒有證據，因為單靠症狀並不能確實診斷出疾病。兩個罹患相同疾病的人可能會產生不同症狀；而兩個罹患不同疾病的人，也可能會出現相同的症狀。想要診斷並治療某種疾病，我們寧可得知它的原因，而不是它造成哪些症狀。一九〇五年有人發現梅毒是細菌引起的，接著第一批能夠殺死這種細菌的藥物很快便研發出來。這些藥物在梅毒的早期階段很有效，然而一旦細菌侵入神經系統，就無法被藥物根除。一九二七年，德國的醫生尤利歐．華格納—耀雷格（Julius Wagner-Jauregg）以他奇特的神經性梅毒治療方式獲得諾貝爾獎：除了施用藥物之外，他還刻意讓病患染上瘧疾，瘧疾導致的高燒基於某種未知的原因，會將梅毒細菌通通殺光，此時他再給予病人治癒瘧疾的藥物。第二次世界大戰結束後，華格納—耀雷格的治療法被盤尼西林（即青黴素）及其他所謂抗生素的抗菌藥物所取代；現在梅毒已不再是腦部疾病的主要病因了。

由感染引起的疾病比較容易治癒，因為我們知道病因，但是其他種類的疾病呢？阿茲海默症（Alzheimer's disease，簡稱ＡＤ）通常侵害老年人，一開始是記憶喪失，接著進展為失智（dementia），也就是心智能力全面性退化。到了最後階段他們的大腦會萎縮，導致顱骨內出現空隙。如果從前那些顱相學家活到現在，他們就會解釋阿茲海默症是因為腦子縮小所引起的，但這樣的解釋完全無法令人滿意；因為腦子萎縮是在記憶喪失及其他症狀首度出現之後很久才發生的，再者，大腦萎縮本身比較算是一種症狀，而不是原因。會發生這種情況，是因為腦部組織死亡，不過究竟這又是什麼原因造成的呢？

為了找尋線索，科學家詳細檢查解剖阿茲海默症患者屍體所得的器官組織，發現他們的腦子裡到處都是顯微鏡下才看得到的「垃圾」，稱為斑塊（plaque）及糾結（tangle）。一般而言，腦細胞中與疾病相關的異常狀況稱為神經病變（neuropathy，譯注：作者在本書中全都誤植為neuropathology，但此字意思是神經病理學，故在此更正之。）斑塊和糾結出現在大腦中的時間遠在細胞死亡之前，比較接近阿茲海默症那些症狀開始發作的時期；現在我們已經把這些神經病變視為阿茲海默症的定義特徵，因為別的疾病也可能出現記憶力減退和失智的現象。科學家還沒有找出造成斑塊和糾結積聚的原因，不過他們希望用減少這些神經病變的方式，來治癒阿茲海默症。

最令人費解的一些精神疾病問題，都沒有明確而一致的神經病變。這一點真的把我們難倒了，這些疾病至今仍然只能用它們產生的心理症狀來定義，可以說是最不容易治癒的問題。它們造成的情況包括焦慮，像是恐慌病及強迫症；或者導致喜怒無常，例如憂鬱症和躁鬱症。其中兩種最讓人心力交瘁的問題，就是精神分裂症和自閉症。

自閉症的症狀最令人難以忘懷，由下列臨床敘述可窺見一斑：

大衛在三歲的時候被診斷出患有自閉症。那時候的他，幾乎不會抬頭對人張望，也不說話，似乎沉浸在他自己的世界裡。他喜歡在彈簧床上蹦蹦跳跳好幾個小時，而且非常擅長玩拼圖。到了十歲的時候，大衛的體格已經發育得很好，但是情感上一直停留在很不成熟的階段。他有張眉清目秀的漂亮臉孔……從以前到現在對他自己的好惡一直極端固執……他的母親多半不得不對他那些急迫催促且再三重複的要求讓步，不然他很容易就大發脾氣。

大衛五歲時學會說話，目前他上的是自閉症兒童的特殊學校，他在那裡過得很開心。他自己有一套從來不改變的日常程序……有些事情他能夠學得又快又好，舉例來說，他自己學會朗讀，現在他可以念得非常流利，但他並不明白自己念的那些是什麼意思。他也很喜歡做算術；不過他學習其他技能的腳步極其遲緩，比如在自家餐桌上吃飯，或是自己穿衣服……

如今大衛十二歲了，他仍然無法自動自發地去找別的孩子玩。他在和不清楚他的情況的人溝通時，會有很明顯的困難……他不肯為成全別人的期望或讓別人得到好處而讓步，也無法接受別人的觀點。大衛就是這樣，對整個群居世界無動於衷，繼續活在他自己的世界裡。

這個案例研究包含了定義自閉症的所有三個症狀：社交障礙、語言運用困難、重複或固執的行為。這些症狀在三歲之前就會出現，通常之後會漸漸減輕，不過大多數患有自閉症的成人，無法在沒有某種形式之監督的情況下正常行使職責。目前對自閉症沒有任何治療方式是很有效的，當然，也沒有完全治癒的方法。

如果要更詩意一點，烏塔・弗里斯（Uta Frith，譯注：發展心理學家）曾經對自閉症如此描述：「一個漂亮的孩子被關在玻璃罩裡」。許多其他類型的殘疾兒童會有讓人看了心痛的明顯身體畸形，但自閉症兒童並非如此，他們外表上看起來好好的，甚至長得很漂亮；這樣的外表矇蔽了父母，讓這些父母很難相信孩子從根本上就出了問題。他們會懷抱徒勞無功的希望，一直想要打破「玻璃罩」——自閉症的社會隔離傾向——救出裡面的正常孩子。然而藏在自閉症孩童正常外觀下的，卻是一個不正常的大腦。

目前有據可查的最明顯異常現象是某個部位的大小。美國精神科醫生里歐．肯納（Leo Kanner）於一九四三年發表一篇深具里程碑意義的論文，他在這篇文章中最早對自閉症症狀下了定義，同時也順便提到在他研究的十一個案例裡，其中五個孩子有寬廣的額頭。經過這麼多年，研究人員研究更多自閉症兒童之後，發現他們的頭顱和腦子就平均而言真的比較大。尤其是大腦的額葉，這部位包含許多與社交及語言行為相關的區域。

這是否意味腦子大小會是預測自閉症的好辦法呢？如果真是這樣，我們便能信心滿滿地認為就解釋自閉症而言，顱相學的方法確實是走在正確的軌道上；但是我們必須很小心，不要犯了在討論罕見事物時很容易出現的統計學謬誤。以一種非常特殊類型的人為例，像是職業足球運動員，他們的塊頭明顯比一般人大得多，但是我們可以認定反之亦然，見到任何一個比平常人個頭大很多的傢伙，就能預測他應該是職業美式足球運動員嗎？這種預測規則只有在所謂的均衡族群（balanced population）裡才行得通，**所謂的均衡族群，指的是包含相等數量的足球運動員及普通民眾的族群**，此時若是把這些人按身材大小分類，那麼你的推斷將是相當準確的。但若你觀察的不是這樣的族群，而是一般人群，然後預測其中任何一位大個兒就是美式足球運動員，那麼你多半會是錯的，因為這些人可能只是身材比較高大、肌肉比較發達，或者由於某些原因變得比較肥胖而已。同樣的道理，預測所有腦子比較大的孩童都有自閉症，也會是非常靠不住的做法。畢竟就算在國家美式足球聯盟裡，一樣有更多塊頭並不大的球員，當然自閉症兒童中也有更多腦子並不大的孩子。

媒體經常會報導某些研究聲稱已經可以根據腦子的某些特性，來精確預測一些罕見的精神疾病。結果事實證明，這些研究通常都沒有像它們聽起來那麼了不起，因為它們的準確性只適用於均衡族群，套用到一般人口族群上就不準了。不過，如果你真的很清楚某個疾病的病因，那麼即使是針對一般族群，這方法也應該能夠帶來無誤的診斷；這就是很多傳染病都可以藉著抽血檢驗有無病菌存在，來偵測是否染病的緣故。

神經病理學家的墳場

精神分裂症也像自閉症一樣令人大惑不解。它通常是在二十多歲左右發病，患者突然開始出現幻覺（最常出現的情況是幻聽）、妄想（最常見的情形是覺得自己遭到迫害），以及思考雜亂無章。以下敘述以第一人稱生動地描寫這些症狀，一般我們會把這些情況統稱為精神病（psychosis）：

> 雖然我不記得這是怎麼開始的，但就是我坐在馬桶上的那個時候，有一股腎上腺素忽然急速湧出，籠罩著我。我的心跳開始加快，一堆聲音不知打哪兒冒了出來，我認為我的心靈應該是被轉到一個向全球播放的電視節目頻道，裡面的搖滾巨星和科學家正在推翻全世界的

政府（透過電腦、生物、心理及巫毒儀式等各種手段），這些事就在當場發生了！

就在那一刻，在電視上現身的人宣布他們的動機與目的是建立新的世界秩序，我似乎正處於熱烈討論的舞台中心，而參與討論的諸多搖滾明星和科學家則是藏身於世界各地。

精神病會讓受害者本人驚駭恐懼，也會造成其他人驚慌及苦惱。這些精神病徵是精神分裂症最明顯的徵象，但也可能伴隨其他精神疾病發生，所以想要精準診斷出精神分裂症的話，還需要額外的症狀，例如缺乏幹勁、情緒沒有起伏、愈來愈不愛講話等等。上述這些都是精神分裂症的「負向」症狀，與此相對的則是「正向」症狀或精神病症狀。（此處的「正向」與「負向」並不帶價值評斷的意味，前者指的是雜亂無章的思緒增加，後者指的是變得比較沒有情緒。）以藥物治療精神分裂症可以消除部分精神病症狀，然而卻無法完全治癒，因為藥物對負向症狀效果不彰。大多數精神分裂症患者始終無法獨立生活。

和自閉症一樣，精神分裂症患者的腦子有據可查的最明顯異常現象，也是某個部位的大小。根據MRI的研究結果，患者整個腦子的體積，平均只減少了小小幾個百分點；海馬迴的減小百分比則稍微大一些，但仍然不算很大。研究者也為腦室系統（ventricular system）造影，這是大腦中一組充滿液體的空穴及通道；結果患者的側腦室及第三腦室平均變大了二〇％。由於腦室是大腦中的空腔，一旦它們變大，相對便能看得出腦的體積減小了。雖然找到這些差異很能激勵人心，但其相關性還是很低，就像自閉症的統計結果一樣。想要用腦子的大小、海馬迴的大小，或是腦室容積的大小來診斷精神分裂症，恐怕準確度還是低得誇張。

如果能夠找到明確而一致的神經病變，像阿茲海默症的斑塊及糾結那樣，對於治療自閉症和精神分裂症的進步一定會大有幫助。然而在自閉症或精神分裂症患者的大腦裡，始終沒有類似的「垃圾」堆積，或是細胞死亡或退化的其他跡象。新派顱相學認為這些腦子一定有什麼不正常之處，只是我們一直找不到這一點。在一九七二年時，神經學家佛瑞德．普拉姆（Fred Plum）曾絕望地寫道：「精神分裂症就是神經病理學家的墳場。」在此之後，研究者已經發現一些線索，不過一直沒有什麼顯著的突破。

我們大多數人都相信心智的差異源自腦子的差異，不過到目前為止，這方面的證據仍然少得可憐。顱相學家藉著檢查大腦及其區域的大小，試圖找到證據，但直到最近才有MRI提供科技的方法，來幫助他們正確執行原有的策略。新派顱相學已經證實心智的差異在統計學上的確與腦的大小有關，就群體而言呈現弱相關的關係，但這樣的差異並不能用來準確預測個體是不是天才，有沒有自閉症或精神分裂症。

我希望神經科學能以更令人信服的姿態贏得比賽，因為賭注真的很高呀！發現自閉症和精神分裂症的神經病變，有助於尋找治療方法；瞭解究竟是什麼東西讓腦袋變聰明，可以協助我們設計出更好的教學方法或其他工具，來讓大家都變得更聰明。**我們不只是想瞭解大腦，我們要的是改變它。**

第二章

邊界爭端

主啊，請賜我寧靜
讓我可以接受那些我無法改變的事
賜我勇氣，讓我去改變那些我能夠改變的事
賜我智慧，讓我明白二者的差別

上述的寧靜禱文，已經被匿名戒酒會（Alcoholics Anonymous）及其他組織採納，用以幫助其成員戒除癮頭。這件事揭示了為什麼大腦這麼令人著迷，因為大家總是希望能夠改變它。你只需要到自家附近書店逛逛自我成長那一區，就可以看到幾百本書，書名都和如何少喝酒、戒毒、吃得正確、管理金錢、管教孩子、拯救婚姻等等有關，所有這些都是看似可能達成，其實難以實現的事。

正常而健康的成年人當然會想要改變自己的行為，不過這個目標對那些有精神失能問題及精神疾病的人更是不可或缺。罹患精神分裂症的青年有可能治癒嗎？中風後的爺爺有可能再度學會說話嗎？大家都希望我們的學校以及我們自己養兒育女的方式能夠將幼小心靈塑造得更美好，但是我們有辦法改善現有的方法嗎？

寧靜禱文祈求的是改變的勇氣與智慧，如果神經科學也能提供答案，那豈不是更好嗎？畢竟改變心智追根究柢而言就是改變大腦呀！不過神經科學若是未能回答一個更基本的問題，就永遠無法對追求自我改善有所幫助，這個問題就是：**在我們學會一種新的行為方式時，大腦究竟有什麼改變？**

父母對自家小嬰兒的發展速度總是驚歎不已；小寶貝一出現新動作或講出新的語句，父母就視之為不可思議的美妙時刻而熱烈慶祝。嬰兒的腦子成長相當迅速，到兩歲時便已達到接近成人的大小。這一點令人聯想到一個簡單的理論：也許學習無非就是大腦的發育，只要促進腦部發育，就可以讓孩子變得更聰明。

然而這個理論又可以再次回溯至顱相學家的論調。史波茲海姆主張心智的鍛鍊可以讓皮質器官變大，就像肌肉在體能訓練後會膨大一樣。他也根據這樣的理論，發展出整套教育兒童及成人的理念。

超過一個世紀之後，他的理論才終於獲得科學測試。那個時候，心理學家已經發明出一種方法，可以研究動物心智受刺激後的影響。他們把實驗用大鼠分別放置在兩個不同的環境裡，一處單調沉悶，另一處則相當「豐富」。沉悶的籠子裡只有一隻大鼠獨居其中，裝水及食物的容器是這裡唯一的裝飾品；「豐富」的籠子裡有成群大鼠同居，並且每天提供新玩具給牠們。接著研究人員安排這些大鼠走簡單的迷宮，結果他們發現「豐富」籠子的大鼠比較聰明，因此可以推測牠們的腦子變得不一樣了，但究竟是怎麼變成這樣的呢？

到了一九六〇年代，馬克・羅森史威格（Mark Rosenzweig）與其同僚決定找出答案。他們的方法驚人地簡單：直接稱出大腦皮質的重量。結果顯示住在「豐富」籠子裡的大鼠大腦皮質平均而言變大了一些。這是第一次以實例證明經驗能造成大腦結構改變。

你可能並不會感到驚訝，畢竟MRI研究不是已經顯示計程車司機、音樂家，以及能講雙語的人腦子都有某個區域比較大嗎？在此我們又得小心一些，不要過度解讀統計結果。MRI研究能顯示其相關性，但並不能證明其因果關係。

難道真如史波茲海姆的理論所述，駕駛計程車、演奏某種樂器，以及講第二種語言就會導致腦子變大嗎？如果音樂家與非音樂家的腦子在接受音樂訓練之前是相同的，而且只有在其中之一接受音樂訓練之後才變得不同，我們才能說二者有因果關係。然而由於MRI研究只收集「之後」的有關資料，所以它並不能排除另一種解釋：或許有些人的腦子某個部位天生就比較大，這部位帶來的是音樂才華，而有這種天賦的人自然更容易成為音樂家。結果是變大的腦子引來音樂訓練，而不是相反的另一個過程。

某個人成為音樂家，可能是以與生俱來的天賦為基礎，經過音樂教師及音樂比賽的選擇而達成的。但當上音樂家也可能是自己選擇的結果，因為人們通常都會喜歡那些自己的表現勝過他人的活動。這一類問題一般稱為選擇性偏差（selection bias），會讓許多統計研究的解讀更形複雜。羅森史威格消除選擇性偏差的方法，是用隨機選擇的方式將某些大鼠放進「豐富」籠子，另外一些則放進沉悶籠子，如此可以確保兩組大鼠在實驗開始時就統計學上而言是相同的，因此他便能解釋之後任何不同結果，都是由於關在籠子裡的經驗所造成。

如果想要更直接地驗證因果關係，可以在受試者經歷某件事之前及之後都用MRI留下記錄，來比對腦子前後有什麼差異。研究者已經用這種方法，發現學習雜耍拋球技會讓大腦頂葉及顳葉的皮質增厚；而為了考試努力用功，則會讓醫科學生的頂葉皮質和海馬迴變大。

這些結果讓人印象深刻，但它們仍然不是我們想要的。**知道經驗可以改變腦子還不夠，我們還想知道這種改變是否就是表現改善的原因。**如果你想知道為什麼我們還找不到證據，請尋思下列的類比例子：想像一下音樂訓練會造成音樂家變肥胖，因為他們被迫接受整天練習的久坐生活方式；如果我們便因此下了結論，說是肥胖讓他們的音樂表現變得更好，那就完全錯了。同樣地，指出音樂訓練會讓音樂家的腦子變大，並不能證明這種增大現象正是讓他們演奏得更好的原因。

羅森史威格指出生活在「豐富」籠子裡讓大鼠變聰明，它們的大腦皮質也增厚了，然而他並沒有證明正是這個增厚現象導致智力提高。事實上，如果根據我們對皮質區域功能的瞭解，出現這樣的結果似乎是不大可能的事。額葉向來被認為是對走迷宮這類技能很重要的部位，但是這個區域的增大程度微乎其微，甚至幾乎沒有；枕葉負責的是視覺感知，結果這裡反而是增加幅度最大的區域。

到了最後，我們還是無法把皮質增厚與學習畫上等號，我們只能說這兩個現象是相關的。更進一步而言，這個相關性還相當微弱，再次揭示了這個結果只對群體的平均值有意義；大腦皮質增厚對個體學習情形而言，並不是個可靠的預測指標。

雖然如此，但是……

也許研究走迷宮或雜耍是錯誤的做法，也許我們該研究的是更戲劇化的改變。舉例來說，中風剛發作之後，患者通常會變得虛弱或癱瘓，甚至失去說話能力及其他心智能力；但是很多患者會在接下來幾個月出現戲劇性的顯著改變。在這段恢復期間，大腦究竟發生了什麼事呢？就這個問題進行研究顯然非常實際也非常重要，因為它可以幫助我們研發更好的治療方法

中風是由於血管堵塞或滲漏而造成腦部受損，其症狀通常能夠顯示哪一側的腦子遭到破壞。如果患者努力想控制身體的某一側（這正是最常見的情形），就代表對側的腦部受到傷害，因為左腦或右腦控制的是身體對側的肌肉。有時候神經學家可以進一步精確定位出受影響的大腦區域；想要描述皮質受損位置時，神經學家會詳細指出是哪一葉，如果有必要說明得更精確，就再特別指出是哪一葉的哪條皺褶。這些皺褶都有一些聽起來很炫的名字，像是顳上迴（superior temporal gyrus），意思是顳葉最上面的皺褶。我們也可以改用另一方式，用號碼取代名稱來具體指明大腦皮質區；我們用的是德國神經解剖學家科比尼安．布羅德曼（Korbinian Brodmann）於一九〇九年出版的大腦皮質地圖（參見圖十一）。在本書，我會用「區」這個字來特別代表布羅德曼地圖上細分的部位，而「區域」則是用來描述大腦的任何分區方式。

中風後失去行動能力可能是由於第4區及第6區受損。第4區是額葉最後面的帶狀區，正好

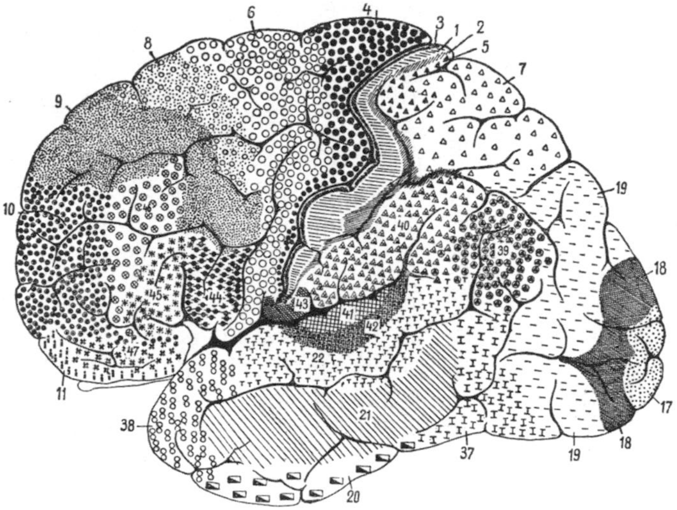

圖十一：布羅德曼的大腦皮質地圖。

在中央溝的前面；第6區則位於第4區前方；目前已知這兩區對動作的控制很重要。語言也是常在中風後受損的功能，這是布洛卡區（第44及45區）或韋尼克區（第22區的後端）受傷的跡象，這兩區都位於大腦左半球。

親朋好友都會迫切想知道患者可能恢復到什麼程度；爺爺以後還能再走路嗎？他能講話嗎？中風者的行動能力會隨時間過去而不斷改善，但是過了三個月之後進步程度就很有限了。雖然語言能力可以在幾個月至幾年內持續進步，但恢復最為迅速的時期也是前三個月內。神經學家知道三個月的期限很重要，但他們並不曉得為什麼會如此。更基本一點來說，**他們並不確然知道病人在復原期間，腦子裡究竟發生什麼樣的改變。**

顯然受影響的腦部區域有可能恢復部分或全部的功能，但是在出問題的血管附近有些細胞其實已經死亡，造成不可逆轉的損傷。那麼其他倖免於難的區域是否會取代受損的區域呢？我們可以想像一下，足球場上某一隊有個球員受了傷，極度痛苦地被抬離球場；這支隊伍並沒有坐在冷板凳上的替補球員可用，所以在缺乏人手（或者該說缺乏人「腳」）的情況下表現得很糟；不過隨著比賽不斷進行下去，剩下的球員可能會漸漸適應這種情況。如果他們的戰友受傷前負責的是進攻的位置，原本守衛的人就有可能開始兼任攻擊者，以彌補眼前的狀況。

因此，下面這個問題就很重要了：**大腦皮質的某一區會在腦部受損後獲得新的功能嗎？**現在已有一些這一類證據來自中風後的患者，但更確定的證明則是來自童年時期腦部便已受損的案例。癲癇的定義是自發性「痙攣」或過度的神經活動反覆發作，對於癲癇發作非常頻繁，因而造成身心衰弱的兒童，有的醫生會將其單側大腦半球完全切除。這是最極端的神經外科手術之一，但最讓人驚訝的是，大多數兒童手術後都恢復得很好；他們不但能走，甚至也可以跑步，只是切除的腦半球對側的那隻手功能會減弱。他們的智力大體而言完好無損，甚至在手術後變得更好，因為痙攣發作的情況已經成功消除了。

有些人可能會認為，病患經歷大腦半球切除術後的復原沒什麼稀奇，也許這就跟失去一個腎臟一樣，剩下來的那個腎臟並不需要做什麼不同的工作，只是需要多做點事罷了。然而請記住，某些心智功能是單側化的，所以大腦的左半部和右半部並不相等。由於左半球擅長語言，去除它幾乎毫無例外會導致成人出現失語問題，但是這一點在小孩子身上則不然，他們的語言功能會遷移到右半球，這表示大腦皮質區真的可以改變功能。

既然我們已經知道腦子的功能是單側化的，那麼神經學家可以從症狀猜測腦部受損的位置就不足為奇了。以下才是真正令人驚訝的「雖然如此，但是……」：雖然大腦確實可以畫出將皮質分成不同功能區的地圖，但是這張地圖卻不是固定的，受了傷的大腦可以重新繪製它。

真的好痛啊，醫生！

中風或手術後可能會出現的大腦皮質地圖重繪現象，比新派顱相學家報告的皮質增厚現象更具戲劇化。這種地圖重繪的過程也能出現在健康的大腦上嗎？這一回，我們還是可以從重傷的案例中洞悉玄機——不過受傷的是身體，而不是腦子。以下這段敘述來自神經科學家米蓋爾・尼可萊利斯（Miguel Nicolelis）的一篇文章：

我念醫學院四年級的某個早上，巴西聖保羅大學醫院的一位血管外科醫生邀請我去巡視骨科住院病房。「今天我們會跟幽靈說話，」這位醫生說：「你可不要被嚇倒了，請盡量保持冷靜。病人還無法接受已經發生的事實，而且他相當震驚。」

坐在我眼前的是個大約十二歲的男孩，有著霧藍色眼睛和鬈曲的金髮，汗水浸濕的臉龐由於驚恐而神情扭曲。我靠過去，看到孩子的身體因為不明來源的疼痛不停翻騰扭動。「真的好痛啊，醫生！火辣辣的疼痛，就像有什麼東西把我的腿壓碎了一樣。」他這麼說；我覺得喉嚨好像被一團東西哽住了，正在慢慢扼死我。「那裡痛？」我問道，他回答：「我的左腳，整條腿，從膝蓋以下每個地方都會痛！」

我掀開蓋住男孩的被單，吃驚地發現他的左腿有一半不見了；從膝蓋以下都因為被汽車輾過而截肢切除；我忽然意識到這個孩子的疼痛來自不再存在的身體一部分。我聽到那位醫生在病房外面說：「說話的不是他，而是他的幻肢。」

現代的截肢術是十六世紀時安布魯瓦茲．帕雷（Ambroise Paré）發明的，他是擁有完美外科技術的法國軍醫。帕雷出生在一個外科手術仍是由理髮師執行的時代，因為這類手術看起來宛如屠宰業一般粗野卑下，所以醫生不屑做這些事。帕雷在戰場上工作時，學會了如何將大血管結紮起來，以免截肢者失血過多而死。最後他終於贏得數任法國國王的任用，得到「現代外科之父」的稱號而名留青史。

帕雷是第一個提出報告，敘述截肢者抱怨虛構的肢體仍然連結在原有位置的人。過了好幾個世紀之後，美國醫生賽拉斯．威爾．米契爾（Silas Weir Mitchell）創造出幻肢（phantom limb）這個術語，來描述出現在內戰士兵身上的同樣現象。他的許多案例研究確認了幻肢現象是通例，而非例外，那麼為何以前那麼久的時間都沒人提過這回事呢？這是因為在帕雷革新外科手術之前，截肢患者很少能夠活下來，而那些活下來並且抱怨有此現象的人，可能被認為只不過是妄想症發作而不予理會。不過截肢者並不是腦袋不清楚，他們都知道那種幻象不是真的，但是因為這感覺通常太過疼痛，所以才會乞求醫生設法將痛苦趕走。

米契爾除了為此現象命名之外，也提出一種理論來解釋它。他認為是殘肢的神經末梢受到刺激，送出訊號給大腦，但是大腦解讀錯誤，以為是從已切除的肢體發送的。有些外科醫生受到這個理論啟發，試圖將殘肢也截除，但是一點幫助也沒有。如今，許多神經科學家相信另一個不同的理論：幻肢是由於大腦皮質重繪地圖所引起的。

重新整頓改組的並不是整體大腦皮質，一般認為只會限定於某個特定的功能區。我們之前得知第4區，也就是位於中央溝之前的帶狀區，是控制動作的部位。而中央溝後方則是第3區，掌管身體對碰觸、溫度和疼痛的感覺。一九三〇年代，加拿大的神經外科醫生懷爾德．潘菲爾德（Wilder Penfield）對其病人施用電刺激的方式，把這兩區的功能定位繪製出來。他在動癲癇手術時將病人頭蓋骨打開，露出大腦後把電極安放在第4區各個不同的位置，每一個刺激都會引起患者某個身體部位的移動。潘菲爾德把第4區位置與身體部位的對應關係畫了出來（見圖十二右），稱這幅圖是運動小人（motor homunculus，homunculus是拉丁文「小人兒」的意思）。同樣地，刺激第3區的各個地方，患者都會報告身體的某部分有感覺，最後潘菲爾德繪出第3區的感覺小人（sensory homunculus，見圖十二左），看起來和運動小人很相像。這兩區沿著中央溝在其相反兩側平行延伸。（大略而言，這兩幅地圖顯示的是大腦從一邊耳朵到另一邊耳朵的垂直切面。感覺區地圖的平面位於中央溝之後，而運動區平面則在前方。只有外緣的部分是大腦皮質，其餘是大腦的內部。）

雖然臉部和雙手只是身體的較小部位，卻在地圖上稱霸；這種在大腦皮質上放大的情形，反映出它們在感覺和運動上不成比例的重要性。如果某個肢體部分因為截肢的關係，導致其重要性忽然降到零，那麼它的版圖大小會不會有所改變呢？基於這樣的理由，神經科醫生拉馬錢德蘭（V. S. Ramachandran）和他的共同研究者提出理論，認為幻肢是因為第3區的地圖重新繪製所造成的。如果是下臂被截肢，它在感覺小人上的版圖就失去了功能；在它周圍執掌臉部與上臂感覺的領域便會越過邊界，侵占這塊沒有功能的領土。（你可以從潘菲爾德的繪圖上看到它們的接壤關係。）這兩個入侵者開始同時代表下臂以及他們原本負責的身體部位，為截肢者帶來幻肢的感覺。

根據這個理論，重新定位過的臉部領域應該同時代表下臂及臉部；因此拉馬錢德蘭預測刺激病患臉部應該會引發幻肢的感覺。結果真是如此，當他用棉花棒輕觸患者臉部時，病人回報不只臉上有感覺，他的幻「手」也有感覺。這個理論同也預測上臂的領域應該變成同時代表上臂及下臂；拉馬錢德蘭觸摸病人的上臂殘肢處時，患者覺得殘肢和幻肢同時都有感覺。這些巧妙的實驗，漂亮地證實了截肢會造成第3區地圖重新繪製的理論。

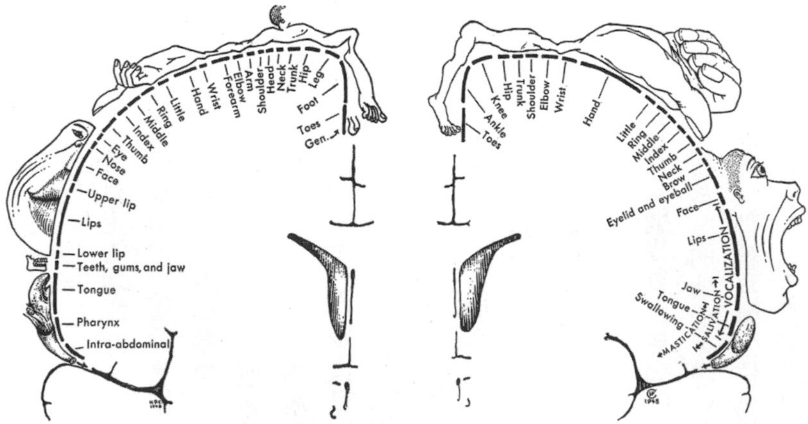

圖十二：大腦皮質第3區及第4區的功能地圖：「感覺小人」（左），及「運動小人」（右）。

變動中的大腦活化

拉馬錢德蘭與其共事者所用的科技一點也不先進，不過是根棉花棒而已。到了一九九〇年代，有一種令人興奮的腦部造影方式出現了，功能性核磁共振造影（fMRI）可以顯示所有區域的「活動」，或是腦子這個部分被使用的程度多寡。到了現在，fMRI的影像因為頻繁出現在新聞媒體上，已經為大眾所熟悉。它們出現時通常會被疊加在一般MRI影像上；黑白的MRI影像顯示出大腦，疊加在最上層的則是fMRI的彩色斑點，指示出正在活動的區域。你可以很容易分辨出MRI加fMRI的影像，上面會出現大腦加上彩色斑點；而MRI影像則只看到大腦而已。

志願者在實驗室中進行某些心智任務時，研究人員會拍攝他們的大腦影像。如果這項任務會活化某個區域，它就會在影像中「發亮」，這就是顯示該區域功能的線索。神經學的前進腳步一直受到腦部病變的偶發性所牽絆，但是有了fMRI，就可以用精確的方式不斷重複實驗，將功能區域定位出來。布羅德曼的地圖變得不可或缺，研究者努力將功能標定在每個區上。科學論文數目暴增，促使許多大學紛紛將大筆資金投入fMRI機器或「大腦掃描儀」。

研究人士也一再重新測繪定位潘菲爾德的感覺與運動小人。他們觀察碰觸身體某個部位時，第3區中的哪些位置會活化；還有實驗對象移動身體某部位時，第4區的哪些位置會活化。能夠用fMRI來重新製作潘菲爾德的地圖，而不必用他原來採行的那種打開頭顱的粗野方式，真是太令人興奮了。研究者也研究重新對應定位的現象，以驗證拉馬錢德蘭的主張：感覺下移的情況會發生在截肢者第3區的臉部代表部位。結果正如此理論的預測，這種下移現象只出現於感受到幻肢痛的截肢者，沒有這種疼痛情形的截肢者便無此現象。

截肢可能並不會傷到大腦，但它仍然是一種極度不尋常的體驗。那麼「學習」所引發的大腦重新測繪地圖會是比較正常的形式嗎？小提琴手和其他弦樂器演奏者都是用左手按琴弦，研究顯示他們大腦第3區中代表左手的部位的確有增大的情形，這很可能就是密集的演奏訓練所造成的。fMRI令人印象深刻的功能，就是它不僅能定位出布羅德曼地圖各個分區的功能，還能解析每一區的微細變化。這類研究遠比高爾頓對大腦整體大小的研究複雜得多，勢必能告訴我們更多與大腦皮質重新測繪地圖相關的有趣事實，甚至對於瞭解可能由於過度練習而造成的失能性疾病也相當有用。這一類的疾病，像是局部性肌張力障礙（focal dystonia），常常導致才華洋溢的音樂家不得不悲慘地結束其職業生涯。

以大腦皮質區或子區的擴大來解釋學習的結果，再怎麼說也還是脫不了顱相學的調調，這和研究皮質增厚的概念沒有很大的不同，所以其統計相關性也一樣還是很弱。這種研究方式也許相當有力，但仍然有其局限。舉例來說，對點字閱讀者展開研究，會發現他們皮質中代表手部的區域也同樣有變大的情形，而研究大腦地圖是否重新繪製的方法，並無法簡單分辨受試者學習的究竟是小提琴還是點字，然而此二者根本是截然不同的技能。即使這種特定的問題有辦法解決，這方式運用於一般研究上會遇到的困難也依舊存在。

研究者還有另一種並非仰賴大腦重繪地圖概念的方法，也可以用來研究大腦的變化。他們試圖採用fMRI來看出腦部區域活化程度的差異，例如他們曾經提出報告，說明精神分裂症患者在執行某些心智任務時額葉的活化程度比一般人低，目前這方面的統計相關度雖然薄弱，但是這個耐人尋味的研究方向，可能會告訴我們更多有關腦部疾病的資訊，說不定可以啟發出更優越的診斷方法。

在此同時，ｆＭＲＩ研究也可能有一些根本上的限制。**大腦的活化狀況時刻都在變動，大略就像我們的思想與行動改變的速度那麼快。**若想找出精神分裂症的原因，我們必須先鑑別出有哪些大腦反常現象是持續出現的。譬如說，假定你的汽車每次一開到時速超過三十哩就會開始搖晃，而且方向盤往右偏；這種情況是間歇性出現的，所以它只是一種症狀，是因為你的車子在更基本層面上出了問題所造成的現象。注意發生哪些症狀是非常重要的，但這只是確認出潛在根本原因的第一步。

布魯克定律

為什麼我們仍然試圖用顱相學的方式來解釋心理差異呢？並不是因為這個對策夠好，而是因為我們拿不出更好的辦法。聽過這個笑話嗎？有位警察發現一個醉漢在路燈附近的地上爬來爬去，醉漢解釋道：「我在那邊角落把我的鑰匙搞丟了。」警察問他：「那你怎麼不在那邊找鑰匙呢？」醉漢回答：「我也想這麼做，可是燈柱下面這邊比較亮呀！」我們也像這個用既有條件來決定該怎麼做的醉漢一樣，明知道以大小為憑據幾乎無法窺見功能的真正端倪，但還是得這麼做，因為這是我們用現有的科技唯一看得出來的東西。

想要更瞭解顱相學的失敗之處，我們不妨把它和另一種大小與功能比較相關的成功例子相比。這回我們不再探討腦子大的人是不是比較聰明，而是要瞧瞧肌肉發達的人是不是真的力氣比較大。肌肉的大小可以用MRI來測量，而力氣的大小則可以用一台機器來測定，這種機器和你在健身中心的舉重訓練室看得到的那種很相似。研究者發現二者的相關係數在〇．七至〇．九之間，這可比腦子大小與智商的相關係數大得多了。所以結果與我們的預期相同：由肌肉的大小可以準確預測出力氣的大小。

為什麼肌肉的大小與功能如此相關，而腦子卻不然？請把肌肉想像成一座所有工人從事同樣工作的工廠，如果每一個工人都是獨力負責完成製造一件產品需要的所有步驟，那麼只要人力規模擴大為兩倍，當然就會讓工廠的輸出產量翻倍。肌肉的每根纖維就像上述所說那個樣子，它們執行的任務完全一樣，所有纖維都平行排列，全部往同一個方向拉動；因此它們對力量的貢獻是累加性的（表示你只要把它們逐個加起來，就可以得到總數。）所以，擁有較多纖維的肌肉理應擁有較大的力氣。

現在考慮另一座組織較為複雜的工廠，每個工人執行的是不同的任務，有的負責栓緊螺絲、有的負責焊接接合點；即使只想做出一件產品，也需要所有工人合作才能完成。經濟學家說這種的勞動分工才是有效率的，因為專業化會讓每個工人高度熟練各自的任務。然而，在這種工廠將工人數量加倍很可能無法使產量倍增，因為想讓新工人融入現有工作組織以增加產量輸出，可不是一件容易的事；事實上，增加更多工人甚至可能破壞工作流程，導致產量降低。正如布魯克定律（Brooks's law，這是軟體工程師的座右銘）所言：「增加更多程式設計師去挽救已經延遲的軟體計畫，只會讓它延遲更久。」

大腦工作的方式類似比較複雜的工廠，它的每個神經元負責執行一件微小的任務，各個神經元以錯綜複雜的方式合作，構成我們的心智功能。這就是為什麼呈現出來的效果和參與神經元數量比較沒有相關性，而是跟它們之間如何組織比較有關。

工廠的比喻解釋了顱相學的局限，但這比喻也能用來解釋重新定位測繪地圖的作用嗎？美國神經心理學家卡爾．拉胥利（Karl Lashley）相信心智功能廣泛分布在整個大腦皮質中，並指稱，布羅德曼地圖中大部分的邊界只是憑空想像的虛構之物；儘管如此，這位區域論的大敵卻也無法完全否定支持這項學說的實驗證據。到了一九二九年，拉胥利違背了他自己原本奉為圭臬的大腦皮質均勢論（equipotentiality），承認每個皮質區負責某一種特化的功能，不過他也宣稱，每個皮質區仍然有潛力（potential）承擔其他的功能。

回到我們想像中的工廠（比較複雜的那一座），讓我們假設有一名工人被重新分配去執行一項新的任務，即使他一開始笨拙無比，最終還是會進入熟練之境。這些工人也許既專精某種工作（特化），但又同時具有往各方面發展的潛力（均勢）；只要有新的輸入要求，他們就能改變功能。

拉胥利的學說的確有那麼一丁點兒道理，但是它又過於一概而論。大腦皮質的適應性並非沒有止境，如果真是如此的話，那麼所有中風患者就都能完全復原了。想瞭解皮質適應的極限何在，以便發展出讓它更進一步的方法，我們需要對它有更深入的瞭解。我們已經知道大腦皮質可以重新測繪定位，但是每一區負責的功能究竟是怎麼改變的呢？

未能解決另一個更基本的爭議之前，我們無法回答上面那個問題：究竟是什麼在一開始定義了皮質區的功能？布洛卡區和韋尼克區掌管語言，而布羅德曼地圖的第3區和第4區則負責身體的感覺和動作。然而為什麼是這些功能呢？它們是如何執行的呢？

想要只靠研究大腦的區域、大小、活動程度來回答這些問題是沒有指望的，我們必須用更精細的尺度來觀看腦子的組織方式。**每個大腦皮質區可能包含一億個以上的神經元，它們是如何組織起來執行心智功能呢？**在接下來的幾章裡，我們將探討這個問題，以及「腦部功能主要取決於神經元之間的連結」這種概念。

第二篇

連結論

神經連結體最令人興奮的前景之一，就是終於有希望揭開經驗與基因相互影響的奧祕；神經連結體正是先天條件與後天條件相遇之處。

第三章
神經元都不是孤島

神經元是我第二喜歡的細胞，和我心目中的最愛（精子），僅有些微之差。如果你從來沒有看過顯微鏡下飛快游動的精子，請緊緊扯住你最喜愛的生物學家的實驗外套翻領，逼迫他或她讓你一窺堂奧。精子所負使命的急迫性會讓你屏息動容，迫在眉睫的死期則讓你戚然鼻酸；你還會因為見到生命赤裸裸的最基本型態而驚訝讚歎。精子就像只帶了一個小手提箱去旅行的輕裝旅客，隨身之物非常精簡。它裡面含有粒線體，這是顯微鏡下才看得到的發電廠，有了它們，精子才有力量揮舞長尾；另外還有去氧核糖核酸（DNA），它是攜帶生命藍圖的分子。精子既沒有毛髮、沒有眼睛、沒有心臟、也沒有腦子，就這樣身無長物地走了這一程，唯一帶著的，是以四個字母A、C、G、T組合寫在DNA上的資訊。

如果你的生物學家朋友還樂意從命，那就再拜託他或她讓你瞧瞧神經元吧。精子持續不斷的移動令人印象深刻，而神經元則是以美麗的形狀讓人瞠目結舌。神經元和典型的細胞一樣，有一個無聊的圓形部分，裡面包含細胞核和DNA，不過這個細胞本體（cell body）只是整體的一小

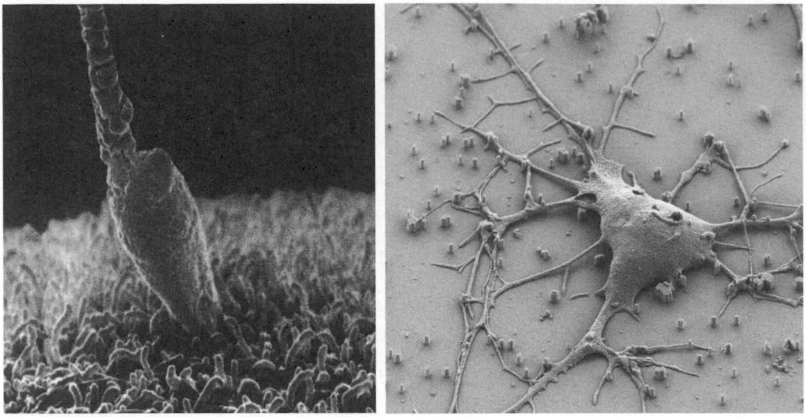

圖十三：我最喜愛的細胞：正在讓卵子受精的精子（左），以及一個神經元（右）。

部分，從它之上延伸出許多又長又細的分支，一次又一次地分叉開來，就像一棵樹的模樣。精子遵循的是時尚極簡主義，而神經元走的則是華麗繁複的巴洛克風格（參見圖十三）。

即使和為數上億的同類成群出現，精子也是自顧自單獨游動，最多只會有一個精子能達成讓卵子受精的使命。這是一場贏家拿走一切的競賽，當某個精子成功達陣後，卵子便會改變其表面，製造出阻止其他精子進入的屏障。不管二者的相逢是源於幸福婚姻還是不可告人的關係，精子與卵子都會結成一夫一妻制的伴侶。

所有的神經元都不是孤島，神經元最愛享齊人之福；每一個神經元都是左擁右抱成千上萬的同類，它們的分支就像義大利麵一樣糾結纏捲。**神經元會形成一個緊密互聯的網路。**

精子和神經元象徵著兩個偉大的奧祕：生命與智能。生物學家會很想弄明白精子所攜帶的珍貴貨物DNA，究竟如何將構成人類所需的半數資訊編礙其中；神經科學家則會很想搞清楚神經元組成的浩大網路，怎麼會思考、感覺、記憶和感知。簡而言之，就是腦子究竟如何產生心智這種驚人的非凡現象。

人體也許已稱得上非比尋常，然而大腦的支配才真正算是至高無上的奧祕。心臟能抽吸血液、肺臟會吸取空氣，這都會讓我們聯想到屋子裡的管線系統，它們雖然複雜，卻似乎沒什麼神祕之處。思想與情緒則截然不同，我們真的能用「大腦的運作」這種概念來瞭解它們嗎？

千里之行，始於足下。想瞭解腦子，何不從它的細胞開始呢？雖然神經元只是一種細胞，但它的複雜度卻遠遠超過任何其他細胞，它的大量分支就是最明顯的證明。即使已經潛心研究神經元多年，它們宏偉壯麗的外形仍然經常讓我悸動不已，我會想到地球上最強大的樹木：加州紅木。在穆爾森林（Muir Woods）或北美太平洋沿岸其他紅木森林中徒步旅行，是讓自己感覺渺小的好辦法。你可以看到這些樹木生長了數百年、甚至數千年，時間長到足以讓它們成長至令人暈眩的高度。

我拿神經元和這些擎天巨木相比，是不是有點過火了？如果純粹就大小而言，是的；但若進一步比較這兩種自然奇觀：紅木的細枝可以纖細到寬度僅有一公釐，和樹木本體將近三座足球場長度相加的高度相較，小了十萬倍。神經元的分支稱為神經突（neurite），它可以從腦子的這一側延伸到腦子的另一側，但其直徑窄小到只有〇．一微米（micrometer，譯注：縮寫為 μm，是一公尺的百萬分之一），所以長度與直徑的尺寸相差一百萬倍。以相對比例來看，神經元確實可以讓紅木相形見絀。

然而神經元為什麼會有神經突呢？為什麼神經突會不斷分叉，讓神經元看起來像棵樹呢？在紅木的例子裡，長出樹枝的理由顯而易見：紅木的樹冠捕捉陽光，因為陽光是能量的來源；流瀉而過的任何一絲陽光，幾乎一定會碰上某片綠葉，罕有機會能直射至地面。同樣地，神經元的形狀是為了捕捉「接觸」，一條神經突穿越其他神經元的分支叢時，很可能會和另一條分支相碰。就像紅木「想要」被陽光照到一樣，神經元也「想要」被其他神經元碰觸。

神經元產生尖峰了

每一次和別人握手、憐愛地撫抱小寶寶，或是享受雲雨之歡，都有可能讓我們想到人類的生命有多麼仰賴於肉體接觸，但是為什麼神經元也要彼此碰觸呢？假定看到一條蛇讓你轉身就跑，你的反應是因為眼睛能把訊息傳達給你的雙腿，叫它們：快跑！這個訊息是由神經元傳送的，但是它是怎麼做到的呢？

神經突的密集程度遠勝過一般森林，甚至熱帶叢林的樹枝。你可以把它們想成是一盤義大利麵，或者是一盤細到在顯微鏡下才看得見的天使髮絲細麵（capellini），神經突糾結的程度有如盤中那團混亂的麵條，所以每個神經元可以接觸到很多個其他的神經元。**兩個神經元碰觸的地方，會形成某種結構，稱為突觸，神經元就經由這個接合點來彼此通訊。**

不過若只是接觸而已，並不代表那一處就是個突觸，突觸最常做的事是傳遞化學訊息。發訊的神經元會分泌一種分子，稱為神經傳導物質（neurotransmitter），收訊的神經元可以感測到這種分子。神經元也能分泌及感測其他種類的分子，這種分子「機制」是否存在，代表這個接觸點

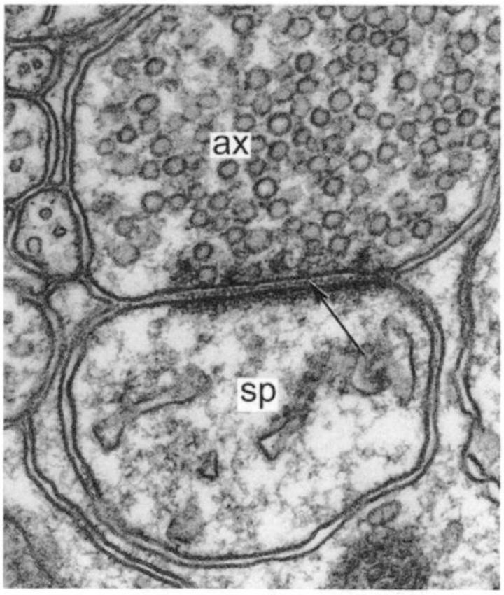

圖十四：小腦中的一個突觸。

究竟是不是一個突觸，或者神經突只是交錯而過而已。

這些能夠展露內情的徵象，在以光線來構成影像的普通顯微鏡下都變得模糊不清；只有在更先進，以電子而非光線為基礎的顯微鏡下，才能清楚地顯現出來。圖十四中所示的影像已經過高倍率放大（十萬倍），這是腦部組織的切片，可以看到兩個圓圓大大的神經突橫截面（標示「ax」及「sp」），就和你把一團義大利麵切斷看到的切端橫截面差不多。圖中箭頭指向介於兩個神經突之間的一個突觸，中開有個狹窄的間隙將二者分開。所以現在我們可以看出接觸點這個詞並不全然正確，因為神經突雖然彼此極度接近，但並沒有真正碰觸。

在這個間隙的兩側，就是執行發送與接收訊息的分子機制。其中一側點綴著許多小圓圈，這些小袋子稱為囊泡（vesicle），裡面儲存著準備使用的神經傳導物質分子。另外一側的細胞膜有一片深色的模糊區域，稱為突觸後緻密區（postsynaptic density），裡面所含的分子叫做受體（receptor）。

這個機制如何發送化學訊息呢？發送者分泌物質的方式，就是把一個或多個囊泡的內容物傾倒入間隙中，這些神經傳導物質分子便在那池鹽水裡分散開來，如果碰上嵌於突觸後緻密區的受體，那麼接收者就感測到這些分子了。

神經傳導物質分子包含許多類型的分子，每一種都是由許多原子以鍵結組合在一起所構成，如同圖十五所示的例子。（在這些「球棒模型」中，每個球代表一個原子，每根棒子代表一個化學鍵。）你可以看出每一種類型的神經傳導物質，都有因其原子的特定排列方式所形成的特徵形狀，這一點很快就會突顯出重要性。

圖十五左邊是最常見的一種神經傳導物質：麩胺酸（glutamate），一般人最熟知的形式是麩胺酸鈉（monosodium glutamate，簡稱MSG，譯注：即味精），在中國或其他亞洲料理中當作增味劑使用；不過很少人知道麩胺酸在大腦功能上也扮演舉足輕重的角色。圖十五右邊所示是其次常見的γ-胺基丁酸（gamma-aminobutyric acid），簡稱GABA。

目前被發現的神經傳導物質已超過一百種，這名單聽起來還滿長的。你是否曾經走進酒坊或酒鋪，看到貨架上堆滿那麼多品牌的啤酒和葡萄酒，頓時覺得眼花撩亂、無從選起的經驗？如果你是個墨守成

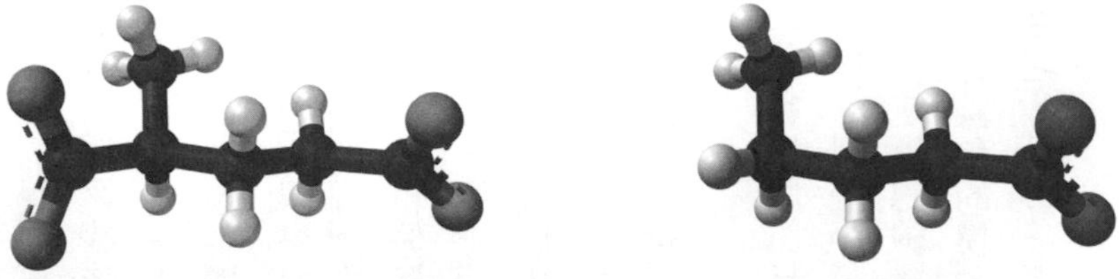

圖十五：神經傳導物質的「球棒模型」：麩胺酸（左）和γ-胺基丁酸（右）。

規的人，可能每次老是買同樣那一兩種酒，即使是要開派對招待朋友也不例外。這也是神經元的行為方式，除了少數例外，神經元所有突觸分泌的都是同樣少數幾種神經傳導物質的組合，而且通常只含一種神經傳導物質。（在此討論的突觸，是神經元發送到其他神經元的突觸，而不是接收自其他神經元的突觸。）

現在讓我們來瞧瞧受體分子，它比神經傳導物質大得多，也更為複雜。每個分子會有一部分突出神經元表面，就像小朋友套著游泳圈浮在水面時會露出的頭和手臂一樣，突出的部分就是受體感測神經傳導物質的部位。麩胺酸受體能感測麩胺酸，但會忽略γ-胺基丁酸及其他神經傳導物質；同樣地，γ-胺基丁酸受體只管感知γ-胺基丁酸而忽略其他分子。這種專一性從何而來呢？我們可以把受體想成鎖，而神經傳導物質則是鑰匙。正如我們在前面所看到的，每種類型的神經傳導物質都具有獨特的分子形狀，有如鑰匙的突起與凹槽所構成的形態。每一種類型的受體都有一處稱為結合部位，這個部位有特定形狀，就如同鎖孔的內部結構。如果神經傳導物質的形狀和結合部位能彼此契合，就能活化這個受體，像是用正確的鑰匙插進正確的鎖，就能把門打開一樣。

一旦你明白大腦使用的是化學訊號，聽到藥物可以改變心智就沒什麼好驚訝了。藥物也是一種分子，它的形狀可以和神經傳導物質很相似；只要模仿的程度夠逼真，這種藥物便能活化受體，就像複製的鑰匙也和原版一樣，能夠打開同一個鎖。尼古丁是香菸裡所含的致癮化學物質，它可以活化一種稱為乙醯膽鹼（acetylcholine）之神經傳導物質的受體。有些藥物則是會阻礙受體活化，就像打得不夠精準的複製鑰匙，可能插入門鎖後只能轉動一部分，結果把門鎖卡住了。

苯環利定（phencyclidine）又稱PCP，街頭渾名叫做天使塵（angel dust），以彰顯它的迷幻作用帶來的愉悅效果；這種藥物就會讓麩胺酸受體失去活性。

現在倒是值得暫停一下，花點時間來探討我們平時是如何看待自己的分泌物。提到痰、汗水、尿液這些分泌物，我們在所謂的「上流社會」中，總會抑制自己吐痰的衝動，用止汗劑堵住汗腺，私下悄悄地按下抽水馬桶開關。分泌物是我們有血有肉的明證，但我們對它們總是感到尷尬不已；想當然耳，這些東西和我們空靈微妙的思想一定不會屬於同一個世界吧。然而事實卻更令人震撼：我們的心智其實仰賴於顯微鏡下才看得見的無數排放活動，**思想就是大腦的分泌物！**

神經元靠化學物質彼此交流聽起來似乎很奇怪，但我們人類也是這麼做的；就算我們多半依靠語言或面部表情來溝通，偶爾還是會用氣味發出訊息。雖然鬍後水或香水的味道可以有各種不同的詮釋，不過說它們意味著「我好性感」或是「靠近我吧」大概也錯不到哪兒去。其他動物並不需要購買裝在小瓶子裡的氣味，母狗在發情期自然會分泌稱為費洛蒙（pheromone）的化學訊號，這種氣味飄蕩在整個街坊，公狗聞到後便會蜂擁而來。

這種用化學訊息表達慾望的方式，比莎士比亞的十四行情詩原始、露骨多了；不過話又說回來，那些用「玫瑰是紅色的，紫羅蘭是藍色的」開頭的情詩也是如此。我們應該把媒介和訊息本身區分清楚，用化學訊息來當作通訊的媒介，就根本而言會不會太原始了?的確這麼做會造成一些限制，不過大腦已經找到方法來規避所有的這類問題。

化學訊號的傳播一般而言比較慢。假如有個女人走進房間裡，你通常會先聽到她的腳步聲，看到她的全身打扮，然後才聞到一絲她的香水味。如果有陣風穿進房間裡，也許會快一點把香味朝著你吹過去，但是仍然比聲音和光線的速度慢得多。然而，神經系統卻能產生迅速的反應。當你為了躲避一輛粗心駕駛者所開的汽車而猛然跳開時，你的神經元是用極快的速度彼此傳訊。它們是怎麼用化學訊息做到這一點呢？不妨這樣想：如果賽道只有幾步長，即使是速度最慢的跑者，也可以一眨眼就完成比賽。雖然化學訊號可能移動得很慢，但是它們需要跨越的突觸間隙根本就短得不得了。

化學訊號也顯得太過粗糙簡陋，因為很難將它們傳送至特定的目標。所有圍繞在那個女人身邊的派對來賓都能聞到她的香水味；如果她的香水味只能讓她心愛的人聞到，那豈不是更浪漫嗎？唉！可惜還沒有哪個發明者能夠成功創造出可以如此聚焦香味的香水。所以，究竟是什麼機制能讓化學訊息集中對準一個突觸，而不會像香水一樣擴散開來，被其他突觸感測到呢？答案是：**突觸會「回收」神經傳導物質**，把它們吸回來，或是將之降解為不活潑的惰性形式，減少這些分子到處閒晃的機會。對神經系統而言，需要設法將串擾（crosstalk，這是工程師稱呼這種訊號擴散現象的說法）減至最小，可不是一件簡單的工作，因為各個突觸擠在一起，其實彼此非常靠近。大腦中每立方公釐的體積要塞進十億個突觸，擁擠程度遠勝過紐約的曼哈頓島；連曼哈頓島上的居民都常常抱怨在自家公寓聽得到別人家的談話聲（以及更多其他的聲音）。

最後，化學訊號的持續時間很不容易控制。即使某個女人已經離開派對，她的香水味仍然可以在房間裡縈繞多時。不過神經傳導物質的滯留問題，可以藉由前述同樣機制，也就是能消除串擾的回收及降解方式來加以避免，讓神經元之間的化學訊號可以在精確的時間點傳遞。

突觸通訊方式的這些特性：速度、對象特定性、時間精準度，並未與你體內其他類型的化學通訊方式共享。在你跳起來躲開街上車輛的衝撞後，你的心跳會加快、呼吸變沉重、血壓則像火箭般一飛沖天。這是因為你的腎上腺所分泌的腎上腺素進入你的血流中，隨後被你的心臟、肺臟、血管的細胞感測到。這種腎上腺素激增（adrenaline rush）反應看似立即出現，其實相當遲緩。它們是在你跳開那輛車之後才發生的，因為腎上腺素是經由血流傳播，比化學訊號在神經元之間跳躍的速度慢得多了。

將分泌的荷爾蒙釋放至血液中，其實是最不具區分性的訊號傳送類型，稱為廣播（broadcasting）。就像眾多家庭都能收視的電視節目，或是全房間的人都聞得的香水味一樣，荷爾蒙可以讓許多器官的許多細胞都感測得到。與此成對比的，則是**發生於突觸之間的通訊活動，僅限參與的那兩個神經元才感受得到**，好比兩個人透過一通電話在線上溝通。這種點對點通訊的方式比廣播更具特定性。

除了神經元之間的化學訊號外，大腦中也有電子訊號，它們是在神經元細胞內傳送的。雖然神經突中所含的是鹽水，並非金屬，但它和縱橫交錯於全世界的通訊電纜在形式和功能上都非常類似。**電子訊號可以經由神經突做長距離傳播，就像它們沿著電線移動一樣。**〔有趣的是，凱爾文爵士（Lord Kelvin）於十九世紀提出，用來敘述海底電報電纜之電子訊號活動的數學公式，也被用在說明神經突的模型上。〕

一九七六年，傳奇工程師西摩・克雷（Seymour Cray）將有史以來最知名的超級電腦克雷一號（Cray-1，見圖十六）公諸於世，有人稱它是「世上最昂貴的情人座沙發」，這話說的也沒錯，它時髦雅緻的外觀，的確足以為一九七〇年代那些花花公子的客廳增添光彩。不過它的內部

圖十六：克雷一號超級電腦，外觀（左）及內部（右）。

可就和時髦雅緻完全扯不上關係了，總長六十七哩的電線糾結纏繞在一起，延展開有一至四呎寬。這堆電線由不相干的旁觀者看來，只覺一團混亂，不過它們其實是井然有序的。每一條電線負責傳達特定兩個點之間的資訊，這些點的位置則由克雷和他的設計團隊從數以千計安裝著矽晶片的電路板（circuit board）上做出選擇。這些電線和一般電子設備中常見的電線一樣，外面都包裹著絕緣材料以防止串擾。

你可能會認為克雷一號看起來好複雜，其實它和你的腦子相較，根本簡單得太可笑了。想想看，總長度以百萬哩計，而且細如蛛絲般神經突就塞在你的頭顱裡，而且它們還有一大堆分支，並不像電線那樣直統統一條。你的腦子裡線路糾結的混亂程度遠遠勝過克雷一號，但是在不同神經突裡的電子訊號（即使是相鄰的神經突），也幾乎沒有相互干擾的情形，就像在絕緣電線裡的狀況一樣。訊號在神經突之間的傳輸只發生於特定的接點，這些接點稱為突觸。克雷一號在這方面也很類似，訊號從一條電線傳到另一條電線的情況，只會發生在絕緣層被剝除，金屬直接互相接觸的位置。

到現在為止，我一直採用「神經突」這個籠統的稱呼，不過很多神經元其實含有兩種類型的神經突：樹突（dendrite）和軸突（axon）。樹突比較短也比較粗，數個樹突從細胞本體突出後沒多遠就開始出現分支；軸突只有單獨一根，它又細又長，從細胞本體朝遠處延伸，至接近目的地附近才開始有分支。

樹突和軸突不僅外觀相異，在傳遞化學訊號上也扮演截然不同的角色。樹突位於突觸的接收端，它們的細胞膜包含受體分子；軸突則是在突觸處分泌神經傳導物質，把訊號發送給其他神經元。換句話說，典型的突觸是由軸突傳到樹突。

樹突和軸突裡的電子訊號也不相同。在軸突裡的電子訊號是短暫脈衝，稱為動作電位（action potential），每個脈衝持續約一毫秒（ms，譯注：一毫秒為千分之一秒）（參見圖十七）。動作電位的非正式說法叫尖峰（spike），因為它有尖尖的外形，所以為了方便起見，讓我們之後就採用這個別稱吧！神經科學家常會說：「那個神經元產生尖峰了。」就像財經記者寫道：「股票市場暴漲（spike）造成銀行利潤暴增。」當神經元出現尖峰的時候，就表示它被活化（active）了。

這種「尖峰」會讓人聯想到摩斯電碼（Morse code），你可能在老電影裡聽說過這種東西，它是由電報員按下電鍵所產生的一連串或長或短的脈衝序列。早期的電信系統中，脈衝大概是在靜電干擾的情況下唯一一種可以清楚聽得到的訊號。訊號傳達得愈遠，就愈容易因為干擾而走樣；這就是為什麼在電話已經普遍用於短距離通訊數十年之後，摩斯電碼在長距離通訊上仍占有一席之地的緣故。大自然「發明」了動作電位，大概也是為了同樣的原因，如此才能在腦子裡長距離傳送資訊。因此尖峰主要發生在軸突，也就是最長的那種神經突。像秀麗隱桿線蟲或蒼蠅的那種小型神經系統中，神經突會比較短，很多神經元根本不會產生尖峰。

那麼，化學訊號與電子訊號這兩種類型的神經通訊方式，又是怎麼聯繫在一起的呢？簡單地說，尖峰通過時會觸發分泌，突觸就被活化了；在突觸的另一側，受體感測到神經傳導物質，接著生成電流。用更精簡的話來說明，那就是：**突觸會將電子訊號轉換成化學訊號，然後再轉換回電子訊號**。

訊號類型的轉換在我們的日常科技中很常見。想像一下兩個人透過電話交談，電子訊號在兩人之間沿著一條連續不斷的電線傳送。（讓我們先忽略現代電話網路中也可能會用光纖傳送光訊號這個事實。）但是電子訊號沒有辦法穿越聽筒到耳朵之間那段狹窄的空氣間隙，所以它們會在這裡轉換成聲波訊號。訊號以電力的形式走了上千里遠的旅程之後，最後躍入聽者耳膜的還是聲音。同樣地，電子訊號可以沿著軸突在腦子裡遠行，但它並不會直接抵達下一個神經元，而是先轉換成化學訊號後，再跳過突觸間隙，進入另一個神經元。

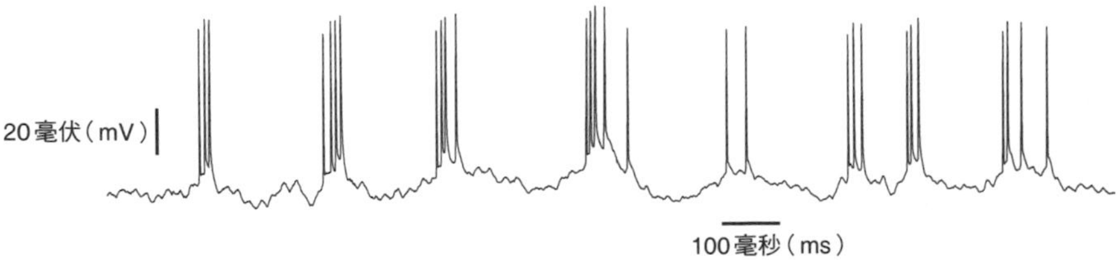

圖十七：動作電位，或稱「尖峰」。

神經路徑就像骨牌遊戲

如果一個神經元可以透過突觸，將訊號發送給第二個神經元，那麼第二個神經元便可以發送訊號給第三個神經元，依此類推。這樣一連串的神經元序列，我們稱之為路徑（pathway）。這就是為什麼即使兩個神經元並未直接以突觸連結，卻仍然可以彼此通訊的原因。

神經路徑和我們徒步上山走的小徑不同，它是有方向性的，這是因為**突觸是單向裝置**。如果有個突觸介於兩個神經元之間，我們便說它連結了雙方，就像兩個朋友藉著電話交談一樣。但是這個比喻其實是有瑕疵的，因為電話可以朝兩個方向傳輸訊息，但不管在任何突觸上，訊息的傳送都只有一個方向：其中一個神經元永遠是發送者，另一個則永遠是接收者。這並不是因為其中一個神經元格外「健談」，或是另一個神經元特別「沉默寡言」，而是跟突觸的構造有關；能夠分泌神經傳導物質的機制位於突觸的一側，而感測這些神經傳導物質的機制則位於另一側。

就原則上而言，**神經突是雙向的裝置**，電子訊號可以沿著它朝兩個方向行進。但在實際情況中，尖峰通常是沿著軸突傳離細胞本體，而電子訊號則沿著樹突朝細胞本體傳送；突觸是造成這種方向性的源頭。在你的血液循環系統裡，靜脈血總是朝著心臟流去，如果靜脈只是一條管子，血液就有可能朝兩個方向流動；但是靜脈裡也有瓣膜可以防止血液倒流。瓣膜將方向性施加於靜脈上，就像突觸將方向性施加於神經路徑上一樣。

因此，**神經系統之路徑的定義，就是從一個神經元跨越突觸通到另一個神經元，方向則依各個突觸而定**（參見圖十八）。在神經元裡面，電子訊號從樹突傳到細胞本體，再傳至軸突；化

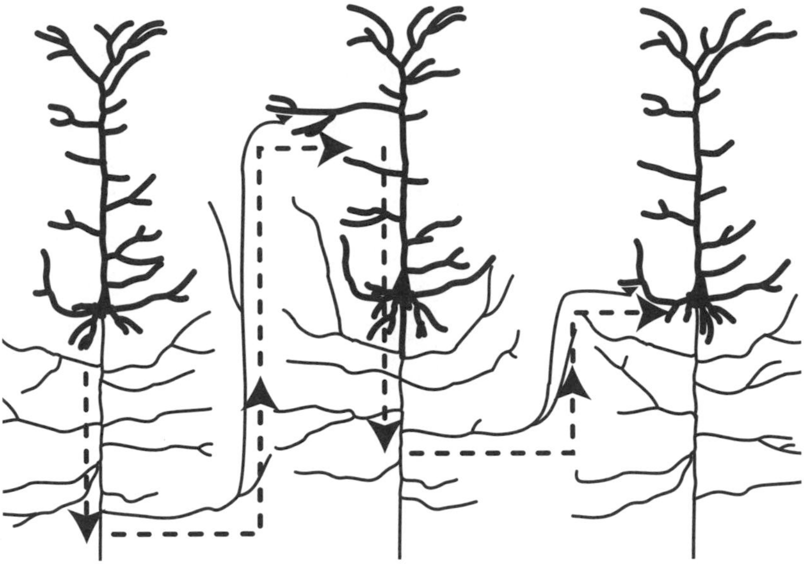

圖十八：神經系統中的多神經元路徑。

學訊號再從這個神經元的軸突跳到另一個神經元的樹突上。在第二個神經元之中，電子訊號再次從樹突傳到細胞本體，然後送至軸突；它們被轉換成化學訊號，又跳躍到另一個神經元；這個過程就這樣一路繼續下去。由於突觸間隙極度狹窄，所以整條路徑所跨越的距離，其實幾乎都在神經元細胞內，而不是在神經元之間。更進一步而言，這些距離大部分都在於穿越軸突，因為軸突比樹突長得多。

如果你吃過家禽的肉，就有可能在你自己的餐盤上看過成束的軸突。通常我們稱之為神經，看起來像是柔軟的白色線束；它們不會被錯認為肌腱，因為肌腱比較硬；也不會和血管混淆，因為血管顏色比較深。用非常尖銳的工具分開尚未煮過的神經會把它弄散掉，就像切斷繩子會讓它散開成好幾股絲線一樣。神經的「一股股絲線」就是它的軸突。

神經根植於腦或脊髓的表面，此二者合稱為中樞神經系統（central nervous system，簡稱CNS）。因為大多數的神經都會產生分支並延伸到身體表面，因此它們被稱為周邊神經系統（peripheral nervous system，簡稱PNS）。神經裡面的這些軸突，都是來自位於中樞神經系統的細胞本體，或是來自一些小小的神經元前哨基地，稱為周邊神經節（peripheral ganglia）。中樞神經系統和周邊神經系統合起來組成神經系統（nervous system）；我們也可以把它定義為所有神經元及其他支持細胞的組合。刻意強調神經系統裡的「神經」兩字，可能很容易造成誤解，因為其實腦和脊髓才是它最主要的部分。

現在，讓我們回到前面提出的問題：為什麼你看到蛇之後，能夠轉身就跑？比較粗略的答案是：你的眼睛傳送訊號給你的大腦，腦子再把訊號傳給你的脊髓，然後脊髓傳訊給你的雙腿。第一個步驟是由視神經傳達的，它是上百萬根軸突構成的神經束，從眼睛通到大腦。第二步驟則發生於錐體束（pyramidal tract）中，這個軸突束從腦部通到脊髓。（中樞神經系統的軸突束稱為「徑」或「束」，而不是「一條神經」。）第三個步驟是則是經過坐骨神經（sciatic nerve）和其他神經，這些神經從你的脊髓連結到你的腿部肌肉。

讓我們來探討這條由軸突居間傳訊之路徑的開頭與尾端的神經元。在你的眼睛後方有個薄片狀神經組織，稱為視網膜；從蛇身上傳過來的光線，照在視網膜中稱為感光細胞（photoreceptor）的特殊神經元上，它的反應是分泌化學訊息，而這訊息接著又被其他神經元感測到。總而言之，你的每一個感覺器官都包含會被某類型物理刺激活化的神經元；從刺激到反應這一趟沿著神經路徑而行的旅程，是由感覺神經元揭開序幕的。

這條路徑結束之處，是神經軸突接觸肌纖維的那些突觸，肌纖維對神經傳導物質分泌的反應是收縮。許多肌纖維協同收縮（coordinated contraction），就會導致肌肉縮短、產生動作；整體來說，**你的每一條肌肉都是由來自運動神經元的軸突所控制**。英國科學家查爾斯．謝林頓（Charles Sherrington）於一九三二年獲得諾貝爾獎，突觸一詞便是由他創造出來的；他曾特別強調肌肉就是所有神經路徑的最終目的地：「移動某個東西是人類唯一能做的事情……而這些事的唯一執行者就是肌肉，無論是輕聲低語某個音節，還是大力砍伐森林，全都一樣。」

感覺神經元和運動神經元之間有很多路徑，有些我們在之後的章節會再詳述。這些路徑的存在是顯而易見的事，如果沒有它們，你就無法對刺激產生反應。但是訊號究竟是如何在路徑中傳導的呢？

加州於一八五〇年剛併入美利堅合眾國時，與東部各州通訊需要好幾週的時間。小馬快遞（Pony Express）成立於一八六〇年，加快了郵件傳遞的速度。當時從加州到密蘇里州約兩千哩的路線上，一共設置一百九十個驛站，每個郵袋的運送都是日夜兼程，每到一個驛站換一次馬匹，每隔六、七站就換一位騎師。郵件抵達密蘇里州之後，消息再經由電報傳送到更東邊的州。這樣的方式，讓訊息自太平洋此端送到大西洋彼端所需的總傳輸時間，從二十三天縮減到十天。小馬快遞只營運短短十六個月，就被第一條橫貫美國大陸的電報線所取代，而後者之後又被電話及電腦網路所取代。科技也許日新月異，但是基本的原則始終如一：通訊網路必須要有能夠沿著路徑一站站將訊息傳遞下去的方法。

我們很容易就會把神經系統想成一個通訊網路，可以把尖峰從一個神經元傳送到另一個神經元；神經路徑就像骨牌遊戲一樣，每一個尖峰會點燃神經路徑上的下一個尖峰，就像每一張骨牌倒下時，頂端就會撞到下一張連續的骨牌一樣。這種說法可以解釋你的眼睛看到一條蛇時，是怎麼告訴你的腿該拔腿就跑，不過事實並沒有那麼簡單。雖然軸突的確會把尖峰從細胞本體傳遞到突觸，但是突觸可不會這麼簡單地就把尖峰傳送到下一個神經元。

幾乎所有的突觸都很弱，神經傳導物質的分泌只能在接下來的神經元中形成很小的電效應，遠低於造成尖峰所需要的程度。你可以想像這是一連串間隔太遠的骨牌，其中一張倒下並不會對接下來的骨牌產生任何影響。同樣地，單獨一條神經路徑一般而言並無法傳遞一個尖峰。不過這是一件好事，為什麼呢？我會在下面解釋。

突觸的特性

「黃葉林中，兩路分歧／未能二者兼行，令我遺憾至極／隻身赴旅的我，在此佇立良久……」這是羅伯特．佛洛斯特（Robert Frost）的詩作〈未擇之路〉（The Road Not Taken）中的句子。不過尖峰碰上軸突的分岔處時，完全不會陷入佛洛斯特感受到的那種兩難困擾，因為尖峰並沒有「隻身」的限制，它可以複製自己，變成兩個尖峰，兩條岔路都走。藉著重覆這樣的步驟，原本始於細胞本體附近的單一尖峰會變成許多尖峰，抵達軸突的每一個分支，而且振幅絲毫沒有衰減。軸突接觸到另一個神經元的所有突觸都會受到刺激，分泌出神經傳導物質。

透過這些向外延伸的突觸，神經路徑就像詩中所述的小路一樣發散開來，這就是為什麼刺激一個感覺器官可以引發多種反應。看到蛇會讓你想要快點逃開，這是因為有那些從眼睛通到雙腿的神經路徑；如果看到的是美味的牛排，則會讓你口水直流，這回該歸功於從眼睛通到唾液腺的那些神經路徑。因為有這兩種從眼睛發散而出的路徑，所以為何看到某個東西可能會讓你想逃，也可能會讓你口水流個不停，就沒有什麼神祕難解之處了。其實難解之謎是在正好相反的部分：為什麼只會出現一種反應？如果訊號會選擇所有可能的路徑，那麼任何刺激應該都會導致每一條肌肉和每一個腺體活化。然而這種事顯然並不會發生。

上述情況的原因在於訊號要通過路徑並不是那麼容易。我們已經知道單獨一個突觸及路徑並不會傳送尖峰，所以那些訊號到底是怎麼傳出去的呢？雖然樹突的分支和軸突的分支看起來很相像，但它們的功能截然不同。**軸突會向外發散**（**diverge**），**而樹突則是向內收斂**（**converge**），兩個樹突分支結合在一起後，二者的電流也會合併起來流向細胞本體，就像溪流匯合一樣。湖泊中匯集的是多條溪流的水，而細胞本體也像湖泊一般，來自各個突觸的電流，會經由樹突收斂集中到這裡來。

這樣的收斂性有什麼重要呢？雖然單獨一個突觸通常太弱，無法驅動神經元產生尖峰，但是很多個突觸收斂集中起來就做得到了。如果這些突觸是同時被活化的，它們就能夠共同「說服」神經元產生尖峰。因為尖峰遵行的是「全或無」（all or none）定律，我們可以把它想成是「神經下了決定」的輸出結果。我用這樣的比喻，意思並不是說神經元是有意識的，或者是它可以像人一樣思考，我只是單純要說明神經元並不會優柔寡斷，不會有「半個尖峰」這種東西。

我們做決定的時候，可能會向朋友和家人尋求建議。神經元也差不多，它會透過收斂集中的突觸來「傾聽」其他神經元的意見。細胞本體會結算電流的總和結果，有效地計算「建議者」的票數。如果總分超過某個閾值，軸突就會產生尖峰。由這個閾值的大小，可以判定這個神經元下決定的方式是輕易明快還是不情不願，就像政治體制中的表決方式可以要求簡單多數決、三分之二多數決，或是全體一致決一樣。

在很多神經元的情況中，**樹突裡的電子訊號是連續漸變（continuously graded）式的，和軸突全有或全無的尖峰不同**；這種方式比較適合表達整體投票結果的可能分布範圍。樹突裡有尖峰不見得代表最後結果，只有在細胞本體計算完全部的選票後，才能決定軸突會不會產生尖峰。如果樹突缺乏尖峰，它們就不能長距離傳輸訊息，這正是樹突比軸突短得多的原因。

民主制度的一個基本口號就是「一人一票」，所有的選票都等值，和上面所述的神經模型一樣。然而我們在考慮親朋好友的建議時，可能不會這麼民主，我們會對某些意見加權。同樣地，神經元確實也會對不同「建議者」的意見採取差別待遇。電流有大有小，強突觸在樹突產生大的電流，弱突觸則產生小的電流；突觸的「強度」會決定它的選票對神經元所做的決定有多大影響。而一個神經元也有可能接收來自另一個神經元的多個突觸，就像是允許對方多投幾票一樣。這可說是另一種進一步的偏袒方式。

我們已經介紹了神經元的「加權投票模型」，不管是哪一種類型的投票方式，都需要某個程度的同時性。在政治上，會藉著要求大家在事先決定好的那一天去投票來達成這個條件；但是由於突觸可以在任何時間投票，所以大腦裡每一天都是選舉日。（事實上，這個比喻還是有點容易造成誤解。突觸的每次投票時限遠比一天短得多，大概只有幾毫秒到幾秒左右。）兩個突觸所投的票，只有在時間點接近到足以重疊的程度時，才會計算在同一次投票的結果裡。

你可以把突觸的電流想成對人惡言相向。單獨一次辱罵力道微弱，並不足以讓人大發雷霆（產生尖峰）；所以如果這種無禮的行為只是偶一為之，對方並不會生氣。但若是遭到多人同時出言侮辱，或者短期間內被惡語連番炮轟，這些狠毒言詞的效果便會累加起來，直到「最後一根稻草」出現，強迫對方跨越發飆門檻為止。

在解釋神經的投票方式時，我為了簡化說明，暫時省略了突觸的一個重要特徵。其實神經元會投的並不是只有「贊成」票一種而已，另有一種類型的突觸原本就只會投「反對」票。會有「贊成」與「反對」票的差別，是因為突觸活化造成電流流動，而且朝兩個方向流動都是可能的。興奮性（excitatory）突觸專投「贊成」票，因為它們會讓電流流入接收神經元，「激發」尖峰產生；抑制性（inhibitory）突觸專投「反對」票，因為它們讓電流流出神經元，「抑制」尖峰產生。

抑制作用對神經系統的運作非常重要。明智的行為並非只是對刺激做出適當反應而已，有時候不要做某些事反而更重要。像是節食期間不應該伸手去拿甜甜圈，在公司的節日聚會上不該再多喝一杯酒。現在還不清楚這些心理抑制作用的實例和抑制性突觸如何連結在一起，但很有理由相信它們之間一定有某種關係。

對抑制作用的需求，很可能就是大腦如此倚重傳遞化學訊號之突觸的主要原因。事實上，另外還有一種直接傳輸電子訊號，不使用神經傳導物質的突觸；這種電突觸運作速度更快，因為它們完全省略了把訊號從電子轉為化學，再轉換回電子的耗時步驟。不過並沒有抑制性電突觸，只有興奮性電突觸；也許正是因為這個原因及其他一些限制，使得電突觸不像化學突觸那麼常見。

把抑制作用這個因素加進來之後，我們原本的投票模型要怎麼修改呢？之前我提過神經元在「贊成」票超過某個閾值後才會產生尖峰，如果我們把抑制作用也包含進來，那就是「贊成」票減去「反對」票後所得票數必須超過閾值設定的某個限度，神經元才會產生尖峰。抑制性突觸也和它們那些興奮性突觸兄弟一樣有強有弱，所以投出的選票也有加權的情形，並非全然的民主。某些抑制性突觸甚至強大到足以有效地否決許多興奮性突觸。

關於神經的投票方式，還有最後一件事需要讓大家瞭解一下：神經元的行為可能完全循規蹈矩，也可能事事都唱反調，這是因為它們同樣可以被歸類為興奮性神經元或抑制性神經元。興奮性神經元只會用興奮性突觸接觸其他神經元，反之亦然，抑制性神經元只會以抑制性突觸接觸其他神經元。每個神經元接收到的各個突觸也不見得具一致性，可能會是興奮性與抑制性突觸的混合。

換句話說，興奮性神經元若不是用尖峰來對所有其他神經元說「贊成」，就是乾脆以保持沉默來表示棄權；同樣地，抑制性神經元只能在「反對」和棄權之間做選擇。神經元不能對某些神經元說「贊成」，對別的神經元表達「反對」；或是在某些時候喊「贊成」，其他時間說「反對」。

如果是興奮性神經元得到很多「贊成」選票，它就會遵照大眾意見說「贊成」；但若是抑制性神經元得到很多「贊成」選票，它反而會說「反對」，與潮流背道而馳。**在腦子裡的許多區**

域，包括大腦皮質在內，大多數神經元都是興奮性的。你可以想像大腦就像我們的社會一樣，絕大多數都是循規蹈矩者，但是一定會夾雜一些逆勢而行的人物。

某些鎮靜劑的作用機制就是增加抑制作用的強度，讓抑制性神經元能夠抑制活動。至於那些會削弱抑制作用的藥物，則是讓興奮性神經元占得上風，但是有可能會失控而引起癲癇發作。在此，你可以把興奮性神經元想成煽動群眾的人，努力慫恿暴民造成騷亂；而抑制性神經元就像是警察，受召而來負責消弭眾人的激昂情緒。

突觸還有許多其他特性，神經科學家正在研究之中。不過我希望大家都已經很清楚地瞭解，當我們說兩個神經元彼此「連結」時，只算是剛開始描述其間的互相影響而已。這種連結也許是透過一個或多個突觸而發生——化學突觸或電突觸，甚至二者兼具。化學突觸有方向性；它可能是興奮性或抑制性的；強度或強或弱；產生的電流可能維持較長時間，也可能相當短暫。所有這些因素，在突觸造成神經元產生尖峰時都很重要。

我為什麼這麼聰明

前面我已經說明，神經路徑從眼睛發散到雙腿與唾液腺，為了解釋清楚為什麼某個刺激會活化某些神經路徑，而不是其他的神經路徑，我也特別將說明焦點放在突觸的收斂集中上，這一點對投票模型促使尖峰產生的部分至關重要。如果一個神經元沒有產生尖峰，那麼它對所有收斂過來的神經路徑而言，就相當於一條死胡同。這種由不產生尖峰的神經元所造成的大量死胡同，對腦部的功能不可或缺。它們會讓你看到蛇時不會觸發唾液腺反應，看到牛排時不會拔腿就跑。

就神經功能而言，未能產生尖峰跟產生尖峰一樣重要；這就是單一突觸和單一路徑無法傳達尖峰的原因。在投票模型中有兩個機制，可以讓神經元對選擇何時該產生尖峰變得格外挑剔。我提過軸突只會在細胞本體收集到的總電流超過某個閾值後，才會產生尖峰；所以提高軸突閾值會是讓神經元變得更挑剔的一種方法。如果神經元接收到抑制性突觸發送的「反對」票，也會增加神經元的選擇性，因為現在它會需要更多「贊成」票才會產生尖峰。換句話說，有兩種防止神經元胡亂產生尖峰的機制：產生尖峰的閾值大小，以及突觸的抑制作用。

尖峰有兩種功能。在細胞本體附近產生尖峰代表做了決定，尖峰沿著軸突往外傳播，則是通知其他神經元這個決定的結果。通訊與做決定各有不同的目標，通訊的目的是保存資訊，不做任何改變而發送出去；然而捨棄資訊卻是做決定時最根本的行動。想像你有個朋友在精品時裝店試穿大衣，遲遲無法決定究竟要不要把它買下來；許多輸入資料都會影響他或她的決定，包括衣服的顏色、合身與否、是哪位設計師的品牌，還有店裡的格調氣氛等等。你可能會聽到朋友絮絮叨叨不停提到這些資訊，不過到了某個時候，你終究會失去耐心，開口問道：「你／妳到底要不要買啦？」到最後，那個最終的決定（而不是諸多該不該買的理由），才是最重要的。

同樣地，出現往外傳出的尖峰，代表神經元得到的投票結果已經超過它的閾值，但並未表達個別「建議者」投了什麼票的詳細訊息。所以神經元固然發送出一些資訊，但它們也拋棄了更多訊息。（這讓我想起我老爸，他喜歡自豪地說：「你知道我為什麼這麼聰明嗎？那是因為我超擅長把對的事情忘掉。」）這就是腦子遠比電信網路複雜多多的地方。如果我們說神經元不僅會傳遞訊息，還能夠計算（compute），應該算是很中肯的說法。提到「計算」的概念，我們通常只會聯想到桌上型或筆記型電腦，不過它們只是計算設備的一種類型，大腦則是另一種，不過是大相逕庭的另一種。

雖然我們把人腦和電腦拿來相比較時應該要特別謹慎，但它們至少在某個重要的方面是很相似的：它們都比構成它們的元件「更聰明」。根據加權投票模型，神經元執行的是很簡單的操作，這樣的操作並不需要智能，也可以由最基本的機器執行。

神經元怎麼可能這麼簡單，大腦卻如此複雜呢？好吧，也許神經元也不是那麼簡單。我們已經知道真正的神經元和投票模型確實有些偏差；不過雖說單獨一個神經元的表現，距離擁有智能或意識可說相差甚遠，但不知怎地，神經元結合成網路後便不是如此了。

這個概念在幾個世紀以前可能很難為人所接受，但是現在我們已經很習慣這種「愚蠢的元件組合起來就會變聰明」的想法。電腦的每個零件本身都不會下棋，但是把大量的這類零件以正確的方式組織起來，就能合力擊敗世界冠軍。同樣地，正是數以十億百億計的愚笨神經元共同組織運作，才造就了你的聰明。這是神經科學最最深奧的問題：為什麼你腦子裡的神經元組織起來後，就能夠感知、思考，並執行其他的心智偉業呢？答案就在神經連結體。

第四章
一路接下去的神經元

難道你的腦子裡除了尖峰和分泌物，這些生理活動之外，真的沒有別的東西了嗎？神經科學家理所當然地認為沒有，但是我所遇過的大多數人都不這麼想。即使是那些一開始用一大堆大腦相關問題轟炸我的神經科學粉絲，最後往往還是會表達：他們相信心智最終取決於一些非物質性的實體，像是靈魂。

我並不知道有任何客觀科學證據可以證實這種靈魂的存在。但是人們為什麼相信它呢？我不認為宗教信仰是唯一的原因。每一個人，不論有無信仰，都能感覺到自己是個「單一」且「合而為一」的實體，能夠感知、判斷、採取行動。那句「我看到一條蛇，然後我拔腿就跑」的陳述，已經認定有這個實體的存在；你的主觀感覺（我的也是），是「我是一個」。相對而言，神經科學則力主心智的合而為一只不過是種假象，隱藏其後的是數目驚人的神經元產生的尖峰與分泌物；這種自我概念，總結來說就是「我是許多個」。

哪一個才是最終的真相：究竟是許多個神經元？還是一個靈魂？一六九五年，德國哲學家暨數學家哥特佛里德．威廉．萊布尼茲（Gottfried Wilhelm Leibniz）認為是後者：

再者，有一種真正的合一性，透過某種靈魂或形式，與我們之間所謂的我相對應；這種東西不會存在於人造機器中，也不會存在於簡單的物質裡，不管這些物質有多麼井然有序。

在他過世前的最後幾年裡，萊布尼茲又將他的論證進一步延伸，斷言機器從根本上就無法擁有感知能力：

我們不得不承認，感知能力以及建立其上的那些東西，就機械原理而言是完全無法解釋的，也就是說，無論就外形或行動而言都無法解釋。想像有一台機器，它的結構讓它能夠思考、能夠感覺，也有感知能力〔譯注：感覺（sense）指的是生理偵測到外界的刺激，感知（perception）則是對偵測所得訊息做出解釋〕；我們可以設想將它按比例放大，好讓我們能夠進入其中，就像走進一座風車一樣。假定做得到這點，但我們進去之後，應該也只看得到其內的零件一個推動一個，找不到任何蛛絲馬跡能解釋感知能力的來源。

萊布尼茲只能用想像來觀察一具會感知及思考之機器的零件。他之所以要這麼做，純粹為了論證這種機器是絕對無法存在的。然而他的幻想其實早就成真了，如果你把大腦視為神經元組件構成的機器的話，科學家已經可以經常測量運作中的活體大腦裡面的神經元尖峰。（測量分泌物的科技則進步得比較慢。）

大多數這些測量工作都是施行於動物身上，不過偶爾也有一些是對人類進行的。神經外科醫生伊扎克．佛萊德（Itzhak Fried）曾對嚴重癲癇患者動手術，他和潘菲爾德一樣，在手術前用電極來定位大腦的區域，並且同樣做了科學觀察（過程全都經過病人同意）。在一次他與神經科學家克里斯托夫．科霍（Christof Koch）及其他人合作進行的實驗中，佛萊德拿出一堆照片給幾位病人看，然後記錄這些病患大腦顳葉的內側部位，又稱MTL（medial temporal lobe，所謂「medial」（內側的、中間的）指的是：靠近將大腦半球切分為左右兩半的那個平面）的神經活動情形。科學家研究過許多神經元，但是其中一種變得格外知名。佛萊德碰巧發現有位病患一看到女明星珍妮佛．安妮斯頓（Jennifer Aniston）的照片，他的某一個神經元就會產生許多尖峰；這個病人看到其他名人、非名人、風景、動物，或是其他物體的照片時，那個神經元卻只會產生很少尖峰，或是根本沒有尖峰；即使是另一位著名的美麗女星茱莉亞．羅勃茲（Julia Roberts）的照片，也引不起它的反應。

媒體記者聽到這個故事，便拿來大開玩笑，說科學家終於找到我們大腦中專司儲存無用資訊的神經元。他們挖苦的話語包括：「安潔莉娜．裘莉（Angelina Jolie）也許得到布萊德．彼特（Brad Pitt），但珍妮佛．安妮斯頓得到的可是用她的名字命名的神經元。」他們還很開心地刻意指出：當那位患者看到珍妮佛．安妮斯頓和布萊德．彼特站在一起的照片時，他的神經元可是安靜得很，一點反應也沒有。（佛萊德與其共同研究者於二〇〇五年提出這篇論文，上述這對明星夫妻在同一年離婚了。）

玩笑歸玩笑，我們該如何看待這個神經元呢？在做出任何結論之前，你應該要知道還有哪些神經元已經被研究過了。我們也有只對茱莉亞・羅勃茲的照片出現反應的茱莉亞・羅勃茲神經元，此外還有荷莉・貝瑞（Halle Berry）神經元、柯比・布萊恩（Kobe Bryant）神經元（譯注：荷莉是曾獲奧斯卡最佳女主角獎的女星，柯比則是NBA籃球明星）等等。基於這些發現，我們可以大膽提出一個理論：針對每一個你所知道的名人，都會有一個「名人神經元」存在於你的MTL，這個神經元只會對那位特定名人產生尖峰。

我們還可以再大膽一些，認為這可能就是感知能力在更廣泛範圍內運作的方式。這種普遍具有的能力實在太複雜，無法由單一神經元執行，因此，它會被劃分成許多特定功能，每一種功能負責偵測某些人或物，並由相對應的神經元進行活動。你可以把我們的大腦比喻為專門刊載明星走光照片的雜誌所聘雇的狗仔隊大軍，每個攝影師專職負責一位名流；其中一個拿著相機追著安妮斯頓跑，另一個則全心全意盯著貝瑞，依此類推。他們的活動結果會決定每一週有哪些名人出現在雜誌上，就像是你的MTL神經元所產生的尖峰，可以決定你感知到哪一位名人。

我們是否已經駁倒萊布尼茲的論調？看來我們似乎已經窺見那具機器的內部，看到感知能力可以簡化為一個個尖峰。不過讓我們先謹慎地停下腳步一會兒，雖然佛萊德的實驗很迷人，但它還是有個重要的限制因素：其實被研究過的名人相對來說仍算少數，總體而言，每個病人看到的照片僅包括十到二十位名人。我們並無法排除「珍妮佛・安妮斯頓神經元」在看到某位其他名人也會活化興奮起來的可能。

因此，讓我們稍微修正理論。在初步理論中，我們假定神經元與名人之間有一對一的相對應關係，現在假設每個神經元不是針對一位名人，而是針對一小群名人出現反應；並且假設每位名人可以活化一小部分的神經元，而不是只有一個神經元。所以如果這一群神經元產生尖峰，就是大腦感知到那位名人的標識性結果。（由不同名人所活化的神經元群組可以部分相同，但不會完全一樣。你可以想像成：我們的狗仔隊大軍中，每位攝影師負責的名人對象可以超過一位，因此每位名人也是被一群攝影師追著跑。）

你可能會發出抗議，認為「感知」這件事實在太過複雜，怎麼可以簡化成像「產生尖峰」這麼簡單的步驟？不過請你記住：大批神經元產生尖峰可以定義出神經元活動的模式，在這些模式裡，有些神經元產生尖峰，有些則否。可能發生的模式數目極為龐大，多到足以單獨代表每一位名人；事實上，是多到足以代表每一種可能的感知狀況。

所以，萊布尼茲錯了。我們靠著觀察神經元機器的零件，已經獲知許多與感知能力有關的訊息，即使一般而言神經科學家仍然受限於一次只能測得單一神經元產生的尖峰。有些人已經可以同時測量數十個神經元產生的尖峰，但這數目和大腦中龐大的神經元總數相比，根本微不足道。我們從到目前為止進行過的實驗中可以推斷：**如果我能夠觀察到你大腦中所有神經元的活動，我就能夠解譯你正在感知或思考些什麼**。進行這種「讀心術」會需要知道所有的「神經密碼」，你可以想像如果編成字典，這本書該有多麼巨大。字典裡的每一個詞條說明一項特定的感知結果，以及與其相對應的神經活動模式。原則上，我們可以憑藉記錄數目龐大的各種刺激所產生的神經活動模式，來編纂出這本字典。

微小的光點

兼具物理學家、數學家、天文學家、煉金術士、神學家，以及英國皇家造幣廠廠長身分的艾薩克・牛頓爵士（Sir Isaac Newton）畢生追求多種志業。他發明了微積分，這是物理學與工程學不可或缺的一門數學分支；他也用他著名的三大運動定律及萬有引力定律，解釋了為何行星會繞著太陽轉；他還推論出光是由粒子構成的，發現了光學裡的數學定律，可以描述這些粒子的路徑如何因為水或玻璃的存在而彎曲，因而產生彩虹的色彩。牛頓在生前就已被認定為出類拔萃的天才，他於一七二七年去世後，英國詩人亞歷山大・波普（Alexander Pope）為他撰寫的墓誌銘如下：「大自然與其法則隱匿於黑夜之中／上帝說：『讓牛頓出生吧！』於是萬物歸於光明。」英國皇家科學院（England's Royal Society）於二〇〇五年進行民意調查，結果牛頓得到的票數比愛因斯坦還多。

我們用這樣的比較方式，或是透過像諾貝爾獎那樣的榮譽，來讚頌特立獨行的天才。然而科學還有另一種觀點，比較不強調個體；牛頓自己也承認他的才智不能都歸功於自己，他曾寫道：「如果我能夠看得更遠，那是因為我站在諸多巨人的肩膀上。」

牛頓真的如此特別？或者他只是碰巧在正確的時間出現在正確的位置上，因而得以將所見所聞拼湊在一起推斷出真相？其實差不多就在同一時期，萊布尼茲也獨立發明微積分。類似這樣的故事（幾乎同時發現某件事物），在科學史上屢見不鮮，因為新思維就是以新方式結合舊概念而創造出來的。歷史上任何一個特定時刻，都可能有不只一位科學家找到正確的組合。由於沒有任何概念可以稱得上是全新的東西，也沒有哪一位科學家真的那麼特別，所以我們在不知道某人的思維究竟借鑑了哪些他人概念之前，無法評斷此人的成就如何。

用這個觀點來看，神經元就像是科學家。如果一個神經元只對珍妮佛．安妮斯頓產生尖峰，對別的名人沒有反應，我們或許就會認為這個神經元的功能便是探知珍妮佛的存在。然而這個神經元是嵌在由許多其他神經元構成的網路中，如果我們認定這個神經元可以完全靠自己探測到珍妮佛，顯然是個特立獨行的天才，那就錯了。牛頓說過的那段話用在神經元上，甚至比用在牛頓身上更來得貼切：「如果有個神經元能夠看得更遠，那只是因為它站在其他神經元的肩膀上。」想要瞭解神經元如何設法察覺珍妮佛的存在，我們需要知道神經元究竟從哪裡接收資訊。

我在前面提出的「加權投票模型」，構成可以解釋究竟發生什麼事的理論基礎。讓我們先用簡單的部位組合來描述珍妮佛：她有藍色的眼睛、金色的頭髮、尖尖的下巴等等（至少在我寫這一段的時候，她是長這個樣子的）。只要這張列表夠長，就能獨一無二地描述出珍妮佛的模樣，與其他名人區分開來。現在假設大腦所包含的神經元可以對應到列表中的每一項檢測刺激，也就是說有「藍眼睛神經元」、「金頭髮神經元」和「尖下巴神經元」；那麼接下來就是我們的中心假說：「珍妮佛．安妮斯頓神經元」接收到所有來自這些「部分神經元」的興奮性突觸，但是它的閾值很高，所以只有在這些部分神經元全部都產生尖峰的情況下，「珍妮佛．安妮斯頓神經元」才會產生尖峰；也就是說，只有在對珍妮佛起反應時，才會出現投票結果全體一致的情況。簡言之，其他神經元檢測得知珍妮佛的各個部分後，這個神經元才會感測出珍妮佛是這些部分的組合。

這種解釋聽起來很合理，但它又點出更多問題：究竟「藍眼睛神經元」是如何測知藍眼睛？「金頭髮神經元」又如何測知金頭髮呢？依此類推。這讓我想起物理學家史蒂芬．霍金（Stephen Hawking）在他所著的《時間簡史》（*A Brief History of Time*）一開頭提到的有趣故事：

有位著名的科學家……曾經做過一次有關天文學的公開演講，他講述地球如何環繞著太陽在軌道上運行，而太陽又是如何繞著所謂「我們的銀河系」——一個數量龐大的恆星群——的中心轉動。演講結束後，講堂後方有位小老太太站起來說道：「你告訴我們的這些全是胡說八道，其實世界是一塊平板，由一隻巨大的烏龜馱在背上。」科學家回答之前先露出傲慢微笑：「那麼這隻烏龜又是站在什麼東西上面呢？」「你很聰明呀，年輕人，非常聰明，」老太太說：「不過那是一隻馱著一隻、一路接下去的烏龜群啊！」

同樣地，我的回答也是「這些是一個接著一個、一路接下去的神經元啊」。藍眼睛其實是許多更簡單部分的組合：黑色瞳孔、藍色虹膜、虹膜周邊的眼白區域等等。因此，一個「藍眼睛神經元」又是藉著與諸多偵測藍眼睛各個部分的神經元接線而形成的。不過我和那位老太太不同，我可以避免這種無限回歸（infinite regress）的問題。如果我們不斷將每個刺激分解為更簡單部分的組合，最終一定會達到無法再將刺激進一步分解的地步：那就是「微小的光點」。眼睛的每一個光感受器，可以偵測到落在視網膜上特定位置的微小光點，這部分的說明沒有什麼神祕之處可言。光感受器和你每天都在用的數位相機裡面的微小感測器很類似，這些感測器各自負責感測影像中個別像素的光線。

根據這樣的感知能力理論，神經元經由彼此接線構成階層式組織。最底層的神經元負責偵測簡單的刺激，像是光點；階層愈往上升，神經元檢測的刺激就愈來愈複雜。最頂端的那些神經元測知的是最複雜的刺激，像是珍妮佛．安妮斯頓。網路的接線方式遵循下列的規則：

> 負責檢測整體狀況的神經元，會接收來自檢測各部分狀況之神經元發出的興奮性突觸。

一九八〇年時，日本的電腦科學家福島邦彥（Kunihiko Fukushima）做出模擬視覺感知的人工神經網路，這個網路是以上述規則為依歸連結而成的階層式組織。福島的這個新認知機（Neocognitron）網路，

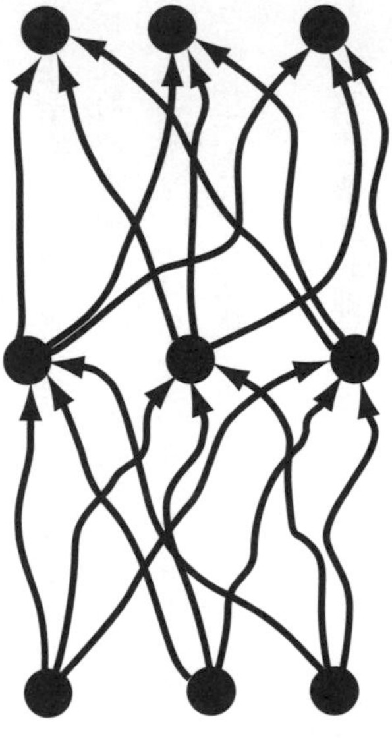

圖十九：神經網路的多層感知機模型。

可說是美國電腦科學家法蘭克・羅森布拉特（Frank Rosenblatt）於一九五〇年代提出的感知機（perceptron）的後代。每一個感知機都包含一層層「站在其他神經元肩膀上」的神經元，如圖十九所示；每一個神經元只會接收來自其下方階層神經元的連結。

「新認知機」可以辨識手寫字體，它的後繼機種則表現出令人印象更為深刻的視覺功能，例如從照片中辨識物件。雖然這些人工神經網路犯錯的機率仍然比人類本身高，但是它們的表現一年比一年進步。這種工程學上的成功倒是讓大腦的階層式感知機（hierarchical perceptron）模型多了一些可信性。

神經元的功能

在上面介紹的接線規則中，我們將重點放在神經元接收來自較低階層神經元的突觸上，然而我們也可以用相反的方向來看，闡明一個神經元會將突觸送到較高階層的神經元：

> 負責檢測各部分狀況之神經元，會送出興奮性突觸到檢測整體狀況的神經。

這條規則的兩種陳述方式是等價的，因為若有一個刺激是由位於階層中段的神經元偵測到，我們可以視之為許多更簡單部分刺激的合體，也可以把它看作構成更複雜整體之諸多刺激的其中一部分。現在再次舉藍眼睛為刺激的例子，我們可以把它看成包含許多更簡單的部分，像是瞳孔、虹膜、眼白;或者把它視為更複雜整體的一個部分,例如珍妮佛・安妮斯頓、李奧納多・狄卡皮歐(Leonardo DiCaprio),以及其他眾多擁有藍眼睛的人。

因此,一個神經元的功能也取決於它的輸出連結,而不是只看它的輸入連結。為了闡明這種相互對比的關係,讓我們美化一下牛頓和萊布尼茲的故事。假定你從新聞中讀到:根據一些剛出土的古老文件,可以證明某位不知名的數學家早在牛頓和萊布尼茲發明微積分之前五十年就已經發明了微積分,但因未能引起別人注意,這位數學家只能默默無聞地死去,並且將微積分一起帶進墳墓裡。那麼我們現在是否該重寫歷史,給予這位被埋沒的學者比牛頓和萊布尼茲所得更高的讚譽呢?

這種修正主義式的歷史聽起來也許比較公平,但是這樣就錯失了科學的社會面向。先前我已主張,發現並非只是某位特立獨行天才的個人創意行為,因為任何新的想法都仰賴於借自其他人的舊觀念。基於同樣的思考脈絡,我們也可以認為,發現的行為不僅包括創造出新的想法,還要包括說服別人接受這種想法。想要讓一項發現獲得全然的肯定,你一定得設法去影響別人。

牛頓在歷史上的地位,是經由他如何運用來自先人的想法,以塑造出影響後世的觀念來定義的。同樣地,我想提出的是:

> 一個神經元的功能,主要是透過它與其他神經元的連結來定義的。

這段真言定義出一個學說,我會稱之為連結論,它涵蓋了輸入和輸出的連結。所以想知道神經元做些什麼事，我們必須觀察它的輸入端；想瞭解一個神經元的影響，我們應該觀察它的輸出端。在前述說明感知作用運用的接線方式遵循之「部分－整體規則」的那兩種陳述方式裡，已經採納了這兩種觀點。我們在繼續探索連結論者抱持之理論的過程中，除了感知能力外，還會再遇上許多對記憶及其他心智現象提出的可能解釋。

聽起來真的很有趣，但這些理論在真正的大腦上究竟有沒有確鑿證據呢？可惜的是，我們現在仍缺乏可以找出答案的適當實驗方法。在感知能力方面，神經科學家一直無法找出與珍妮佛．安妮斯頓神經元接線的那些神經元，因而無法確認它們是否負責檢測珍妮佛的各個部分。更廣泛地說，如果我們接受「連結論」的定義真言，那就表示我們在未能定位出神經的各個連結之前，無法真正瞭解大腦。換句話說，我們需要找到「神經連結體」才能做到這一點。

玉蘭花神經元

有個和腦子有關的好消息可以告訴你：即使你並未看到珍妮佛．安妮斯頓在電視或雜誌上出現，你還是可以想到她。想到珍妮佛並不需要感知她；如果你憶起她在二〇〇三年的電影《王牌天神》（*Bruce Almighty*）中的表現、幻想自己遇見她，或是思忖她最近有哪些緋聞，你就等於是想到她。那麼「想」這一回事，也和「感知」一樣可以簡化為神經元的尖峰和分泌物嗎？

讓我們回到佛萊德與其合作者所做的實驗，好尋覓一些線索。他們的「荷莉．貝瑞神經元」可以經由見到女星荷莉．貝瑞的影像而活化，表示這個神經元在「感知」到她這方面有作用；然而寫下「荷利．貝瑞」這些字也能活化這個神經元，顯示它也參與「想」到她這個行為。看來「荷莉．貝瑞神經元」意味著代表荷莉．貝瑞的那個抽象概念，這個概念無論在感知或想到時都會出現。

這兩種現象都可以看作是另一種範圍更大的心智運作方式——聯想（association）——的特定例子。**「感知」是由於刺激而聯想到某個概念，「想」則是由一個概念聯想到另一個概念。**那麼在你回憶起某事時，「感知」和「想」又是如何共同合作的呢？讓我們來考慮某個情景。

這是一個美好的早晨。你走在大街上，正要去上班，忽然聞到花香味，才多走了幾步，那股花香就濃烈地教人無法招架。你還沒有意識到這是馬路旁玉蘭花盛開的結果，就突然被帶到老遠老遠的地方：你憶起自己的初戀情人站在紅磚房外的玉蘭樹下，他擁你入懷，你覺得既害羞又尷尬。有一架飛機從頭頂上飛過，你聽到他母親喊著你，叫你過去喝杯檸檬水。

到這段回憶完整呈現的時候，你已經算是想到許多概念：玉蘭花、紅磚砌的房子、你的心上人、飛機等等。讓我們假設這些概念中每一種都有相對應的一個神經元存在於你的大腦裡，所以有「玉蘭花神經元」、「紅磚房神經元」、「心上人神經元」、「飛機神經元」，在你想起自己的初吻時，這些神經元全都會產生尖峰。

而這一切尖峰又是怎麼被玉蘭花氣味觸發的呢？「玉蘭花神經元」的尖峰是經由源自鼻子的神經路徑而引發的，但我們要如何解釋為何明明天空中並沒有飛機，「飛機神經元」卻處於活化狀態？為什麼眼前並沒有紅磚房，「紅磚房神經元」卻也活化了起來？這些活化情形一定是因為「想」，不是由於「感知」而產生的結果。

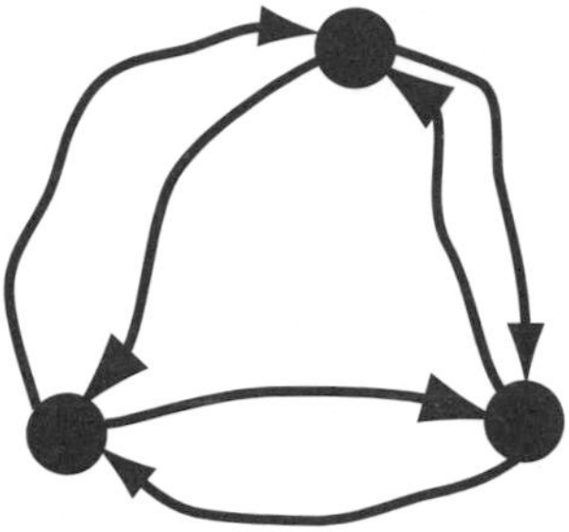

圖二十：一個細胞群組。

為了解釋這一切的活動，我們先假設這些都是興奮性神經元，彼此藉著突觸相連結，形成一個名為細胞群組（cell assembly）的結構。圖二十所示只是一個小的例子，不過你可以想像一個包含許多神經元的較大群組的模樣，裡面每一個神經元都互相連結。這幅圖示中省略掉的是來自或通往大腦其他神經元的連結，這些連結會傳送來自感覺器官的訊號，或是將訊號發送給肌肉。在這裡我們先把焦點專注於細胞群組本身內部的連結，因為這些代表與思維有關的「聯想」。

這些連結又是如何觸發你的初吻回憶呢？既然我們已經假定這些是興奮性神經元，那麼「玉蘭花神經元」的活化便會激發細胞群組內其他神經元的活化。你可以把它想像成森林大火，火花從一棵樹跳到另一棵樹上；或者是山洪暴發，洪水奔騰湧入網狀分布的乾涸峽谷。神經活動就像這樣擴散蔓延，使得玉蘭花的香味能夠觸發與你的整體初吻回憶相關的所有概念。

回憶這東西，想得起來的時候感覺很棒，想不起來的時候就會特別引起我們注意，並且抱怨連連。事實上，即使是感知能力，通常覺得輕而易舉的事，我們也往往會因為它伴隨著記憶裡的某個經驗，而認定它相當困難。假使大腦中每個細胞群組只儲

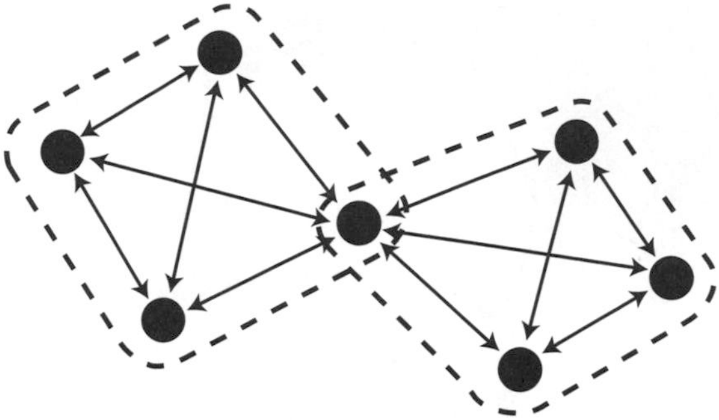

圖二十一：重疊的細胞群組。

存單獨一個記憶，也許牢記不忘就不是什麼了不起的事了，不過這樣為了儲存許多回憶，就會需要很多細胞群組。如果每個細胞群組就像孤島一樣，彼此完全獨立，那麼就算有很多個也不會出問題；然而事實證明這些細胞群組需要部分重疊，這就是記憶會產生錯誤的可能源頭。

你的初吻回憶中，還包含了心上人的母親叫你過去喝杯檸檬水的部分。讓我們先假定你還有另一個牽涉到檸檬水的記憶，那就是你在炎熱的夏天中坐在自家門前，把用紙杯盛裝的冰檸檬水賣給過路人。這個記憶和你的初吻回憶並不相同，但是檸檬水是二者的共通之處，所以它們的細胞群組會在「檸檬水神經元」上重疊，如圖二十一所示。（雙向箭頭表示突觸朝兩個方向伸出。）重疊造成的危險顯而易見：活化其中一個細胞群組時，可能也會激發另一個群組；因此玉蘭花的氣味可能會活化兩個回憶的混合體，形成初吻與檸檬水攤位的組合，結果讓人困惑不已。這種情況也許就是出現不正確回憶的普遍成因。

為了防止神經活動胡亂擴散傳播，大腦可以為每個神經元設定較高的活化閾值。讓我們先假定某個神經元至少要從兩位

「建議者」處得到兩張「贊成」票才會活化，既然圖二十一中的兩個細胞群組的重疊部分只有單獨一個神經元，因此活動並不會從一個群組傳播到另一個。

然而這種高閾值保護機制有其自身缺陷：此機制也使得重新喚出某個記憶的標準更為嚴苛。正因為如此，想要喚起整體回憶，細胞群組中至少需要有兩個神經元活化起來才行。單是玉蘭花的香味並不足以觸發你對初吻的記憶，可能還需要伴隨著飛機的聲音從頭頂呼嘯而過，或是同樣隸屬初吻回憶的其他刺激才能成功。

大腦喚起回憶時是否如此精挑細選，取決於那個情境的細節；不過顯然神經活動有時會在該傳播出去時失敗，這可能就是另一種對記憶常有的怨言——「我什麼都想不起來」——的原因。（這並不能解釋「話就在嘴邊」那種令人著急的感覺，但是可以說明這種焦急感就是這樣的失敗造成的。）因此我們可以想像大腦的記憶系統是處於一種「刀刃上的平衡」狀態，神經活動擴散蔓延得太厲害會造成記憶錯亂，但是傳播度太低又會導致什麼都想不起來。這可能就是不管我們多麼希望記憶能完美運作，它卻永遠做不到這一點的緣故。

細胞群組之間重疊的程度，取決於我們試圖把多少東西塞進記憶網路裡。很明顯地，如果我們嘗試儲存太多回憶，重疊程度就會變得很高；高到某個地步之後，無論是允許重拾記憶或避免混淆的閾值都會變得沒有效果。這種資訊超載浩劫發生與否的門檻，決定了記憶網路的最大儲存量。

在細胞群組中，每個神經元都會經由突觸連結所有其他神經元，所以任何一部分的記憶都可以喚起其餘部分的回憶。一張心上人的照片，可能會觸發你想起他的房子；造訪他的房子也可能讓你想起他。在這個例子裡，喚起記憶這種動作是雙向的，不過在某些例子裡可能只有單向的效果；例如某些本質上像個故事般的回憶，因為裡面的一系列事件是依特定時間順序排列展現的。那麼我們要如何說明這樣的情況呢？答案顯然就是重新安排突觸，讓神經活動可以朝著單一方向傳送。在圖二十二所示的突觸鏈（synaptic chain）中，神經活動會從左邊傳播到右邊。

讓我來總結一下這個記憶的理論。一個個概念由一個個神經元來代表，各個概念之間的聯想藉著神經元彼此的連結來達成，而一個回憶則由一個細胞群組或突觸鏈來表示。回憶的喚起源自零碎的刺激觸發神經活動，並將之傳播出去。**細胞群組或突觸鏈的連結是很穩定的，經得起時間考驗，這就是為什麼童年回憶可以維持到成年的原因。**

這個理論中的心理學構成部分稱之為聯想論（associationism），是源自亞里斯多德的一個學派，後來由英國的哲學家如約翰．洛克（John Locke）、大衛．休謨（David Hum）加以振興。到了十九世紀末時，神經科學家已經辨識出大腦中神經纖維的存在，並且對其路徑及連結有所推測。所以他們認為這些確實可見的連結，應該就是心理學上所謂聯想的實質基礎，這可說是最合乎邏輯的假設。

「連結論」的理論部分是在二十世紀下半葉，由好幾代的研究人員建

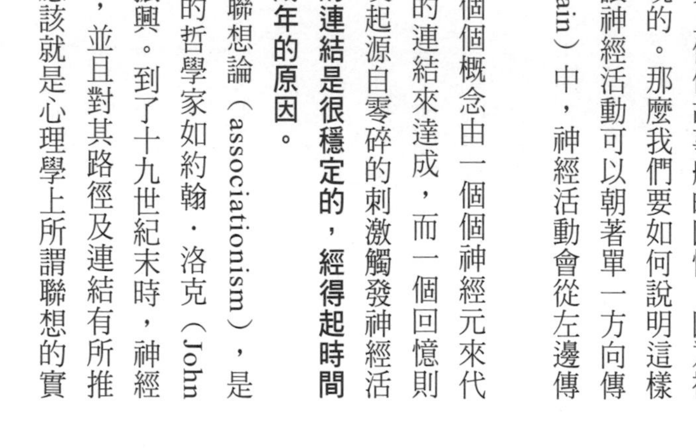

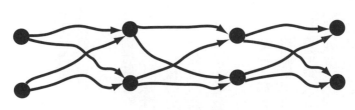

圖二十二：突觸鏈。

立起來的，但是幾十年來它一直飽受批評。早在一九五一年，大腦皮質均勢論創始人卡爾．拉胥利發表了他的著名論文：〈行為系列順序的問題〉（The Problem of Serial Order in Behavior），就給了這個理論致命性的一擊。他的第一個批評相當容易理解：大腦能夠產生看似無限多種的序列；突觸鏈對朗誦詩句而言可能是理想的，因為它可以每次都產生同樣序列的字串，但對正常語言來說似乎就不怎麼合適了，因為即使是相同的一句話，每次說出口時也很少會完全一樣。

拉胥利的第一個質疑很容易應付。請想像有個突觸鏈分支成兩條，就像岔路一樣，這兩條鏈又可以再岔開成四條，依此類推。如果網路中有許多分支點，它就有可能產生大量的各種神經活動序列；現在的重點就是得確保每個活動永遠只會「選擇」一個分支，不會同時選擇兩個。理論家們已經表示這一點可以藉著與抑制性神經元接線來達成，它們可以讓這些分支「勝過」別的分支。

拉胥利的第二個批評，也是針對更基本方面的批判，主要著重於語法的問題。突觸鏈運用連結來表述一個概念依序聯想到下一個概念；拉胥利指出，產生一個合乎文法的句子並非如此簡單，因為「系列中的每個音節不僅和其相鄰詞語有關，也和距離更遠的那些詞語相關。」一個句子的結束正確與否，可能取決於這個句子開頭那些詞語的排列是否精確無誤。拉胥利的想法預示出語言學家諾姆．喬姆斯基（Noam Chomsky）與其眾多追隨者後來強調的語法問題。

連結論者也已經解決拉胥利的第二個批評，不過有關這項研究的討論已經超出本書範圍之外了。無論如何，研究人員已經證明連結論並不像批評者一開始認為的那麼狹隘。我認為就純粹理論而言這個學說無可駁斥，但是它還需要經過實證檢驗，而神經連結體學在這方面可以派上用場，我將在後面解釋這一點。

不過讓我先把這個理論講完吧。突觸是聯想的實質基礎，以及回憶產生自細胞群組及突觸鏈的假說，只是故事的一半而已。現在該是好好面對我一直拖延至今的那個問題的時候了：記憶一開始究竟是怎麼儲存起來的呢？

第五章

記憶群組

在開羅附近變化多端的沙漠裡，吉薩大金字塔猶如一座永恆的島嶼，已經巍然屹立了四百五十年。它的龐然外觀引發敬畏之情，單是其中任何一塊巨石，便已散發足夠的宏偉氣勢。沒有人確切知道這些每塊重達兩噸半的大石頭究竟如何從採石場切割下來、搬運至現場、再抬到離地一百四十公尺的高處。如果依照古希臘歷史學家希羅多德的估計，建造這座金字塔耗時二十年，那麼這二百三十萬個大石塊恐怕每一分鐘都得以驚人的速度堆疊起來。

埃及法老王胡夫建造這座大金字塔，是為了當作他自己的陵墓。如果我們沒有因為歷史的疏遠距離，而將自己與那十萬名工人的痛苦隔離開來，可能就會譴責金字塔根本是一位自大暴君殘酷的權力展示品，不過也許最好還是原諒胡夫王，純粹讚歎欣賞這些無名工人了不起的驚人成就。我們可以不要把金字塔視為法老王的紀念碑，而是看作人類匠心獨運的證明。

胡夫心中的策略很直截了當：如果你想被人們永遠記住，就建造一座材質經得起歲月摧殘的巨大建築物。基於同樣原因，也許大腦的記憶能力好壞，也是取決於其材料結構的持久性，不然還有什麼可以解釋那些畢生難忘的記憶何以如此難以磨滅呢？不過話說回來，我們有時也會忘記或記錯，而且每天都會添加新的記憶到腦子裡；這就是為什麼柏拉圖會把記憶比喻成另外一種材料，一種比金字塔的石塊更具變通性的材料：

人的心中存在著一塊蠟……讓我們姑且說這塊蠟板是記憶女神的禮物、繆斯女神的母親，而且當我們希望記住任何東西……就會讓這塊蠟與我們的感知及思維接觸，在這材料上留下印痕，有如印章戒指留下的印跡一般。

在古代世界裡，覆上一層蠟的木板是常見的東西，功能相當於我們現代的記事本。古人會用尖銳的鐵筆在上面寫字或畫圖，之後再用一把像直尺的工具將蠟面刮平，抹去板上圖文以供下次使用。蠟板這種人造記憶儲存裝置，很自然地被用來比喻人的記憶。

當然，柏拉圖的意思絕對不是說你的頭蓋骨裡真的塞滿了蠟，他只是想像裡面裝的是某種類似的東西：一種既能維持形狀，也能重塑形狀的材質。工匠和工程師會形塑具有「塑性」的材料，錘打或擠壓具有「韌性」的材料；同樣地，我們也說父母及老師能塑造幼小的心靈，這會不會不只是一種比喻？有沒有可能教育和其他經驗真的會重塑大腦的材料結構？人們會經常說大腦具有塑性或韌性，但是這究竟是什麼意思呢？

神經科學家很早就假定神經連結體會是和柏拉圖所說的蠟板類似的東西，而我們已經從電子顯微鏡裡看到神經的連結就是它的材料結構。它們和蠟一樣足夠穩定，能夠在很長一段時間內保持不變，不過它們也擁有足夠的塑性，可以產生改變。

突觸的重要特性之一就是它的強度，亦即它在由神經元主導、以投票方式「決定」何時該產生尖峰時所表現的加權程度。**目前已知突觸可以加強或削弱其強度，你可以把這樣的變化視為重新加權的動作。**一個突觸加強的時候究竟發生哪些情況呢？眾多研究此問題的神經科學家在這方面的發現，應該已經足夠寫成一本書了，在此我只提出一個簡化後的答案，我想顱相學家看到這答案會很高興：突觸藉著讓自己變大來增加其強度。讓我們回想一下，突觸間隙的其中一側有很多神經傳導物質囊泡，另一側則有神經傳導物質受體；突觸增加強度的方式就是製造出更多的囊泡和受體。為了在每次分泌時釋出更多神經傳導物質，它會積聚更多囊泡；為了提高對更多神經傳導物質的敏感度，它會部署更多的受體。

突觸也會被生成或消除，這種現象我稱之為重新連結。我們老早就知道在年輕的大腦中，神經元忙著連結成網路的時候，會生成大批的突觸；基於某種我們還不是很清楚的原因，在這段期間內，囊泡、受體，以及其他類型的突觸機制都會集結起來。年輕的大腦也會運用，把這些分子機制從接觸點移除的方式，來消除突觸。

在一九六〇年代，大多數神經學家相信突觸的生成與消除到成年期就會完全停止，他們的這種想法是基於理論上的先入為主之見，而非實證所得的證據。也許他們認為大腦發育的方式就像電子裝置的組裝一樣，在安裝過程中我們必須連接許多電線，但是一旦它們開始使用，我們就再也不會改變方式，重新接線了。或者他們可能以為突觸強度有如電腦軟體一般易於修改，但是認定突觸本身就像電腦硬體一樣固定，無法改變。

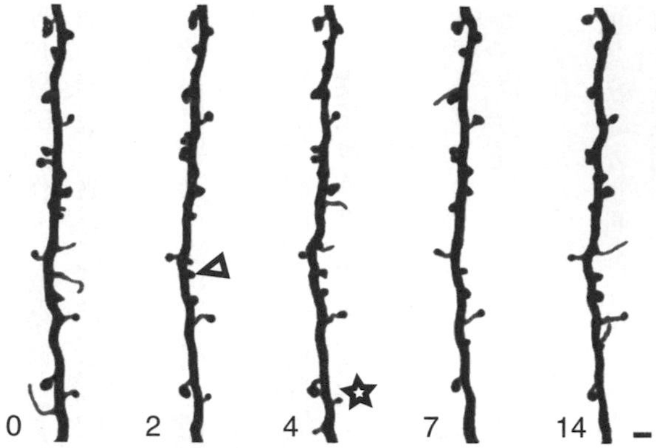

圖二十三：重新連結的證據：老鼠大腦皮質中樹突的棘突出現及消失的情形。

近十年來，神經科學家的看法徹底改變了，現在大家普遍接受即使在成年人的大腦中，突觸一樣可以生成或消除。我們藉著一種稱為雙光子顯微鏡（two-photon microscopy）的新成像方法，已經可以觀察活體大腦中的突觸，直接獲得令人信服的證據。圖二十三所示為老鼠大腦皮質中的樹突在兩星期中的變化情形。（每個影像左下角的數字代表第幾天。）

樹突上有一些尖刺般的突起物，稱為棘突（spine），興奮性神經元之間的大部分突觸，都是位於棘突上，而不是在樹突的主軸上。在圖二十三，有些棘突在這兩個星期內都很穩定，不過其他的棘突就會忽然出現（例如箭頭所指的棘突）或是忽然消失（星號所指的棘突）。這是很好的證據，證實突觸會生成及消除。研究者對於這種重新連結狀況發生頻率為何仍有爭議，但他們都同意這是可能發生的情況。

為什麼重新加權和重新連結如此重要？因為在我們一生之中，神經連結體不斷發生這兩種變化。個體改變是終身持續的現象，若想瞭解這個現象，就一定得好好研究上面所述的重新加權和重新連結。**除非我們罹患了某些腦部疾病，否則不管我們變得多老，都永遠不會停止儲存新的記憶。**隨著年齡增長，我們可能會抱怨學習變得更困難了，但即使是老人家，一樣能學會新技能。目前看來，重新加權和重新連結都和這樣的改變有關。

不過我們有什麼證據嗎？重新加權與記憶儲存相關的證據，已在艾瑞克．肯德爾（Eric Kandel，譯注：神經精神病學家，二〇〇〇年獲諾貝爾獎）與其合作夥伴對加州海兔（Aplysia californica）神經系統所做的研究中發現。加州海兔是一種濕濕軟軟的生物，可以在加州海灘的潮池（tide pool）中找到，這種生物一遭到騷擾，就會把牠們的鰓和吸水管縮回去，然後會對這類騷擾變得更敏感或更不敏感：這就是一種簡單的記憶行為。我們之前已得知這種行為仰賴從感覺器官通到肌肉的神經路徑，肯德爾已經在相關神經路徑中確認出單獨一個連結，並且證明它的強度改變的確與上述之簡單記憶有關。

重新連結也和記憶儲存有關嗎？前面我曾提過顱相學中認為學習會使大腦皮質增厚的想法，在一九七〇至一九八〇年代，威廉．葛里諾（William Greenough）與其他研究者發現了證據，顯示這種增厚是由於突觸數量增加所致。他們的研究結果來自計算大鼠增厚之大腦皮質中的突觸數目，而這些大鼠是在「豐富」籠子裡養大的。這樣的發現引領某些人提出一個新顱相學理論：記憶是靠著生成新突觸來儲存的。

然而這些方法都不能真正成功地闡明記憶如何儲存；肯德爾的方法若用來對付比較類似人腦這樣的腦子，馬上便顯得窒礙難行，因為這類腦子裡的記憶並不是只呈現在單個突觸上，看起來比較像是以許多連結構成各種模式的方式儲存。葛里諾的方法也一樣不夠完整，因為單是計算突觸數量，並無法告訴我們這些突觸是如何組織成各個模式。再者，雖然突觸數量增加，亦即大腦皮質增厚和學習相關，但目前仍不清楚其間的因果關係。

想要真正破解記憶的難題，我們需要弄清楚到底重新加權和重新連結是否牽涉其中？如果是的話，確切情況究竟為何？前面我已經解釋過這個理論，與記憶相關的模式是細胞群組及突觸鏈，現在我要更進一步說明，這些模式正是經由重新加權及和重新連結而生成的。我也會探討接下來將會出現的許多疑問，像是：這兩種過程究竟各自獨立、還是彼此合作？為什麼大腦要同時運用二者，而不是只採用其中一種就好？我們可以用這些儲存過程的機能失常，來解釋記憶的一些限制嗎？

研究重新加權及重新連結除了滿足我們對記憶的基本好奇心之外，也可能產生一些實用的結果。假定你的目標是開發出一種藥物來改善記憶儲存力，如果你相信新顱相學，你可會嘗試研發可增強與突觸生成相關之分子過程的藥品。不過如果新顱相學是錯的（恐怕它真的是錯的），那麼你的腦子生成更多突觸後，效果很可能和你原本的打算大相逕庭。更概括而言，無論我們是想增強記憶能力，還是想防止記憶失靈，瞭解與記憶基本機制相關的知識絕對是不可或缺的一環。

一輩子的記憶

我們已經理解細胞群組可能是用神經元之間的連結，來保存各個概念彼此聯想的關係，然而大腦一開始是怎麼生成細胞群組的呢？這可說是哲學家早就提出過的，一個古老問題的連結論者版本：那些想法和它們的聯想結果到底是從哪裡來的？雖然有些可能是與生俱來，但顯然其他的應該是從經驗學習而來。

經過這麼多年代之後，哲學家們已經列出了一張規則清單，說明哪些事可以讓人學會聯想。清單最上面的那一項是**「巧合」**，有時候可以說是「時間或地點的接近性」；如果你看到一位流行歌手與她的棒球選手男友的合照，你就學會把他們兩人聯想在一起。第二個要素是**「重複」**，如果僅有一次看到這兩位名人在一起，可能仍不足以在你心中建立聯想關係，但若你接下來日復一日在報章雜誌都看得到他們，看到簡直快煩死了，那就無法避免學到把他們聯想在一起。對某些聯想而言，**「依時排序」**似乎也很重要；你還是個孩子的時候會反覆背誦字母表，直到你確認已經牢記在心為止，你學會由一個字母聯想到另一個字母，因為那些字母總是依照同樣的順序一個接一個排下去。相較之下，對流行歌手與其男朋友的聯想則是雙向的，因為他們總是同時出現。

所以哲學家認為：當一些概念一再相伴出現或是接連出現，我們就會學到把它們聯想在一起。這一點啟發連結論者做出推測：

> 如果兩個神經元一再「同時」活化，那麼二者之間連結的加強作用方向應該是雙向的。

這條可塑性的規則適用於學習兩個一再同時發生的概念，比如流行歌手和她的男友。至於學習將依序出現的概念聯想在一起，連結論者也提出類似的規則：

如果兩個神經元一再「依序」活化，就表示加強作用的方向是從第一個神經元朝向第二個神經元。

順便說一下，在這兩條規則中，都假設這種加強作用是永久性的，或者至少是持久性的，如此這種聯想才可以被保存在記憶中。

這條規則的「依序」版本來自唐納德・赫布（Donald Hebb）的假說，他在一九四九年出版的著作《行為的組織》（*The Organization of Behavior*）也提出「細胞群組」的想法。「同時」及「連續」兩個版本合稱為突觸可塑性的赫布定律（Hebbian rule），二者都是所謂的活動依賴（activity-dependent），因為可塑性是被與此突觸相關的神經元活動所激發的。（也有其他不涉及神經活動，但仍能夠誘發突觸可塑性的方法，例如施用某些藥物。）在典型的情況下，赫布可塑性指的只是位於興奮性神經元之間的突觸。

赫布的想法完全超越他的時代；那個時期的神經科學家完全沒有任何方法可以檢測突觸的可塑性，事實上，他們連測量突觸強度的能力也沒有。數十年來，測量尖峰的方法都是把金屬導線插入神經系統裡，由於導線的尖端根本就在神經元的外面，所以這種方法稱為「細胞外」記錄法。導線傳出的訊號涵蓋數個神經元產生的尖峰，這些尖峰全都混合在一起，因此記錄到的東西就像是擁擠酒吧裡的談話聲。這種方法沿用至今，也是佛萊德與其合作同僚找到「珍妮佛・安妮斯頓神經元」所用的方法。只要小心操控導線的尖端，一樣有可能分離出個別神經元產生的尖峰；就像你在酒吧裡把耳朵貼近某個朋友的嘴巴，好聽清楚他說些什麼一樣。

雖然細胞外記錄法已足以檢測出尖峰，但它無法測量個別突觸的微弱電流效應。首次成功測得此效應是在一九五〇年代，當時用的方法是將尖端非常尖銳的玻璃電極插入單一神經元。這種「細胞內」記錄法如此精確，可以偵測到比尖峰微弱得多的訊號，相當於你在酒吧中把耳朵塞進某位說話者嘴巴裡所得到的效果。這個插入細胞內的電極，也可以藉著將電流注入神經元給予刺激，使之產生尖峰，如果想要測量神經元A接到神經元B的突觸強度，我們需要將電極分別插入這兩個神經元。首先刺激神經元A產生尖峰，這會導致突觸分泌神經傳導物質，然後再測量神經元B中的電壓，顯示結果以光點表示，光點的大小即代表突觸的強度。

在測量突觸的強度時，我們同樣也可以測得突觸強度的改變程度。如果想引發赫布可塑性，我們可以刺激一對神經元使之產生尖峰；經過反覆進行刺激的過程，無論是依序還是同時，都會發現突觸強度增大，這個結果符合前述赫布定律的兩個版本。

一旦引發突觸強度產生改變，它就可以一直維持到實驗其他部分進行完畢為止。但最多幾個小時，這是因為要讓插入電極的神經元保持存活實在很不容易。不過其他還有一些比較粗糙一點、以大批神經元與突觸為對象的實驗（第一個完成的此類實驗出現在一九七〇年代），得到的結果顯示，突觸強度改變後可以維持數週或更長時間。想要確認赫布可塑性究竟是不是記憶儲存的機制，持久性的問題會是關鍵所在，因為有些記憶是可以維持一輩子的。

這些從一九七〇年代開始進行的實驗，為突觸的加強提供了最初的證據。在那個時期，也有一個以赫布的原始概念為基礎的記憶儲存理論出現，這個理論的最簡化版本是：記憶網路始於每一對神經元之間的雙向弱突觸。這個假設最後得證是有點問題的，但是現在我們暫且接受它，目的是要介紹這個理論。

讓我們先回到你初吻的那一幕，也就是那個深深烙印在你記憶中的實際事件。「玉蘭花神經元」、「紅磚房神經元」、「心上人神經元」、「飛機神經元」等等全都因為你接受到周遭的刺激而活化，而且我猜想這刺激相當強大有力。如果我們採用赫布定律的同時版本，所有這些刺激便會加強這些神經元之間的突觸。

增強後的突觸合起來共同構成一個細胞群組。在此我們要重新定義細胞群組的概念，用它來代表一組透過強突觸相互連結的興奮性神經元。我們原先的定義中並沒有這樣的規定，但現在我們需要這麼做，因為網路中還包含許多不屬於此細胞群組的弱突觸，它們早在你獲得初吻之前便已存在，在你得到初吻後仍然保持原狀，沒有改變。

弱突觸對記憶沒有影響。神經活動在細胞群組內的神經元之間傳播，並不會傳到更遠的地方，因為從這個細胞群組連結到其他神經元的突觸都太弱，無法活化群組以外的神經元。由此可以看出，這個細胞群組的新定義和舊定義一樣可以解釋許多現象。

另外也有一個類似的理論適用於突觸鏈。假定有一個序列的刺激可以活化一個序列的概念，而每一個概念則以一群神經元產生尖峰來表示。如果這個序列中的神經元群一再產生尖峰，根據赫布定律的依序版本，每一群神經元連結下一群神經元的現有突觸都會增強。如果我們重新把這個概念定義為，以強連結構成的模式，這就是一個突觸鏈。

只要連結夠強，尖峰就可以傳遍整個突觸鏈，完全不需要外來的一系列刺激。任何一個刺激只要能活化第一群神經元，就可以觸發一整個序列概念構成的回憶，就像我們在第四章所描述的一樣。根據赫布可塑性，這個序列中每個依次相連的回憶都會進一步加強突觸鏈中的連結。這就像是小河的流水會慢慢將河床掘得更深，反過來使河水流得更順暢。

對記住事情很重要的機制，對忘記事情也一樣重要。曾經有段期間，你的「珍妮佛・安妮斯頓神經元」和「布萊德・彼特神經元」在細胞群組中以強突觸相連結，不過有一天，你開始看到布萊德和安潔莉娜走在一起，（我知道這實在令人難過，但我希望你並不會過度震驚。）赫布可塑性會增強你的「布萊德神經元」和「安潔莉娜神經元」之間的連結，生成新的細胞群組。那麼「布萊德神經元」和「珍妮佛神經元」之間的連結究竟怎麼了呢？

你可以猜測，可能有個像是赫布定律的東西負責遺忘的功能。也許只要兩個神經元中有一個一再被活化，另一個始終不活動，二者之間的連結就會逐漸削弱。所以每次你看到布萊德沒有和珍妮佛在一起，那兩個神經元之間的突觸就會變弱一些。

或者，你也可以推想，削弱是由於突觸之間直接競爭所造成的。也許布萊德與安潔莉娜神經元之間的突觸，會直接與布萊德及珍妮佛神經元之間的突觸爭奪某些類似食物的物質，而這些物質正是突觸存活所必需的。一旦某些突觸增強了，它們就會消耗更多這種物質，留給其他突觸的量自然變少，使得其他突觸愈來愈弱。目前還不清楚有沒有這種突觸所需的物質存在，但就神經元而言，已知確實有類似的營養因子（trophic factor）存在。神經生長因子（nerve growth factor）就是其中一個例子，發現這種物質讓麗塔・李維—蒙塔奇尼（Rita Levi-Montalcini）與史丹利・柯恩（Stanley Cohen）於一九八六年獲得諾貝爾獎。

適者生存

羅馬人用「tabula rasa」這個詞來表示柏拉圖提到的那種蠟板，傳統上翻譯為「空白的板子」，後來到了十八、十九世紀，蠟板被小黑板取而代之。聯想論哲學家約翰．洛克在他的《人類理解論》（*An Essay Concerning Human Understanding*）中提出另一個隱喻：

讓我們假設心智正如我們所說的，是一張白紙，上面沒有半個文字，沒有任何概念；那麼它為什麼會被寫上東西呢？它從哪裡獲得如此巨量的貯存品，上面塗滿了人類繁雜而不受束縛的幻想，而且幾乎無止盡地變化多端？它又從哪裡獲得理性與知識的原料？對於這個問題，我可以簡單用一個詞回答：來自「經驗」。

一張白紙上包含的資訊為零，但是潛力無限。洛克主張新生嬰兒的心智就像白紙一樣，等著經驗為它寫上內容。在我們的記憶儲存理論中，我們假定神經元一開始就和所有其他神經元連結，但是那些突觸都是弱的，等著被赫布加強律「寫上內容」。既然所有可能的連結都已存在，任何一種細胞群組都有可能生成；整個網路擁有無限的潛力，就像洛克說的白紙一樣。

很不幸地，這個理論中認為所有神經元都彼此連結的假設實在是大錯特錯。其實大腦的連結狀況正好極端相反：相當稀疏，所有可能的連結方式中只有一小部分確實存在。一個典型的神經元據估計大只有幾萬個突觸，比起大腦中上千億個神經元，數目算是少得多。有一個很好的理由可以說明此現象：突觸會占用空間，而它們連結的神經突也是如此。如果每一個神經元都連結到所有其他神經元，那麼你的大腦就會膨脹到令人難以想像的大小。

所以大腦必須將就運用數量有限的連結，這一點在你學習聯想時可能會帶來嚴重問題。如果你的「布萊德神經元」和「安潔莉娜神經元」根本還沒有連結該怎麼辦？當你開始看到他們走在一起，赫布可塑性便無法成功地把這些神經元連結成一個細胞群組。除非正確的連結已經存在，不然就沒有學習聯想的可能。

尤其是如果你已經想過很多關於布萊德與安潔莉娜的事情，很可能他們兩人在你腦中各自擁有許多神經元，而不是僅有一個神經元做為代表。（在第四章中我曾經主張這種「少量比例」模型會比「獨一無二」模型的可能性更高一點。）有那麼多可用的神經元，很可能有一些你的「布萊德神經元」湊巧和幾個「安潔莉娜神經元」相連結，也許這就已經足夠用來形成一個細胞群組，在喚起回憶時，讓神經活動可以從「布萊德神經元」擴散到「安潔莉娜神經元」，反之亦然。換句話說，如果有多個神經元來重複代表同一個概念，那麼儘管連結程度算是相當「稀疏」，赫布定律的學習方式還是可以成功的。

同樣地，就算缺少某些連結，突觸鏈同樣能夠通過赫布可塑性而生成。你可以想像圖二十四中所示的虛線箭頭代表移除連結，這會使得某些路徑中斷，不過還是有其他從開頭延伸至結尾的路徑存在，所以突觸鏈仍然可以正常運作。圖二十四中序列裡的每一個概念只用兩個神經元來表示，若是增加更多神經元，就會讓這條突觸鏈更能承受連結減少的結果。所以同樣的情況再次出現：**即使連結程度比較稀疏，只要有多一些神經元重複代表同一個概念，一樣能夠達成學習聯想**

的效果。

古人早就已經知道一個矛盾的事實：記住較多資訊往往比記住較少資訊更容易。演說家和詩人將這個事實運用於一種記憶術上，稱為場所記憶法（method of loci）。想要記住一整張清單上的項目時，他們會想像自己走進一棟房子裡的一系列房間，然後在不同房間裡找到代表單子上每個項目的東西。如果用好幾樣東西重複代表每個項目，這個記憶方法還是一樣可行。

因此，連結程度的稀疏性，可能就是我們覺得難以記憶某些資訊的主要原因；由於所需的連結根本不存在，使得赫布可塑性無法儲存資訊。重複代表性可能多多少少可以解決這個問題，但是還有沒有其他的解決方案呢？

我們何不在需要儲存新的記憶時，「因應需求」生成新的突觸呢？我們可以先想像有一條赫布定律可塑性的變化版：「如果兩個神經元一再同時活化，那麼二者之間就會生成新的連結。」這條規則的確可以生成細胞群組，但是它和神經元的一個基本事實相衝突：不同神經突之間的電子訊號產生的串擾都會被忽略掉。讓我們考慮一對神經元彼此接觸但並未以突觸連結的情況，這樣的搭配理論上可以建立，但若是希望二者能同時活化而產生前述的生成突觸結果，則是不大可能的事；因為它們兩個之間並沒有突觸，神經元無法「聽見」另一個神經元的動靜，或是「得知」二者是否正在同時產生尖峰。根據同樣的論點，「因應需求」生成突觸鏈的理論應該也無法成立。

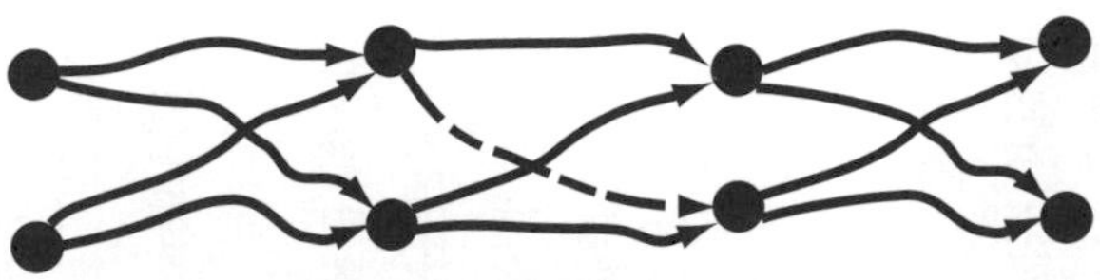

圖二十四：去除突觸鏈中多餘的一個連結。

所以讓我們考慮另外一種可能：也許突觸的生成是一種隨機過程。先回想一下，神經元通常只和它們接觸到的神經元中的一小部分相連結，也許某個神經元偶爾會從鄰居當中隨機挑選一位新夥伴，生成新的突觸。這種方式聽起來似乎有悖常理，但我們可以仔細想想平常結交朋友的過程，在你還沒有開口和某個人說話之前，幾乎不可能知道自己和對方究竟能不能結為朋友。最初相遇的情況可能是在雞尾酒會上、在健身房裡，甚至是在大街上，這恐怕和隨機也差不了多少。只要你一開始說話，就會同時開始評估兩人的關係有無可能增強為友誼；這個過程並不是隨機的，因為它取決於二者的相容性。根據我的經驗，那些朋友最多、人面最廣的人，對於和新朋友見面的機會總是保持開放心態，但是他們也很擅長辨識哪些新朋友能和自己「一拍即合」。友誼本質上的隨機性與不可預測性，正是它的一大部分魔力所在。

同樣地，突觸的隨機生成讓新湊成對的神經元可以彼此「交談」，有些配對最後會證明二者確實「相容」，因為它們在大腦試圖儲存記憶時，會產生同時或依序活化的情形，所以它們之間的突觸便會經由赫布可塑性而加強，建立出細胞群組或突觸鏈來。依照這樣的方式，用來學習某種聯想的突觸即使一開始並不存在，後來還是可以生成。**因此我們在學習時即使開頭失敗了，最終仍然可以成功，這是因為我們的大腦在學習方面能夠不斷獲得新的潛力**。

然而，如果單靠突觸這樣不斷生成，最後構成的網路恐怕會太過浪費；為了經濟效益起見，我們的大腦會需要將學習時用不到的突觸消除掉。也許這些突觸一開始會因為我們之前討論過的那個機制而逐漸減弱（回想一下，當你慢慢忘記布萊德與珍妮佛之間的關聯後會發生什麼事），而這種漸弱的情況最終將導致突觸被淘汰消除。

你可以認為這是一種突觸的「適者生存」律，那些參與記憶的突觸是「適者」，會愈變愈強，而未能參與記憶者則日趨衰弱，最後被剔除掉。新的突觸會不斷生成以補充供給，讓突觸的整體數目保持不變。這個版本的理論被稱為神經達爾文主義（neural Darwinism），已有大批研究者在這方面投注心力，包括傑拉德・愛德蒙（Gerald Edelman）及尚—皮耶・香哲（Jean-Pierre Changeux）。

這個理論主張學習和演化是類似的過程。隨著時光流逝，物種會以似乎是上帝設計的聰明方式逐漸改變，但是達爾文認為這種改變其實是隨機形成的。我們最終只會注意到好的改變，因為壞的改變會被自然選擇淘汰掉，也就是「適者生存」。同樣地，如果神經達爾文主義是正確的，雖然這些突觸看起來像是因為細胞群組或突觸鏈需要它們，所以「因應需求」，「聰明地」生成它們；但事實上這些突觸是隨機產生的，只是之後沒有必要的突觸會被淘汰消除掉。

換句話說，突觸的生成是一種「愚笨的」隨機過程，只能賦予大腦學習的潛力。這個過程本身並不是學習，這一點和前面提過的新顱相學理論相悖。這就是為什麼除非大腦也能成功消除大量不必要的突觸，否則即使是可以促進突觸生成的藥物，仍然可能對改善記憶力沒有效果的緣故。

神經達爾文主義至今仍然只是推測，目前對於突觸消除最大規模的研究來自傑夫・李奇曼（Jeff Lichtman），他把重點放在神經通往肌肉的突觸上。在成長發展的初期，神經元連結一開始並沒有什麼特定選擇性，每一條肌肉纖維都會接收到來自許多軸突的突觸；隨著時間過去，突觸逐漸遭到淘汰消除，直到每條肌肉纖維只接收來自單一軸突的突觸為止。這種情況表示突觸的消除讓連結更為精簡，也更具特定性。為了想把這種現象看得更清楚，李奇曼成了某種高級成像技術的主要倡導者。我在後面的章節會再提到這部分。

從前面圖二十三所示樹突的棘突影像中，我們可以看出大腦皮質的重新連結也是研究題材之一。研究結果顯示大部分的新棘突會在幾天內消失，但是如果老鼠是被養在像羅森史威格所使用的那種較豐富的籠子裡，那麼較大一部分的新棘突便會留存下來。這兩個觀察結果都符合「適者生存」的概念，新的突觸只有在它們被用來儲存記憶時才能存活下來。不過這個證據距離最終定論恐怕還差得遠了；神經連結體學面臨的一個重要挑戰，就是找出新的突觸能夠存活下來，或是被淘汰消除的確切條件究竟為何。

重新啟動

我們已經看到如果所需要的連結不存在，大腦可能會無法儲存記憶；這意味著在連結既固定又稀疏的情況下，重新加權對儲存資訊的能力有限。神經達爾文主義則認為大腦解決這個問題的方式是隨機產生新的突觸，以便更新學習的潛力，並且同時消除沒有用的突觸。重新連結和重新加權並不是各自獨立的程序，二者會互相影響。新的突觸為赫布加強作用提供作用對象，而突觸的逐步削弱則會觸發消除作用；與重新加權單獨運作相較，**重新連結會提供更大的資訊儲存容量**。

重新連結的另一個優點是它可以穩定記憶；想要更清楚瞭解記憶穩定性的話，拓展討論的層面會有些幫助。到目前為止，我一直把焦點放在突觸能夠留住記憶這個概念上，不過我應該要提一下：已有證據證實，另有一種以產生尖峰為基礎的記憶保留機制存在。假設代表珍妮佛・安妮斯頓的不是單一神經元，而是一群已組成細胞群組的神經元；一旦珍妮佛的刺激會導致這些神經元產生尖峰，它們就可以透過突觸繼續彼此刺激。這個細胞群組產生的尖峰可以自行維持，即使刺激消失了還是能持續下去。西班牙神經學家拉斐爾・羅倫狄諾（Rafael Lorente de Nó）稱這種情形為殘響活動（reverberating activity），因為它和聲音在峽谷或大教堂中因為回聲而持續下去的情況類似。持續產生尖峰可以說明為什麼你記得剛看過的東西。

根據多次實驗結果，可以看出這種持續性尖峰似乎可以將資訊保留幾秒鐘，不過我們已經得到很好的證據，證明**長時間保留記憶並不需要神經活動**。有些在冰冷水裡溺斃又被救活回來的遇難者，他們真的曾經死亡數十分鐘，雖然那段期間他們的心臟停止泵血，但是冰冷的水溫讓他們躲過永久性的腦部損傷。儘管大腦在冷卻過程中神經元曾經完全停止活動，但這些幸運兒恢復後，通常都沒有或者只有一點點記憶喪失的現象。經歷如此可怕的體驗後還能留下來的那些記憶，顯然根本不需仰賴神經活動來保存。

令人驚訝的是，神經外科醫生有時會故意冷卻身體和大腦。在一種稱為深低溫停循環手術（Profound Hypothermia and Circulatory Arrest，簡稱ＰＨＣＡ）的戲劇化醫療過程中，患者的心臟會停止跳動，全身被冷卻到低於攝氏十八度，將所有生命程序都減緩到極度緩慢的步調。ＰＨＣＡ如此危險，只適用於需要以手術糾正危及生命之疾病的狀況，不過它的成功率倒是相當高；而且即使患者的大腦在整個程序中實際上完全停擺，但是患者存活下來之後通常記憶完整無缺。

ＰＨＣＡ的成功，支持了所謂的雙痕跡（dual-trace）記憶理論學說。持續產生尖峰是短期記憶的痕跡，而持久連結則是長期記憶的痕跡。想要長時間儲存資訊時，大腦會把神經活動轉移為連結；需要回憶資訊時，大腦再把連結轉移回來形成神經活動。

雙痕跡理論說明了為什麼保留長期記憶並不需要神經活動。一旦活動引發赫布突觸可塑性，資訊會經由細胞群組或突觸鏈內神經元之間的連結保存下來；到了之後打算重拾回憶時，神經元便會被活化。但是在儲存後到重拾回憶的期間，活動的模式可以潛藏在連結中，不用真的表現出來。

有兩種資訊儲存方式看起來可能不夠簡潔優雅，如果大腦只採用一種方式豈不是效果更佳？電腦也用於儲存資訊，用它來做類比會很有幫助。電腦中同樣包含兩種儲存系統：隨機存取記憶體（RAM）和硬碟。文件檔案會長期儲存在硬碟中，當你用文字處理程式打開檔案時，你的電腦會把資訊從硬碟轉移到RAM；你在編輯文件時，更改的是RAM裡的資料，等到你將文件存檔時，電腦才會把這些資料從RAM轉移存入硬碟。

既然電腦是由人類的工程師設計的，現在我們知道它為什麼會有兩種記憶儲存系統了。硬碟和RAM二者各有其優點；硬碟的好處是它很穩定，可以無限期地儲存資訊，即使電源被切斷也沒有關係；相較之下，儲存在RAM的資訊容易變動，也很容易遺失。想像一下你在編輯文件時忽然停電，這會使得電腦中所有的電子訊號都停下來，等到你再次將電腦開機（也就是重新啟動），然後打開文件檔案，你會發現它完整無缺，因為它是穩定儲存在硬碟裡的。但是如果你再看仔細一點，就會發現這個檔案是舊的版本；你先前做的那些編輯工作是儲存在RAM裡的，現在全都消失不見了。

如果硬碟如此穩定，那麼幹嘛還要使用RAM？答案是：RAM的速度很快，修改RAM中的資訊會比修改硬碟中的資訊快得多，這就是為什麼我們要先把文件檔案從硬碟轉移到RAM上來編輯，然後為了妥善保管資料，再把它轉移存回硬碟裡；這麼做是值得的。通常情況都是如此：愈穩定的東西就愈難修改。

這種折衷取捨的方式，被理論神經學家史蒂芬．葛羅斯柏格（Stephen Grossberg）命名為「穩定性—可塑性兩難問題」（stability-plasticity dilemma）。柏拉圖在他的對話錄《泰阿泰德》（*Theaetetus*）中已經體認到這一點，根據他的解釋，記憶失敗是由於蠟太硬或太軟所造成的；有些人難以儲存記憶，因為他們的蠟太硬了，很難留下印跡；其他人難以保留記憶，則是因為他們的蠟太軟，可以輕易抹去痕跡。只有在蠟既非太硬也不會太軟的情況下，才能夠壓上印跡並將之保存下來。

穩定性與可塑性之間的權衡結果，也可以解釋為什麼大腦要使用兩種資訊儲存方式。尖峰的模式就像RAM中的資訊一樣變動快速，適合在感知及思考過程中對資訊主動操控運用；但也因為它很容易被新的感知結果及思維干擾，所以尖峰模式只適用於短期保留資訊。相對而言，連結比較類似硬碟，它的改變速度比尖峰模式慢得多，比較不適合主動操控運用資訊；不過，連結仍有足夠的可塑性可以儲存資訊，而且也夠穩定，可以將這些訊息長時間保留下來。降低體溫的處置方式會抑制神經活動，這相當於停電會將電腦RAM中的內容物刪除；然而連結可以保持完好，所以長期的記憶會留存下來；但是新近的資訊都會流失掉，因為它們還沒有從神經活動被轉移為連結。

這種穩定性—可塑性權衡結果，也能幫助我們瞭解為何大腦除了使用重新連結之外，也運用重新加權來當作儲存記憶的方法嗎？透過赫布可塑性，神經產生尖峰的行動會不斷改變突觸強度，因此突觸的強度並不是那麼穩定，造成以重新加權來儲存記憶也無法保持穩定。這或許可以解釋為何有關你昨天晚飯吃了些什麼的記憶，大概是最容易褪色的記憶。另一方面，突觸的存在可能比它的強度更為穩定，所以以重新加權儲存的記憶，可能會因為之後重新連結而更趨穩定；這就像是那些可以撐上一輩子的記憶，例如你的名字。難以磨滅的記憶可能比較少仰賴於將突觸強度維持在恆定值上，而是較多仰賴於維持突觸的存在。既然重新連結是一種更為穩定，但比較沒有可塑性的記憶儲存方式，它可能擔任的是與重新加權互補的角色。

經驗與基因

這個章節是實證事實與理論推測的混合物，而且比較偏向後者，這點很令人尷尬。我們已確實知道重新加權和重新連結發生於大腦中，然而目前還不清楚這些現象究竟會不會生成細胞群組和突觸鏈。更進一步而言，到目前為止，想要證明這些現象是否和記憶儲存的任何方面有關，都是很困難的。

有個方法很有發展潛力，那就是對動物使用會干擾突觸中某些相關分子的藥物或基因操控方式，讓牠們的赫布突觸可塑性失效，然後再做行為實驗，觀察牠們的記憶是否受損，以及受損程度如何。這一類的實驗已經產生許多極佳且令人迫不及待想多瞭解一些的證據，可以對連結論提供支持。可惜的是，這些證據仍然只是間接及暗示性的，對其結果的解讀也相當複雜，這是因為沒有任何完美的方法，可以在不產生其他副作用的情況下去除赫布突觸可塑性。

我將試著用下面這則寓言，來說明神經科學家想要測試記憶理論時會遇上什麼樣的困難。假設你是來自另一個星球的外星人，你發現人類既醜陋又可悲，不過儘管如此，你仍然對他們相當好奇。你的研究中有一部分是暗中監視某個特定男子，他在口袋裡隨身攜帶一本筆記本，三不五時就會把它打開，用筆在上面標注一些東西。有時他打開筆記本看了一會兒，又把它放回口袋。

你會覺得這種行為令人費解，因為你從來沒有見過或聽說過寫字這回事。幾千萬年前你的祖先也曾採用過書寫這種形式，但是那個演化階段早已被人完全遺忘了。經過反覆推敲，你演繹出一種假說，認為這名男子是把這個筆記本當作一種記憶裝置。

有天晚上，為了測試你的假說，你把那個本子藏起來了。到了早上，這個男人花了很長的時間在他的房子裡走來走去，查看床底下、打開櫥櫃等等。這一天的其餘時間裡他的行為有時變得不大一樣，不過也只有些微差異而已。你覺得有點洩氣，所以又想出其他實驗來測試你的假設，像是從筆記本上撕下幾頁、把筆記本拿去泡水好抹掉字跡、把他的筆記本和別人的掉包等等。

最直接的測試方式就是閱讀筆記本裡寫的東西。一旦解讀出這些紙張上的墨跡，也許你就能預測這個男人隔天會做些什麼事；如果你的預測得證是正確的，那麼這將會是有力的證據，證明筆記本確實可以儲存資訊。不幸的是現在的你已經超過兩萬歲，有老花眼的症狀，雖然你的監視設備能讓你看到筆記本，但你卻看不清楚裡面的字跡。（這樣寫有點牽強，但是先讓我們假設你的外星文明並沒有發明老花眼鏡或雙焦眼鏡。）

神經科學家也和你這位有老花眼的外星人一樣，很想測試一個與記憶有關的假說。他們相信資訊是經由修改神經元之間的連結方式而儲存下來的，為了檢驗這個假說，他們破壞了腦部包含這些連結的區域，就像你把寫了字的筆記本藏起來一樣。他們會檢視正在從事記憶活動時，這個腦部區域是否會活化；就像你觀察那個男人需要記住東西時，會不會把筆記本從口袋裡掏出來一樣。

還有另一種更直接、更具決定性的策略：嘗試從神經連結體解讀記憶；尋找細胞群組與突觸鏈，看看它們是否真的存在。遺憾的是，就像你的老花眼連男子寫在筆記本上的字跡都看不清楚（解讀內容就更免談了）一樣，神經科學家也看不到神經連結體。這就是為什麼我們需要更好的科技，才能瞭解記憶的謎團。

在我開始描述這些新興科技以及它們的潛在應用方式之前，我需要再多提到一個能形塑神經連結體的因素。經驗也許可以重新加權並重新連結神經元，但基因同樣會塑造神經連結體。事實上，神經連結體最令人興奮的前景之一，就是終於有希望揭開二者（經驗與基因）相互影響的奧祕；**神經連結體正是先天條件（nature）與後天條件（nurture）相遇之處。**

第三篇

先天與後天

基因體的世界觀是悲觀的，四面八方都受到限制；相對而言，你的神經連結體這輩子隨時都在改變，而且你對這個過程多少有點控制能力。

第六章
基因森林學

古希臘人把人的生命比喻為一條絲線，從紡線、丈量到剪斷，都由三位命運女神決定；時至今日，生物學家則是在另一股不同的線上探索人類命運的祕密。這種稱為去氧核糖核酸（ＤＮＡ）的分子，是由兩股長鏈捲繞而成的雙螺旋，每股長鏈由稱為核苷酸的較小分子構成，這些核苷酸分成四種，以英文字母Ａ、Ｃ、Ｇ、Ｔ來代表。你的ＤＮＡ由數十億個這些字母拼寫而成，整個序列就稱為你的基因體。這個序列包含數萬個較短的片段，稱為基因。

孩子長得像父母在整個人類歷史上早就是司空見慣的事。小嬰兒一出生，幾乎馬上就會得到這樣的評論：「她有你的眼睛」、「他遺傳到你的鬈髮」，ＤＮＡ為此現象提供了解釋。孩子有一半基因得自父母其中一方，另一半則來自另一方，因此繼承雙方的特質。就身體而言，大家都接受這樣的想法，但在心智方面，就比較有爭議了。

也許因為人類的心智如此易於適應，所以受到經驗塑造的影響勝過基因；就像洛克相信的那樣，他把心智比做白紙，等著隨時被寫上文字。不過話說回來，孩子和父母相像的部分無疑地往往遠超過外表。當別人對你說：「有其父必有其子。」或是「你跟你爸根本是同一個模子印出來的。」也許你會試圖否認，但是總有那麼一天，你會忽然意識到自己剛剛對某個情況的反應，根本和你父親三十年前用的方式一模一樣。當然，這種沒什麼科學根據的軼事觀察結果，雖具暗示性，卻不能證明什麼；**這種相似性也許是教養方式的結果，而不是基因的影響**。

這兩種解釋（基因與教養），被法蘭西斯．高爾頓稱為「先天」與「後天」因素。但一直到二十世紀，這種先天或後天的爭論才終於跳脫哲學主張及個人軼事的層次；令人信服的證據來自同卵（monozygotic，簡稱ＭＺ）雙胞胎，他們源自同一個合子（zygote，指受精卵細胞），因此有完全相同的基因體。研究人員找出那些幼年就被分開，並由不同領養家庭撫養成人的同卵雙胞胎加以研究，結果他們不但在身體特質（例如身高、體重）上相似，連智商測試結果也一樣相近，其智商分數的相似度遠超過隨機選取的任意兩個人。這種特別高的相似性無法以共享環境來解釋，因為這些雙胞胎是被不同的領養家庭撫養長大的，所以這只可能用他們共同的基因體來解釋。根據這些資料，可以看出基因影響智商的程度，就像它對身體特質的影響那麼強烈。

這種比較方式，已經被許多人重複運用在研究智商之外的心智特質上。性格測驗問卷裡通常充滿了這類問題：「我認為自己是那種愛挑剔別人毛病的人。」然後答題者需要從數字一（「非常不同意」）到數字五（「非常同意」）之間的數字做選擇。雙胞胎受試者在性格測驗成績上沒有智商測驗方面那麼相似，但是即使這對雙胞胎是被分開撫養的，他們的得分相似度仍然高於隨機選擇的兩個人。這表示性格比智商更具可塑性，但遺傳因素還是很重要。

長久以來，雙胞胎研究一直遭到篤信後天因素的信徒們強烈反對，不過事到如今，這類研究早就重複進行過這麼多次，幾乎已沒有什麼可以爭執辯駁的餘地了。心理學家艾瑞克．特克海默（Eric Turkheimer）已經發布過行為遺傳學第一定律：「人類所有的行為特質都是可遺傳的。」

這條定律涵蓋的不只是正常人之間的心智差異，也包括精神疾病在內。早期那些接受傳統心理分析訓練的研究者，相信自閉症的孩子是「冰箱母親」的產物；《時代》（*Times*）雜誌於一九六〇年介紹第一位定義自閉症的心理學家李歐．肯納（Leo Kanner）的文章裡寫道：「這樣的孩子常常擁有的是行事井井有條、從事特定專業行業的父母，他們既冷淡又理性。肯納博士會描述這種類型的父母是『剛剛解凍到足以生育出一個孩子』。」不過肯納本身對自閉症導因的想法其實有點搖擺不定、模稜兩可。在他一九四三年最初定義出自閉症的論文中，他指出他的許多病人都有情感上很冷淡的父母，但他接著又說病人的這種毛病是天生的。

這使得我們開始考慮自閉症的另一個可能原因：基因缺陷，研究者也藉著研究雙胞胎的情況探討過這個見解。如果自閉症完全是由遺傳因素決定的，我們應該可以期待同卵雙胞胎若不是兩個都有自閉症，就應該兩個都是正常的。然而事實上，結果並不是完全一致，如果雙胞胎中有一個患有自閉症，另一個也有自閉症的比率是六〇%到九〇%；既然這個一致率低於百分之百，因此自閉症並非完全由基因決定。不過這個比率還是很高，這表示遺傳因素對自閉症還是相當重要。

當然，這個統計結果本身並不能當作確鑿的結論，因為雙胞胎一般是在同一個家庭長大的，自然傾向於擁有相似的經歷；如果肯納所說的「冰箱母親」確實是自閉症的導因，那也會導致一致率相當高的結果。在智商的研究中，基因和環境的影響是經由研究不同家庭領養及撫養的同卵雙胞胎來釐清的，然而要找到這樣的雙胞胎已經很難了，要找到有自閉症問題的這種雙胞胎更是難上加難，所以遺傳學家採用了不同的方法。他們先研究一起長大的雙胞胎，然後比較同卵雙胞胎和異卵（dizygotic，簡稱DZ）雙胞胎的差異，以評估基因在此的重要性。結果異卵雙胞胎的自閉症一致率比較低，只有一〇%到四〇%。如果自閉症是受遺傳因素影響的話，這個較低的一致率就很容易解釋，因為異卵雙胞胎在基因相似程度上低於同卵雙胞胎。（異卵雙胞胎的基因有五〇%相同，而同卵雙胞胎則是一〇〇%相同。）

那麼精神分裂症呢？異卵雙胞胎的一致率（〇%至三〇%）又再一次低於同卵雙胞胎（四〇%至六五%）。這些數字表示遺傳因素對精神分裂症也很重要。

對雙胞胎所做的研究顯示基因的確很有關係，但是這結果並無法解釋為什麼會如此。在我針對這個問題提出答案（或者很多種答案）之前，請先讓我說明一些和基因有關的事情。

人類基因體計畫

你可以把細胞想成一個錯綜複雜的機器，由許多類型的分子零件所組成，其中一個主要的類型，是一種被稱為蛋白質的分子。某些蛋白質分子可以擔任結構元件，支撐整個細胞，就像木頭房屋框架中的立柱與橫梁一樣；其他蛋白質分子則會對別的分子執行功能，就像工廠中負責處理零件的工人一樣。許多蛋白質會兼具結構和功能的角色，而且細胞比大多數人造機器更具活力，因為裡面有很多蛋白質都會到處跑來跑去。

我們常說ＤＮＡ是生命的藍圖，因為它包含了細胞合成蛋白質時該遵循的指令。就像ＤＮＡ是核苷酸組成的長鏈一樣，蛋白質分子也是較小分子組成的長鏈，這種小分子稱為胺基酸，一共有二十種。每個類型的蛋白質都是以一連串的字母來詳述指明，不過它的字母表裡包含了二十個字母，和ＤＮＡ只使用四個字母不一樣。這種胺基酸序列是由你的基因體裡的一串（大部分情況下）連續字母（也就是基因）來指定的，需要產生一個蛋白質分子時，細胞會去解讀一個基因中的核苷酸序列，把它「翻譯」成胺基酸序列，再合成蛋白質。進行這種翻譯時所用的字典稱為遺傳密碼（genetic code）；一個細胞讀取一個基因並且製造出一種蛋白質的過程，稱為表現（express）這個基因。

你的生命剛開始的時候是一個單細胞，是一個受精後的卵子。這個細胞先一分為二，分裂出來的二代細胞再分裂為二，經過一代又一代的多次分裂之後，形成你的身體那些數量龐大的細胞。每一個分裂出來的細胞都複製出原本的ＤＮＡ，並且把一模一樣的副本傳遞給它的後代；這就是為何你身體裡每一個細胞都含有相同基因體的緣故。那麼為什麼肝臟細胞和心臟細胞看起來長得不一樣，執行的功能也截然不同呢？答案是：**不同類型的細胞表現不同的基因**。你的基因體包含數萬個基因，每一個基因對應一個不同種類的蛋白質；身體裡每一種類型的細胞會表現某些基因，其他基因則不表現出來。神經元可以說是人體內最複雜的細胞類型，所以當我們知道有許多基因編碼對應的是專門或部分支持神經元功能的蛋白質，也就沒什麼好訝異的了。這是基因對大腦究竟有何重要性的初步答案。

你的基因體和我的基因體差不多是一樣的，幾乎完全符合人類基因體計畫（Human Genome

Project）中可以看到的那些序列，不過還是有很細微的差別，現在的基因體學領域已經發展出更快、更便宜的技術，可以檢測出這些差異。有時候這些差異只是幾個字母而已，有時則是較長串字母被刪除或複製。**如果基因體的差異導致某個基因改變，只要我們知道這個基因編碼對應的蛋白質負責什麼功能，就能推測這種差異會造成的結果。**

現在你已經很熟悉心智功能是以神經元產生尖峰及分泌為基礎的這種概念了，這兩個過程都涉及多種蛋白質，你已經認識了其中重要的一種，那就是可以測知神經傳導物質的受體分子，它們位於神經元的外膜上，部分突出於細胞外。（還記得那些套著游泳圈浮在水面的小朋友嗎？）前面我描述過，神經傳導物質分子與受體的結合就像是把鑰匙插進鎖孔裡，這個比喻對某些受體而言可以更進一步，因為它們就像是鎖和門的結合。這類受體分子中有一條小通道貫穿而過，連通神經元內外，不過大部分時間內會有個像門一樣的結構把通道堵住。神經傳導物質與受體結合的時候，這扇門會打開短短一會兒，允許電流瞬間流過通道。換句話說，神經傳導物質的作用就像是可以開門的鑰匙，讓電流可以在神經元內外側之間流動。

一般而言，我們用離子通道（ion channel）這個術語，來稱呼內含可讓電流通過細胞膜之通道的任何類型蛋白質。（離子是帶電的粒子，可以在水溶液中傳導電流。）有很多種離子通道並不是受體，其中一些可以讓神經元產生尖峰，其他的則對穿越神經元的那些電子訊號有較細微的影響。如果你的基因體中有些負責生成受體或離子通道的DNA序列是異常的，這對大腦功能而言可能是個壞消息。由於離子通道相關DNA序列有缺陷而引起的疾病叫做離子通道病變（channelopathy），功能失常的離子通道可以導致神經元產生尖峰的情況失控，我們稱之為「癲痼發作」。

還有其他類型的蛋白質負責把神經傳導物質包裝到囊泡裡，也有蛋白質是在被尖峰觸發後幫助囊泡將其內容物釋放到突觸間隙中；其他的蛋白質會協助降解或回收突觸間隙中的神經傳導物質，以免這些物質徘徊過久或是漂流到其他突觸那邊去。上面所列出來的只不過是冰山一角，負責產生尖峰及分泌的蛋白質種類多不勝數，實在難以確切敘述其全貌。只要這些蛋白質中任何一種有缺陷，就有可能導致腦部疾病的發生。

然而，會造成功能失常的原因遠遠超過上面所述。有缺陷的基因除了影響眼前的狀況之外，還可能在過去就種下禍根，造成年輕的腦子早在生長過程中就出了差錯。

基因決定與隨機形成

大致來說，大腦的生長發育可以分成四個步驟：首先是原生細胞（progenitor）分裂因而生成或「生出」神經元，接著神經元遷移到大腦中的適當位置，將分支延伸出去，然後與別的神經元產生連結。這些步驟中任何一個遭到干擾，都可能導致大腦異常。

如果神經元生成的過程未能成功進行，會發生什麼結果呢？在巴基斯坦的古吉拉特（Gujrat）城有座祭祀十七世紀聖人舒瓦．都拉（Shua Dulah）的神廟；幾個世紀以來，那些一出生就有異常小頭情形的嬰兒都會被送到這裡。在巴基斯坦，他們被稱為「初瓦」（chua），意思是「鼠人」，大概是因為他們的臉往外突出，有點像老鼠的樣子。這些初瓦的主人有時候會利用他們，派他們出去乞討，再把收益全都拿走。當地人對於初瓦的存在有種種神話般的解釋，其中一種可怕的說法是說，有些邪惡的人故意把黏土或金屬蓋子蓋在小嬰兒的頭上，導致嬰兒的腦子發育遲緩。

實際上，初瓦是因為出生時便罹患先天的小腦症（microcephaly）。小腦症最純粹的形式稱為真小腦症（microcephaly vera），唯一的畸形情況似乎只有出生時腦部的大小縮減，他們的大腦皮質部位比較小，但是褶皺形態及其他構造特色大致正常。由於皮質部位較小，小腦症通常伴隨智能不足的情形，這點並不令人意外。

研究人員已發現若干基因（這些基因稱為小腦症基因〔microcephalin〕及ASPM基因〕有缺陷時會引發小腦症。與這些基因所含編碼相關的蛋白質，負責控制大腦皮質神經元的生成，如果這些基因有缺陷，就會使神經元的數目減少，造成小腦症。因為每個基因都包含兩個副本（譯注：稱為「等位基因」或「對偶基因」，一個來自父方，一個來自母方），所以在只帶有一個有缺陷的副本時，有也可能不會顯示任何症狀，只靠另一個正常的副本便足以讓大腦正常生長。但若是各自帶有缺陷基因的父母分別將有缺陷的副本傳遞給孩子，這個孩子出生時就會有小腦症的問題。這種情況通常很罕見，但在巴基斯坦卻相當頻繁，這是因為他們堂表兄弟姊妹之間近親通婚的比率很高。（由於堂表親之間血緣關係很近，所以夫妻雙方同時帶有此基因的機率比隨機選取一對男女時來得高。）

大腦發育的第二個步驟，是神經元遷移到適當的位置，這個過程也可能遭到阻礙。平腦症（lissencephaly，這個字來自希臘字根，意思是「平滑的大腦」）指的是大腦皮質缺乏皺褶，沒有正常情況下該有的那種滿是皺紋的外觀；從顯微鏡下還可以看出其他結構異常的地方。這種病症通常會伴隨嚴重智能不足及癲癇，平腦症是因為控制神經元遷移的基因在妊娠期間產生突變所致。

這兩個腦部發育的步驟都發生在胎兒期的大腦，到嬰兒出生後，神經元的生成與遷移事實上差不多都完成了。你可能聽說過：你出生的時候神經元的總數就已經達到這輩子的最大數量了。（腦部只有少數功能區在出生後仍會繼續生成神經元。）不過這並不代表大腦的發育已經結束。**神經元在你出生後仍然會不斷長出分支**，這個過程稱為大腦的「接線」，因為軸突和樹突看起來和電線很像。軸突必須長得最快，因為它比樹突長得多；軸突細小的生長尖端叫做生長錐（growth cone），因為它大致呈圓錐狀。如果我們把生長錐放大到人類的大小，那就它大概就會延伸到城市的另一邊去了。究竟生長錐延展到那麼長的距離是怎麼導航的呢？很多神經科學家都在研究這個現象，他們已經發現生長錐的行為方式就像狗狗靠嗅覺一路聞回家一樣。神經元的表面覆蓋著特殊的導向分子，相當於地面上的氣味，而神經元間隙中含有漂流的導向分子，就相當於空氣中的氣味。生長錐上充滿了分子感測器，可以「聞」到導向分子，找到它們的目的地。這些導向分子及感測器的生成也是由基因控制，這就是基因引導大腦接線的方式。

如果軸突不能正確生長，便會導致接線錯誤（miswiring）。在此我們要提到胼胝體（corpus callosum），它是相當粗厚的軸突束，裡面大約含有兩億條軸突，負責將大腦的左右半球連結在一起。在極少數的案例中，患者的胼胝體有完全或部分缺失的情形；幸運的是，這種情況造成的損傷比小腦症輕微得多。很多種基因缺陷都能導致這類「接線錯誤」的問題發生，包括那些控制軸突導向的基因在內。

在穿越大腦的大部分旅程中，軸突都是筆直地生長，就像樹木的主幹一樣，等到生長錐抵達最終目的地後，軸突才開始產生分支。科學家很有理由認為這些最後才產生的分支並不是那麼嚴格受基因控制；如果確實是如此的話，**雖然神經元的整體形狀可能是由基因決定，但是分支形態的細節卻主要是隨機形成的**。同樣地，一座松樹林裡的每棵樹木看起來都很相像，因為它們來自同一個基因計畫；然而沒有任何一棵樹的分支狀況會和另外一棵樹一模一樣，因為生長過程也涉及隨機性，並且受到環境條件的影響。

當大腦開始接線時，神經元會藉著生成突觸連結彼此。我之前曾經假設突觸生成的過程是隨機的，在神經元互相接觸的地方就有可能發生；在這裡還是有基因控制可以發揮的餘地，因為不同類型的神經元會透過分子線索相互辨識，並以此為基礎「決定」二者要不要連結。（之後我會說明神經元有哪些類型。）

因此，在非常早期發展過程中形成的初始神經連結體，很大一部分是基因和隨機性的產物，科學家還在研究它們相對應的貢獻。根據某個理論，基因發揮影響力的方式主要是控制大腦如何接線；它會先粗略確定神經元的形狀，以及神經元可以將分支擴展到哪些區域。如果兩個神經元擴展的區域有所重疊，它們就有機會連結，但是它們是否真的互相連結並不是由基因決定的。一開始，連結與否取決於神經元分支在基因限定的區域內如何隨機相遇，相遇後它們會隨機生成突觸，不過隨著大腦發育的進行，經驗也開始塑造神經連結體。但是這些情形發生的細節究竟為何呢？

生成與消除

在嬰兒的大腦中，新突觸以驚人的速度生成；幼兒兩個月到四個月大的時期，單是在布羅德曼第17區，每秒就有超過五十萬個突觸生成。為了配合突觸的生成，神經突在數量和長度上都會有所增長。圖二十五顯示幼兒從出生到兩歲大期間，樹突分支急劇增長的情況。

我在第五章中曾經特別提醒：不要以為成年人學習純粹是靠突觸生成；這一點也適用於年輕的大腦，因為發育的過程同樣也會破壞連結。你兩歲的時候擁有的突觸數目比現在的你還要多；我們到了成年期之後，突觸的數目已經下降到只有最高峰值（發生在我們蹣跚學步的那段期間）的六〇％左右。神經元的分支數目也有類似的興衰現象，樹突和軸突的生長一開始都是突飛猛進，但是有些分支後來就會被修剪掉（請比較圖二十五的最後兩幅影像）。

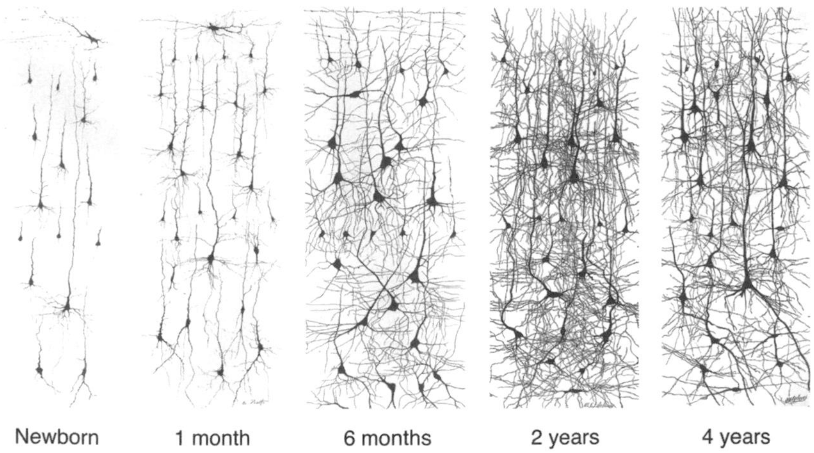

圖二十五：從出生到兩歲時的樹突成長，隨後出現修剪現象。

為什麼大腦先是生成這麼多突觸，後來竟然又摧毀那麼多突觸呢？其實，很多所謂的「生成」行動都名不符實，因為它們其實同時牽涉生成及破壞。當我要寫一篇文章的時候，一開始的重點是把腦中所有思緒全都形諸筆墨，即使寫出來的東西糟糕到不能見人也無所謂，在這個時期，紙上的字句數量勢必不斷增加；等到粗略的草稿已經完成後，進一步的改寫或編輯往往會讓篇幅縮減，最後的成品字數會比草稿來得少。正如俗話所說：所謂完美境界，並非加無可加，而是減無可減。

也許早期的神經連結體就像粗略的草稿一樣。我在前面說過，一開始的接線與連結生成都是由基因引導，但也受制於隨機性。更早之前我也曾提過一個理論：成人大腦中的突觸消除是經由削弱驅使的，而這個削弱作用則是經由經驗驅使。現在根據同樣的主張，**經驗很可能就是大腦在發育期間消除突觸的主要驅動力**；而且也許消除了某個分支上的許多突觸後，會導致這個分支整個被修剪掉。這些破壞性的程序可以讓草稿更為精簡，以便產生成年人的神經連結體。

不過，上面所述的情節可能會有點誤導，因為它讓人以為生成和破壞發生在兩個不同的階段；寫作的比喻比較能夠闡明事情不可能是如此。我在撰寫草稿的過程中，既會添加字句也會刪除字句，只是因為增加的字數超過刪掉的字數，所以最後淨值是生成字句。後段的精簡階段情況正好相反，所以最終的字句數目會減少。因此，認為兩歲之前突觸只會生成，自此之後突觸只會被消除，是一種錯誤的想法；應該是說：前面階段的最後淨值是生成，後面階段的最後淨值是消除，不過生成與消除這兩種程序終其一生都在進行。**即使在我們進入成年期後，突觸的總數量大致保持不變，但無論生成或消除作用都還是不斷在發生。**

如果突觸生成大部分是隨機的，而突觸消除則由經驗驅動，那麼比較「豐富」的籠子豈不是應該會讓大鼠的突觸數目減少嗎？還記得葛里諾和其他研究人員的實驗結果嗎？（我在第五章曾經提及）——突觸的數目增加了。我們只能據此做出推測，下面是其中一種可能的情況：我們先假設豐富籠中大鼠腦子裡的突觸消除比率的確比較高，因為牠學習得比較多，不過接下來為了取代這些被消除的突觸，大腦會開始生成新突觸，如果生成的數目已超過補償消除的數目，那麼最後淨值就會是突觸生成。在這個推測中，突觸數目的增加是學習的效果，而不是原因。

創造性的破壞（creative destruction）這個運用矛盾修飾法的詞語，是奧地利經濟學家約瑟夫·熊彼得（Joseph Schumpeter）的經濟成長與進步理論的中心思想。前面那個「創造」指的是企業家成立新公司，後面那個「破壞」指的則是效能差的公司因破產而消滅。無論是大腦的發育、撰寫一篇文章，還是經濟的成長，都涉及創造（生成）與破壞之間錯綜複雜的交互作用；在為了演化而形成複雜的組織模式時，這兩個過程都是需要的。如果用這樣的觀點來看，以計算大腦中的突觸總數、文章裡的字數，或是經濟體中的公司數目來衡量進步的情況，其實都近乎白費工夫。**大腦的組織情況才是重點，不是突觸的數量。**

自閉症和精神分裂症

到了現在，想必你對大腦發育的複雜性理當覺得歎為觀止了吧；如此複雜的一個過程，中間有太多地方都可以出錯。若是在發育的最早階段，也就是神經元生成及遷移過程中遭到干擾，造成的異常應該是很容易看得出來的，像是小腦症或是平腦症。不過若是阻斷發生於發育後期步驟，則可能會導致連結病變（connectopathy），也就是神經連結出現障礙；患者的神經元與突觸的總數是正常的，但是它們連結的方式卻不夠理想。

還記得那座超級電腦克雷一號的故事嗎？它包含了幾萬條電線，總長達六十七哩；它第一次啟動時，整體運作都非常正常，這真的很了不起；表示建造這座電腦的工作人員成功地把每條電線都接在正確的地方。你的大腦可比它複雜得多了，裡面含有數百萬哩的「電線」，所以任何能夠正確發育的大腦都可以說是一個奇蹟。

正如我在之前所提到的，在某些罕見的個案中胼胝體未能正常發育，這種連結病變在核磁共振造影裡可以看得出來，因為正常的胼胝體應該很大。不過有鑑於我們其實還沒有清楚看見大腦連結情況的能力，絕大多數的連結病變至今仍然未被發現；等到我們找出神經連結體的科技有所進展後，這方面應該會有所發現。

先前我曾把焦點擺在自閉症和精神分裂症最令人費解的層面上：這兩種病症一直找不到明確而一致的神經病變徵象。以雙胞胎為對象的研究結果，在多年前曾讓研究者確信自閉症和精神分裂症在某個程度上和基因缺陷有關，不過數以萬計的基因裡究竟是哪些基因出了差錯呢？大多數研究人員現在懷疑諸多禍首應該多多少少和大腦發育扯上關係，自閉症和精神分裂症據說都是神經發育障礙（neurodevelopmental disorder），表示大腦未能正常生長。它們和神經退化性疾病（例如阿茲海默症），從根本上就不一樣，後者是原本正常的大腦開始崩解造成的疾病。

這些懷疑背後有些什麼證據呢？自閉症的情況比較明朗，因為它的症狀在幼兒期就會被偵測出來，不管它究竟有什麼樣的神經病變，一定是在妊娠期間或嬰兒期就已經出現了，這些時期正是大腦成長最為迅速的時候。之前我曾提到過自閉症兒童的大腦體積比平均值高一些，如果我們觀察大腦生長隨著時間推移而產生的改變，會看到更複雜的情況。自閉症兒童的大腦在出生時比平均值略小一些，從兩歲到五歲時比平均值大，到了成年期又變得和平均值差不多。換句話說，自閉症兒童的大腦生長速率是不正常的，此結果表示這是發育異常的問題，但是如果想要確鑿的證據，還需要找到在胎兒期或嬰兒期便已顯現的明確而一致的神經病變才行。

在二十世紀上半葉時，研究者並不相信精神分裂症是神經發育的問題，他們假定精神分裂者的大腦在童年時期是正常的，到了青少年後期或成年早期才開始退化，引發精神病的首度發作。然而他們卻無法找到應該伴隨腦部退化而發生的神經病變，因此不得不放棄這個假說。

如今，許多研究人員推測精神分裂症應該和自閉症一樣，是一種神經發育障礙。事實證明，許多精神分裂症患者在學習說話、行動，以及與人交往方面，都曾經有過比一般人稍微遲緩一些的情形，所以也許他們的大腦在小時候就已經有輕度異常的現象。他們的大腦發育甚至可能在母親子宮裡時就已偏離常軌，統計研究顯示：暴露於飢荒或病毒感染迫害之下的孕婦，比較可能生下日後罹患精神分裂症的孩子。

因此，以下就是研究者的想法：自閉症和精神分裂症是某些神經病變引起的，導因是不正常的腦部發育，而造成異常發育的原因則是異常基因與環境影響的某種組合。神經科學家才剛開始尋找這類基因，這可以幫助他們逐漸逼近相關的發育過程。這些聽起來相當令人振奮，但我得很尷尬地承認，最重要的問題至今仍然沒有得到答案：到底這些疾病有什麼神經病變？目前確切的數據資料沒有，理論倒是滿地都是。由於理論實在多不勝數，實在無法一一徹底審查，所以我先把焦點放在一個對我而言最合理的理論上：**自閉症和精神分裂症是連結病變**。

讓我們回顧一下，自閉症患者的大腦在幼年早期長得比正常兒童快，這種過度生長的情況在額葉皮質尤甚，高於其他腦葉區域，也許正是因為在那裡生成太多神經元之間的連結。此外，研究人員還推測這些大腦的額葉皮質與大腦其他區域之間生成的連結可能太少。

我們很苦惱地體認到這個自閉症理論其實是以顱相學證據為基礎，連用的都是顱相學方面的術語。正如我已經提過的，自閉症患者大腦變大只是統計數字，不過是個平均值；若是用大腦整體或其中某區域的大小，來診斷個別孩童有沒有自閉症，是非常不準確的。那些有關連結「太多」或「太少」的敘述，也和顱相學中「太大」或「太小」的說法一樣粗糙。如果自閉症是由連結病變造成的，與正常情況相異之處應該是出現在腦部連結的組織結構，而不是出現在整體數目。這種連結病變依目前的科技程度應該還看不到，因此我們才會到現在還無法找到明確的自閉症神經病變。

精神分裂症會不會也是連結病變引起的呢？目前最誘人的證據來自突觸消除的研究。剛才我提過成年人的突觸比嬰兒少，但是我並沒有確切描述這種減少是如何發生的。研究人員發現突觸的數量在嬰兒期時達到峰值後便迅速下降，在兒童期中大致保持不變，到了青少年期又再度快速減少。也許精神分裂者的大腦是在第二次減少期中出了差錯，這個缺陷可能並不是像突觸太少或太多那麼簡單，因為這類的神經病變依現在的科技應該可以檢測出來。說不定是不該消除的突觸被刪掉了，將大腦逼到精神病發作的邊緣。

找到明確且一致的神經病變，應該是研究自閉症和精神分裂症的中心目標。如果這些疾病都是連結病變，我們會需要跳脫顱相學的方法，也會需要神經連結體學的科技。事實上，我相信研究自閉症和精神分裂症不運用神經連結體學，就相當於研究感染性疾病卻不使用顯微鏡一樣。看到致病的微生物這回事並不是治癒病症的療法，但它會加速研發療法的過程；同樣地，找到真正隸屬某種精神疾病的神經病變這回事也不是治癒病症的妙方，但卻是朝著正確方向邁出的一步。

不過為了避免引發爭議，讓我們考慮一下相反的觀點。也許尋找神經病變根本是浪費時間，熱衷於基因體學的人士可能會說：既然自閉症是因為基因缺陷而引起的，我們就應該把重點擺在尋找這些基因缺陷，不要再浪費時間搞什麼神經連結體學了。

沒錯，基因體學的進步神速的確讓人瞠目結舌。當初基因體學的科技既緩慢又昂貴，研究人員只得把注意力放在幾個罕見的家庭，因為他們的家族史裡有許多成員為此類疾病所苦。現在的科技可以快速篩選大量人口的基因體以找出異常者，因此研究者已經在很多不同的基因上，找到與自閉症和精神分裂症相關的異常之處。這樣的進步的確振奮人心，但它仍有其局限。

基因組學能夠以高度自信的姿態，預測生來就有某些基因缺陷的孩子日後會發展出自閉症或精神分裂症，但它卻無法真正預測出絕大多數的案例，因為現在還沒有任何一個已知基因缺陷可以解釋的病例超過所有病例的一％或二％，而且大部分能解釋的比例還更低。所以就這方面而言，基因體學對於預測個體是否罹患自閉症或精神分裂症，目前仍算是無效的，就像新顱相學無法預測個人的智商一樣。

基因檢測在預測亨丁頓舞蹈症（Huntington's disease，簡稱ＨＤ）方面倒是成功得多了；這是一種神經退化性疾病，一般侵襲中年人。亨丁頓舞蹈症一開始會造成隨機而非自主性的抽搐動作，最後則發展為認知功能衰退及失智症。因為只有一個基因參與其中，所以預測亨丁頓舞蹈症比預測自閉症簡單多了。這種基因的異常版本可以經由高精確度的DNA檢測方式偵測出來，陽性結果代表個體日後將會發病，陰性結果則否。

想瞭解自閉症和精神分裂症的遺傳學是相當棘手的，因為參與其中的基因實在太多了。有一種說法，認為自閉症實際上是很多種自閉症集合的結果，其中每一種各由一個有缺陷的基因所引起，所以我們可以分別研究各個自閉症，針對每一種發展出不同的治療方法。有很多研究者正朝這個策略進行，我預期在短期內這會是最成功的方法。不過就長期著眼，還有另一個互補的策略應該也能獲得豐碩成果：**說不定是不同的基因缺陷全都會造成相同的神經病變**。我相信我們應該著眼於查明這種神經病變，並且對它展開治療。

基因體學的愛好者可能會提出爭辯，認為治療神經病變不是正確的手段，因為這麼做並未針對病因展開攻擊。如果造成精神疾病的是有缺陷的基因，我們應該採用基因療法，用好的基因副本把壞的副本替換掉。研究人員已經用實驗研究過這種策略，以基因工程方式讓動物擁有會造成腦部疾病的基因缺陷；在某些案例中，他們已藉著糾正基因缺陷的方式，在治癒成年動物上獲得顯著成效。這種研究最終可能引領出治療人類患者的方法；但是這種策略並不是每次都能成功，或者甚至可能只是部分收效。如果這個基因缺陷主要是破壞大腦目前的功能，那麼糾正它應該就能解決問題；但是如果這缺陷是改變大腦的發育過程，在過去就已經造成大部分的損害，現在才糾正它恐怕未必有夠大的幫助。

我們來打個比方，說不定可以把這個問題講得更清楚。想像你因為婚姻破裂而意志消沉，你去向一位老派的心理分析師求助，他告訴你：你的問題源自成長過程中與母親關係不佳。這也許是事實，但是洞悉這一點真的能幫助你解決問題嗎？現在你都已經長大了，就算把你的母親換成另一個養母，恐怕也不會有什麼效果吧！

說這些精神疾病是由於基因缺陷而引起的，其實是一種怪罪自己父母的時髦方式，但是要如何運用這種歷史解釋來為治療提供依據，就不是那麼顯而易見的事了。用基因療法來治療未能正常發育的成人大腦，可能就和把某個成年人的母親替換掉一樣沒有效果。

現在我們假定某種精神疾病是由於一個連結病變而造成的，想要真正治癒它需要糾正異常的連結方式。所以現在最明顯的問題就是：我們可以把我們的神經連結體改變到什麼樣的程度？做到這一點的最好方法又是什麼？

第七章
更新我們的潛力

在生命這場牌局裡，基因就是發給你的牌，你無法改變你的基因體，它是你手上非打不可的那副牌。基因體的世界觀是悲觀的，四面八方都受到限制；相對而言，你的神經連結體這輩子隨時都在改變，而且你對這個過程多少有點控制能力。神經連結體承載著可能性與潛力的最樂觀訊息。不過真的是這樣嗎？我們究竟可以改變自己到什麼程度呢？

我在第二章開頭引用的寧靜禱文，正和一段古老韻文的觀點相互輝映：

普天之下，萬般病痛
或有醫方，或無療策
有之則力求
無之則寬心

這種混雜的訊息，也會陳列在你家附近書店自我成長區的書架上。只要你花幾分鐘瀏覽一下，將會發現很多書不是教你如何改變，而是教你如何認命。如果你被說服了，同意不可能改變自己的配偶，那麼你也許會停止嘮叨，開始學著從婚姻中找到快樂。如果你相信自己的體重是由基因決定的，你可能會停止節食，重享吃的樂趣。在這個光譜的另一端，還是有像《我會讓你瘦下去，掌控你的新陳代謝》這類減肥書籍，以眩惑書名激勵你樂觀的減重意念。心理學家馬汀・塞利格曼（Martin Seligman）在他的自我成長指引書《改變：生物精神醫學與心理治療如何有效協助自我成長》（*What You Can Change and What You Can't*）當中提出悲觀主義式的實證證據：只有五％或一〇％的人真的靠節食成功達到長期減重的目標；這個數字實在低到令人沮喪。

所以改變確實是可能的嗎？對雙胞胎的研究顯示基因可能會影響人類行為，但並無法完全決定這些行為。不過，又有另一種決定論出現了，這一種以大腦為基礎，而且幾乎是悲觀的。「強尼就是那個樣子，他腦袋的接線方式和別人不一樣。」你會聽到人們這麼說，這種神經連結體決定論否定個人過了童年期之後還有任何顯著改變的可能。這種概念認為神經連結體一開始的時候可能還有塑性，但是一到成年期就固定下來了；這符合耶穌會修士的名言：「給我一個孩子，讓我教養他到七歲，我就可以還你一個男子漢。」

神經連結體決定論最明顯的言外之意，就是一歲之前應該是最容易改變一個人的時期；大腦的建構是個冗長而複雜的過程，當然早期干預的效果絕對高於之後再插手。正在修築之中的房子，會比較容易偏離建築師的原始藍圖；每個改建過屋子的人都知道，房屋一旦完工以後，想要做出任何重大改變都會變得困難許多。如果你成年後想要學習一門外語，可能過程中會覺得好辛苦，就算你成功了，恐怕最後你的發音還是沒有辦法像那種語言的母語人士那樣純正；然而小孩子學習第二語言似乎毫不費力，他們的大腦看來更具可塑性。不過這種想法真的對語言以外的心智能力也能一概而論嗎？

一九九七年，當時的第一夫人希拉蕊．柯林頓在白宮主持了一場研討會，會議名稱為：「大腦新研究透露的嬰幼兒相關資訊」，許多「零至三歲運動」的擁護者齊聚一堂，想要聽到神經科學已經證明在三歲之前早期介入確有成效的聲明。與會人士包括同樣在一九九七年成立「我是你的孩子基金會」的演員兼導演羅勃．萊納（Rob Reiner，譯注：執導作品包括《軍官與魔鬼》、《當哈利碰上莎莉》、《站在我這邊》等等），他開始製作一系列父母教養兒女原則的教育影片，首集的標題是《幼年定終生》（*The First Years Last Forever*），聽起來就是決定論的調調。

事實上，神經科學一直無法證實或否認這類聲明，因為**想要真正確認究竟大腦的哪些改變可以導致學習，實在非常困難**。所以「零至三歲運動」是否可以把「突觸生成導致學習」的新顱相學理論當成決定論的基礎呢？（為了避免爭議，先讓我們暫且忽視諸多駁斥這個理論的證據。）如果成年人的大腦中不再有突觸生成，那麼上面的答案就是肯定的；然而葛里諾與其他研究人員發現養在豐富籠子的成年大鼠神經元連結數目還是有增加現象，雖然速率比不上年幼大鼠，但仍不容小覷。還記得ＭＲＩ檢查發現學習雜耍會讓大腦皮質增厚嗎？這種增厚情形在老年人及年輕人的大腦上都可以看得到。最後還有一點，透過顯微鏡觀察突觸的結果，顯示成年大鼠的大腦中重新連結現象仍然持續進行，和我們前面所述相同。神經科學家至今仍無法證實重新連結現象會像語言學習能力那樣隨年齡增長而戲劇化下降，因此，神經連結體決定論的第一種形式：「**重**

新連結否定論」看來似乎站不住腳。

不過第二種形式也出現了，那就是「**重新接線否定論**」。大腦的「接線」是在幼年時期建立的，那時候神經元會把軸突和樹突往外延伸，但在發育過程中，也會發生分支回縮的現象。藉顯微鏡學之助，如今研究者已經可以將這些令人驚異的現象錄影下來。通常軸突的尖端會在樹突上形成突觸，突觸就像一隻手一樣把樹突抓得牢牢的；這種突觸的生成似乎會刺激軸突進一步增長，不過如果這個突觸被消除掉，軸突就會像失去支撐一樣縮回來。就一般情況而言，除非生成突觸，否則軸突的分支似乎無法穩定下來。雖然突觸生成與回縮的情形在年輕大腦中相當活躍，但持重新接線否定論調的人相信這些現象在成年大腦中會停頓下來；這些接線的突觸會重新連結，突觸也可以改變強度達到重新加權的結果，但是接線本身是已經固定的。

重新接線這部分引發各方激烈辯論，因為此作用對大腦地圖重繪似乎有其重要性，這種大腦功能戲劇性改變的現象，在腦部受傷或接受截肢後的病患身上可以觀察得到。想瞭解重新接線有何重要性，我們需要重溫一個更基本的問題：大腦各區域的功能要如何定義？

大腦的潛力

大腦各區域擁有明確定義之功能的這整個概念，無疑地仰賴於實證的事實。我們從測量神經元產生尖峰的結果，可以看出大腦中彼此鄰近（指細胞本體相鄰）的神經元傾向於具有相似的功能。你可以假想有另一種大腦，裡面的神經元散亂分布，完全不考慮各自功能的相關性；那麼對這種大腦而言，劃分區域就沒有什麼意義了。

但是為什麼在同一個區域的神經元會有類似的功能呢？原因之一是大腦中大多數的連結都是建立於鄰近神經元之間，這意味著同一區域內的神經元主要會「傾聽」彼此的動靜，所以我們可以預期它們會有相似的功能，就像我們會認為在一個只和自己人來往的群體中，眾人的意見應該不會有太大歧異一樣。不過這只是故事的一部分而已，並非全部。

大腦裡也包含一些相距較遠的神經元之間的連結，就效果而言，**同一區域的神經元除了彼此「傾聽」之外，也會「傾聽」其他區域神經元的動靜**。這種來自遠方的輸入源頭會不會帶來不同意見呢？事實上，若是這些源頭遍布大腦各處的話，的確可能如此，不過實際上它們通常只局限於數目不多的幾個區域。讓我們回到用社會來比喻的方式，你可以想像一個大腦區域就像是一群人，他們可以聽聞一些外面世界的消息，但是資訊來源是閱讀同樣的報紙、觀看同樣的電視節目；這樣的外來影響如此狹隘，並不會引發什麼歧異性。

為什麼長程連結會有這樣的限制呢？答案必然和大腦接線的組織結構方式有關。大多數區域之間並沒有軸突穿梭通過，所以它們的神經元也無法互相連結；換句話說，任何一個區域都只和特定的一組來源區域及目標區域接線。這樣的一個區域組合稱為一個連結指紋（connectional fingerprint），因為每個區域似乎都各自擁有獨一無二的組合。這個指紋對此區域的功能通常可以提供豐富情報，舉例來說，布羅德曼第3區之所以傳導身體感覺（我之前提過這個功能），是因為這個區域的接線通到從脊髓傳來碰觸、溫度、疼痛訊號的路徑上。同樣地，布羅德曼第4區之所以控制身體動作，是因為這個區域發出許多軸突通到脊髓，而脊髓又接線到身體的肌肉。

這些例子顯示：一個區域的功能在很大程度上取決於它與哪些其他區域接線；如果這是真的，改變接線就可以改變它的功能。值得注意的是，這個原則已經獲得證實，透過「重新接線」，可以讓名義上為聽覺區的大腦皮質執行視覺功能。這方面的第一步，是在一九七三年由傑拉德・史耐德（Gerald Schneider）所踏出的，他發現一種巧妙的方法，可以改變剛出生倉鼠大腦中軸突的生長路線；他先破壞大腦的某些區域，再把視網膜細胞的軸突轉向，從原本該通往的正常目標（視覺路徑，改為通向替代目的地）聽覺路徑。最後造成的效果，就是視覺訊號被送到原本掌管聽覺的大腦皮質區域。

到了一九九〇年代，米甘卡・蘇爾（Mriganka Sur）及其共同合作者開始研究這種重新接線造成的功能性後果。他們以雪貂為對象，重新進行史耐德的實驗步驟，結果顯示位於聽覺皮質部位的神經元，現在變成對視覺刺激產生反應。進一步而言，雪貂在其視覺皮質失去功能後仍然可以看得見，據推測應該就是用到聽覺皮質。這兩個證據都意味著聽覺皮質的功能已經改變為視覺了；類似的跨感官（cross-modal）可塑性在人類身上也觀察得到，例如：那些從小就看不見的盲人用指尖讀點字的時候，他們的視覺皮質會被活化。

這樣的研究結果與拉胥利的皮質「均勢論」學說一致，不過提出了一個重要的限制條件：大腦皮質區確實有學習任何功能的潛力，但前提是通往其他大腦區域的接線必須存在才行。如果皮質的每一區都和其他所有區有接線（還包括皮質以外的所有區域），那麼「均勢論」就可以在沒有任何附加條件的情況下成立了。若是接線能夠「全部通往全部」，那麼大腦豈不是可以更加靈活多變、更具彈性？也許確是如此，但是這樣的話大腦也會膨脹到驚人的大小。所有這些接線都得占用空間，也都會消耗能量；所以大腦顯然已經演化成最經濟的尺寸，這正是各個區域之間的接線為何會有選擇性的原因。

史耐德和蘇爾的實驗都是誘導年輕大腦以不同方式接線，那麼成年的大腦又如何呢？如果區域之間的接線在成年之後便固定下來，便會限制改變的潛力。反過來說，假使成年的大腦仍然可以重新接線，就會有更大的潛力，可以從受傷或疾病中恢復過來。這就是為什麼研究人員會如此迫切想知道成年後還有沒有重新接線的可能，並且也想找到能夠促進此現象的治療方式。

孤單的吉妮

一九七〇年，一位十三歲女孩引起洛杉磯地區社會工作者的重視。吉妮（化名）不會說話、有精神障礙，而且發育不良，她是駭人虐待行為的受害者，從小就被她的父親以捆綁或以其他方式關在房間裡，與外界完全隔離。她的案例引發大眾的強烈關注與同情，醫生和研究人員都很希望她能從飽受創傷的童年恢復過來，他們決心幫助她學習語言及其他社會行為。

巧合的是，法國名導演法蘭索瓦·楚浮（François Truffaut）的電影《野孩子》（*L'Enfant Sauvage*）也是在一九七〇年首映，這部片子談的是阿韋龍（Aveyron）的野孩子。這個男孩名喚維克多（Victor），他於一八〇〇年左右被人發現赤身裸體獨自一人在法國的一座森林中流浪。當時的人們花了很大力氣想要讓他變得「文明」一些，但是他始終只學會說幾個字。歷史上記載了幾個其他所謂「野生孩子」的案例，他們在成長過程中一直沒有得到人類的關愛與親情，這些野生的孩子都未能學會運用語言。

像維克多這樣的案例，顯示確實有一個學習語言及社會行為的關鍵時期存在。如果在關鍵時期被剝奪了學習的機會，這些在荒野長大的孩子之後就再也無法學會這些行為。用譬喻的方式來說，學習之門在這段關鍵時期會保持敞開，但之後就會砰然關閉並且上鎖。雖然這種解釋貌似合理，但我們對這些野生孩子所知的軼事，幾乎都沒有經過嚴謹的科學檢驗。

吉妮這個案例出現後，研究者很希望她的情況可以推翻關鍵時期的理論；他們決定好好研究吉妮，同時盡力幫助她恢復應有的狀況。吉妮的確在學習語言方面展現一些鼓舞人心的進步，然而最後研究所需的資金用光了，吉妮的生活出現悲劇性轉折，她的寄養家庭一個換過一個，情況似乎不斷退步。

差不多就在研究結束的那段期間，科學論文中記述吉妮仍在學習新的單字，但是學習語法對她而言相當吃力。根據日後流傳的說法，研究人員後來開始灰心了，預言她永遠也學不會真正的句子結構。究竟吉妮是否會有進一步的發展，我們將永遠不得而知了，但她的確對語言學習的關鍵時期提供了一些證據。不過無論她的案例多麼吸引人，又多麼令人心碎，我們還是很難據此得出確切的科學結論。

驗光師也老是會遇上一些喪失能力的案例，只是沒有那麼悲慘。單眼弱視的問題常常遭到忽視，這是由於另一隻眼睛通常可以提供清晰視力。雖然戴上眼鏡或移除白內障可以很容易地矯正這隻眼睛的問題，然而病人可能還是會覺得矯正過的眼睛看不清楚，或者有立體視盲（stereo-blind）的情形，這是因為大腦裡仍然有些地方出了差錯的緣故。（你大概已經在電影院裡試過戴上3D眼鏡，它會為兩隻眼睛提供略有不同的影像，因而造成有深度的感覺。那些用這個方法也無法看到3D的影像的人，我們便說他們有立體視盲的情形。）這種問題被專家稱為弱視（amblyopia），俗稱懶惰眼，不過這種毛病其實不僅和眼睛有關，也牽涉到大腦。

弱視這種問題的存在，顯示看得到並不是與生俱來的能力，我們也必須從經驗中學習，並且這個過程同樣有個關鍵時期。如果大腦在這個時限期間內被剝奪了某一隻眼睛的正常視覺刺激，就沒有辦法正常發育；產生的影響到了成年期後是不可逆的。不過若能及早偵測出弱視問題而進行治療，這些兒童還是可以恢復正常視力，他們的大腦也仍然具有可塑性。相反地，如果一個成年人出現單眼視力減弱的情況，並不會對大腦產生持久影響，經過視力矯正後就可以完全康復。

弱視這個問題，似乎等於為羅勃．萊納的影片標題《幼年定終生》提供了文獻上的證明；也正如「零至三歲運動」的主張，早期干預是至關重要的。從弱視的治療結果看來，大腦在關鍵時期過後，可塑性就變得沒那麼高了。但是這個結果在神經科學上能夠直接顯現出來嗎？究竟不良視力及矯正後的視力在關鍵時期會對大腦產生什麼樣改變呢？為什麼這些改變之後就不會發生了呢？

在一九六〇及一九七〇年代，大衛．休伯（David Hubel）和托斯坦．維瑟（Torsten Wiesel）開始用小貓做實驗來研究這些問題。為了模擬弱視的情況，他們遮住小貓的一隻眼睛，構成他們稱之為「單眼視覺剝奪」的條件。過了幾個月之後，他們把遮蓋物移除，測試視力，結果小貓之前被剝奪視力的這隻眼睛變得看不清楚，就像人類的弱視患者一樣。為了找出大腦發生什麼變化，休伯和維瑟記錄了布羅德曼第17區神經元產生尖峰的情形。這個大腦皮質區對視力而言很重要，它也被稱為初級視覺皮質或V1。他們先測量了每個神經元對左眼單獨提供視覺刺激所產生的反應，然後則是右眼；結果對先前被剝奪視力的那隻眼睛所提供的刺激，這一區只有極少數神經元產生反應。

V1神經元的功能由於「單眼視覺剝奪」而產生改變，這會是因為神經連結體發生改變而引起的嗎？如果我們相信連結論者的真言：神經元的功能主要是透過它與其他神經元的連結來定義，那麼上面所述會是很好的推測結果。在一九九〇年代，安東內拉・安東尼尼（Antonella Antonini）與麥可・史崔克（Michael Stryker）提供證據，指出軸突的重新接線會為V1帶來視覺訊息。每條傳入的軸突都是單眼的，這代表它只攜帶來自一隻眼睛的訊號；剝奪某一眼的視力會使它的軸突產生顯著回縮現象，而另外一隻眼睛的軸突則繼續生長。就效果而言，重新接線作用刪除了被剝奪視力那隻眼睛通往V1的路徑，生成從另一隻眼睛通到V1的新路徑。這個結果似乎可以解釋為什麼，休伯和維瑟觀察到只有極少數神經元對先前被剝奪視力的眼睛產生反應。

V1的重新接線很重要，因為它確定了神經連結體改變可能是學習的原因。由於重新接線同時生成及消除突觸與路徑，它也可以做為新顱相學概念（學習只不過是突觸生成）的另一個反例。

安東尼尼和史崔克也能解答另一個問題：為什麼大腦的塑性過了關鍵時期後便會降低？休伯與維瑟已經證明單眼視覺剝奪會引起小貓的V1產生變化，但是對成年的貓咪就沒有效果。這種改變一旦引發，在貓咪還小的時候是可逆的，然而等牠成年之後就變成不可逆了。安東尼尼和史崔克對此現象的解釋，是揭示成年者遭到單眼視覺剝奪時，V1並不會重新接線。進一步而言，如果單眼視覺剝奪早點結束，那麼在關鍵時期引發的重新接線過程是可逆的，但若結束得太晚就不是如此了。

安東尼尼和史崔克的研究，似乎等於支持早期干預的說法，這是「零至三歲運動」的建議；不過葛里諾已經指出這個主張有個重大漏洞，他曾發現豐富的環境可以促使大鼠大腦中的神經連結增加。吉妮孤單的成長經驗，就和弱視一樣，剝奪了孩子應有的正常經驗；這些案例暗示，就剝奪而言，的確有一個關鍵時期存在；然而這是否也意味著以特殊經驗來讓童年生活更加豐富，也必定有所謂的關鍵時期呢？

葛里諾和他的同僚說：事實並非如此。由於像視覺刺激及接觸語言這類經驗，在整個人類歷史上對所有孩子通常都是很容易得到的，所以大腦發育過程已經「預期」會遇到這些事，也演化成嚴重仰賴這些體驗。另一方面，像讀書這種經驗，對我們的遠古祖先而言並不是隨手可得之事，因此大腦發育過程並未演化成要依賴這種經驗。這就是為什麼，即使在童年沒有得到這類機會，但人們成年後仍然可以學會閱讀的緣故。

「零至三歲運動」真正需要的，是證明從另類經驗學習也有關鍵時期的例子，這種例子必須超過單純的剝奪程度才行。在一八九七年，美國心理學家喬治．斯卓頓（George Stratton）首開先例做了這一類的實驗。他把一具自製的望遠鏡固定在自己臉上，目鏡周圍裝設不透明的材料，確保光線不會從別的地方進入他的眼睛。這個望遠鏡設計成不會放大影像，而是顛倒影像；不但整個世界倒轉過來，連左右也像映在鏡子裡一樣變得相反。斯卓頓每天勇敢地戴著這東西十二個小時，只要一把望遠鏡拿下，他就把眼睛完全矇起來。

正如你可以想像的，斯卓頓一開始完全失去方向感，甚至覺得噁心想吐。他的動作與視覺互相衝突，想要把某個東西拿到身邊時，往往會伸出錯誤那一邊的手，因此他必須時時糾正自己改用相反邊的手；即使是像把牛奶倒進玻璃杯這麼簡單的動作，都足以讓他筋疲力盡。他的聽覺也和視覺彼此矛盾：「我坐在花園裡的時候，有個正在跟我說話的朋友開始把一些小卵石朝著我看到的某一側遠方丟去，石頭撞擊地面的聲音傳回來，卻是來自我看到它們飛過的相反方向，也和我不由自主預期會聽到聲音的方向相反，感覺真是太怪異了。」不過到了第八天，也就是斯卓頓打算結束實驗的那一天，他的行動已經變得輕鬆自在多了，視覺和聽覺也變得協調了：「舉例來說，火花的確在我看到它的地方噴濺；我的鉛筆在椅子扶手上輕敲時，聲音無疑地就是從我看到的這枝鉛筆發出來的。」

斯卓頓發現大腦可以重新校準視覺、聽覺和動作，以消除三者之間的衝突矛盾。眼科醫師也會遇到斜視（strabismus）病人有類似的校準現象；這種毛病通常被稱為「鬥雞眼」，有時可以用手術矯正眼睛的肌肉來轉動眼球。以這種方式轉動眼球方向會改變患者的視力，有效地轉動他們周遭的世界。這種轉動可以藉由一個簡單的實驗來展現效果：要求病人指向某個視覺目標，但是不讓他們看到自己指著目標的手臂。病患會一貫地指向目標物的一側，因為他們現在的動作與他們改變後的視覺有所衝突；不過如果他們在手術結束幾天後再做測試，這種指示的誤差便會減小，顯示大腦正在進行重新校準的工作。

這些患者適應斜視手術的結果後，他們的大腦究竟發生了什麼事呢？從一九八〇年代開始，艾瑞克・克努森（Eric Knudsen）與其合作者以倉鴞為實驗對象來研究這個問題。他們利用特殊的眼鏡把光線向一側偏轉，使得整個世界朝右轉了二十三度；這是模仿斜視矯正手術對病患視覺世界造成的偏轉。（事實上，類似的眼鏡有時會用來治療嚴重的斜視。）戴著這種眼鏡長大的倉鴞行動方式就觀察者看來會有些歪斜；牠們聽到聲音時，頭會轉向聲音來源的右邊，這種歪斜的動作才能讓牠們看到聲音的源頭，因為這樣能補償眼鏡造成的影像偏轉。

為了研究這種行為改變的神經基礎，克努森與其合作者仔細檢查了下丘（inferior colliculus，譯注：位於中腦）部位。大腦的這一部分會比較左耳與右耳送來的訊號，對於用聲音來推斷方向相當重要；就像布羅德曼第3區和第4區有一幅身體地圖一樣（前述的「感覺小人」及「運動小人」），在下丘這裡也有一幅外界世界的地圖。克努森與其同僚藉著記錄這個結構中神經元產生的尖峰，成功顯示下丘地圖整個改變了位置，變動方向與視覺偏斜行為的方向一致。他們還發現傳入軸突在地圖上也移動了位置，表示這種重新測繪地圖的行為的確是由於重新接線所引起的。

克努森與其合作者運用在倉鴞不同年紀時為牠戴上或移除眼鏡的方式，更進一步發現學習的關鍵時期。正常方式養大的倉鴞在成年後才戴上眼鏡，並不會造成視覺行為的改變；如果倉鴞是從小戴著眼鏡長大，早點移除眼鏡的話，所造成的偏斜行為是可逆的，要是到成年後才移除眼鏡，就沒有辦法改變了。

根據下丘和V1的例子，我們似乎可以否定成人大腦重新接線的可能性，也可以解釋為什麼成年人比較難適應變化。我在第二章中曾提過成年人經歷大腦半球切除術後恢復的情形沒有小孩子那麼好，更一般而言，肯納法則〔Kennard Principle，譯注：由神經學家瑪格麗特・肯納

（Margaret Kennard）提出」闡明：腦部在愈早期受損，功能恢復的情形就愈佳。這個法則曾遭人批評過度簡化，因為例外的情況屢見不鮮，不過裡面還是有幾分真理。這個法則是依循「重新接線否定論」的脈絡而來的，因為重新接線是重新測繪定位的一個重要機制。

在此同時，重新接線否定論的學說仍然受到攻擊。研究人員用顯微鏡長期監測活體大腦中的軸突，結果顯示成年人的大腦裡仍有新的分支生長。這個實驗仍具爭議性，但是研究者已漸有共識，認為雖然延伸出長的分支可能性也許不大，但至少短的分支是可能的。有人懷疑這種重新接線會不會就是伴隨幻肢現象發生的大腦皮質，重新測繪定位作用的成因，不過現在還沒有什麼確鑿的證據。

其他研究人員則正在挑戰關鍵時期的概念，他們認為早期剝奪之影響的可逆性，可能比之前認為的還要高。傳統的一般觀點，都認為成年之後就無法再獲得立體視覺，但是神經學家蘇珊・巴瑞（Susan Barry）在她的著作《凝神細望》（*Fixing My Gaze*）中，提及她自幼便因斜視而造成立體視盲，卻在四十多歲時獲得部分立體視覺的經過；她是藉著接受某種訓練視力的特殊療法而做到這一點的。

巴瑞的成功，表明想讓關鍵時期之經驗造成的效果逆轉並非不可能，只是相當困難。安東尼尼和史崔克似乎令人信服地證明了V1在成年後會失去改變的潛力，因為重新接線活動已經終止。這種看似直截了當的情況，最近卻屢受挑戰，因為有人發現幾種可以恢復成人V1可塑性的治療方法，例如：接連四星期服用抗憂鬱藥物氟西汀〔fluoxetine，一般比較常聽到的是它的商品名「百憂解」（Prozac）〕、治療前先在黑暗中待上十天，或者只是提供像羅森史威格那種風格的豐富環境刺激，研究人員運用這些方式來治療，似乎可以將關鍵時期延長到成年期，或者將之完全消除。

克努森與其合作者最初強調成年倉鴞無法適應偏轉的視覺世界，不過後來的實驗帶來較為樂觀的訊息。倉鴞可以依序配戴一系列的眼鏡，每一副的偏轉角度都比前一副大一些；經過一段時間後，牠們最終一樣能夠適應偏轉達二十三度的眼鏡，和年幼倉鴞所戴的眼鏡角度相同，只是小倉鴞可以一次直接應付幅度這麼大的調整。這個發現支持了一般的想法：**只要訓練的方法正確，成年人也可以學得和孩子們一樣多。**

對成年人大腦的可塑性抱持樂觀看法是目前流行的趨勢；一九九〇年代的「零至三歲運動」以成人大腦的僵硬來對照嬰兒大腦的靈活，現在擺錘又盪到另一個極端。諾曼．多吉（Norman Doidge）在他的著作《改變是大腦的天性：從大腦發揮自癒力的故事中發現神經可塑性》（*The Brain That Changes Itself: Stories of Personal Triumph from the Frontiers of Brain Science*）告訴我們一些激勵人心的故事，故事中的成年人雖遇上神經方面的問題，卻能設法達成驚人的恢復狀況。他主張大腦有極大的可塑性，遠遠超過神經科學家與醫生之前的想像。

當然，真相應該是介於二者之間。斷然否定成年人有重新接線的可能性固然不正確，不過若是加上一些條件限制的話，這種否定論調也不是站不住腳；舉例來說，我們可以把範圍限制為某些特定類型的分支，而且是從某些神經元延伸至其他神經元，或是從某些區域延伸到其他區域。此外，把重新接線視為單一現象其實是太過簡化了，其實重新接線包括大量與神經突生長及回縮相關的過程。更為嚴謹的重新接線否定論，可能會只把焦點放在這個包羅萬象術語所包含的其中一種過程而已。

既然這種否定論是有條件的，而不是絕對的，那就可以經由合適的訓練計畫來迴避它，譬如像克努森用的那些方式。目前看來腦部受傷後，會藉著釋放軸突生長機制來促進重新接線，這種機制平常是被某些分子壓制住。未來的藥物治療可能會把目標放在這些分子上，促使大腦以目前還不可能做到的方式重新接線。

我們現有的實驗技術仍然太過粗糙，只偵測得到比較猛烈的重新接線現象，這就是為什麼神經科學家只能訴諸一些相當極端的經驗，像是單眼視覺剝奪，或是斯卓頓式的眼鏡等等來做實驗。那些到現在還看不到的、微妙纖細的重新接線作用，很可能對一般正常的學習方式才是最重要的。單就對這些現象能夠提供更清楚的視野而言，神經連結體學對此領域的研究一定大有幫助。

生活愈自然，愈能促進學習

一九九九年，兩位神經科學家之間的慘烈戰爭爆發。站在拳擊場上角落之一的是衛冕冠軍：耶魯大學的巴斯可．拉基許（Pasko Rakic）；從一九七〇年代起，他的著名論文便已堅定確立了一條教義：哺乳類動物的大腦在出生後，或者至少在青春期之後，就不會再增加新的神經元。另一位則是後起之秀：普林斯頓大學的伊麗莎白．古爾德（Elizabeth Gould）；她的報告指出成年猴子的新皮質（neocortex）中出現新的神經元，讓同僚深感震驚。（大部分大腦皮質都是由新皮質組成，也就是布羅德曼測繪定位的部分。）她的發現被《紐約時報》喻為近十年來「最令人吃驚」的發現。

所以這就不難理解兩位教授的對峙情況為什麼會登上新聞頭版了。身體修復自己的能力真的令人驚歎：皮膚的傷口癒合後只會留下疤痕；所有體內器官中，自我修復能力的冠軍是肝臟，就算三分之二被切除也能長回來。如果成年人的新皮質可以增添新的神經元，那就代表大腦修復自己的力量超過任何人的預期。

到了最後，兩位角逐者都無法宣告自己是無可爭議的冠軍。「沒有新神經元」這條教義在新皮質上獲勝，然而連拉基許本人都不得不承認成人大腦中有兩個區域不斷有神經元加入：海馬迴和嗅球（olfactory bulb）。（嗅球和鼻子的關係就相當於視網膜和眼睛的關係；海馬迴則是大腦皮質中主要的非新皮質部分。）

由於新神經元通常出現在這兩個區域，即使大腦未受傷也是如此，所以想必它們和修復工作並沒有關係。也許它們可以提高學習的潛力；就像根據假設，新的突觸可以藉由提高學習新聯想的潛力來增加記憶容量一樣。海馬迴隸屬內側顳葉，「珍妮佛・安妮斯頓神經元」正是在這裡發現的。有些研究者相信海馬迴就像是記憶的「門戶」，他們推論資訊會先儲存在這裡，然後再轉移到其他區域，例如新皮質。如果事實真是如此，那麼海馬迴勢必極具可塑性，而新的神經元又會賦予它額外的可塑性。同樣地，嗅球可能也是使用新的神經元來幫助儲存氣味的記憶。

根據神經達爾文主義，突觸的消除與生成會接連發生以儲存記憶；同樣地，我們也會預期神經元的生成應該伴隨著平行發生的消除過程，這種模式對許多類型的細胞都適用。在發育過程中，全身上下都會有細胞不斷死去，這種死亡被稱為「計畫性死亡」，因為它和自殺很類似。**細胞裡天生包含自毀機制，經由適當的刺激觸發，就可以啟動這個機制。**

你可能認為你的手是經由細胞增長的方式長出手指頭；你錯了，其實是細胞透過死亡的方式，在你的胚胎手上腐蝕出手指之間的空隙。如果這個過程未能正確發生，嬰兒出生時手指就會融合在一起，不過這只是個小小的天生缺陷，可以靠手術矯正。因此，細胞死亡的作用就像一位雕刻家，負責鑿刻去除材料，而不是增添材料。

無論是大腦還是身體的情況，大致都是如此。你在子宮裡漂浮的那段期間，死掉的細胞數量大略和存活下來的差不了多少。先是生成那麼多細胞，然後又把它們殺死，看起來似乎很浪費，然而如果「適者生存」是處理突觸的有效方式，那麼可能也適用於神經元。說不定發育中的神經系統對自己去蕪存菁的方法，就是讓構成「正確」連結的神經元存活下來，並且消除未能做到這一點的神經元。這種達爾文解釋不僅適用於發育過程，也適用於成年期的神經元生成及消除，這就是我稱之為再生的過程。

如果再生對學習如此重要，為什麼大腦新皮質卻不這麼做？說不定這部分的結構需要更大的穩定性，以求保留住已經學會的東西，因此也必須接受較低的可塑性，才能達成上述要求。不過古爾德提及新皮質出現新神經元的報告在文獻上並非形單影隻，自一九六〇年代以來，一直有類似的研究結果零星發表；也許這些零散的論文中，包含一些仍與目前神經科學家的想法背道而馳的真理。

我們可以透過假設來解決這些爭議；先假定新皮質可塑性的高低程度，取決於動物周遭環境的性質。處於被囚禁狀態可能會讓可塑性急速衰退，局限於小籠子裡的生活和在野外度日相比絕對枯燥得多，想必不怎麼需要學習，所以大腦的反應就是把神經元的生成降到最低，而那些已生成的神經元可能也撐不了多久就被消除了。在這樣的情境下，新的神經元確實存在，但是數目不但很小又不斷變動，實在很難看得到，這可以解釋研究人員為何會意見分歧。生活條件愈自然便愈能促進學習及可塑性，這是完全可能的事，在這種情況下，新的神經元會變得愈來愈多。

你可能並沒有被這樣的推測說服，但它說明了從拉基許、古爾德故事可以學到的道德通則：我們對於再生、重新接線，或者其他類型的神經連結體改變，抱持一概否定論之前，應該要先以慎重態度詳細考慮。若要認真採取任何否定論，都應該加上某些條件。所以進一步而言，否定論在某些其他條件之下，也可能會不再有效。

神經科學家愈瞭解再生作用，就愈覺得單純計算新神經元數量這方法太過粗糙；我們想知道的是為何某些神經元會存活下來，其他的則被淘汰消除。在達爾文理論中，存活者會是那些設法以正確連結方式與原有神經元組成的網路結為一體的神經元；不過我們對何謂「正確」還沒有什麼概念，而且除非可以看到連結本身，不然恐怕也很難找到答案。這就是為什麼神經連結體學很重要的緣故，瞭解它，才能弄清楚再生是否促成學習，以及如何促成學習。

四R的潛力

我已經談過神經連結體的四種改變：重新加權（reweighting）、重新連結（reconnection）、重新接線（rewiring）與再生（regeneration）。這四個R在改善「正常」大腦，以及大腦患病或受傷後的痊癒上扮演重要的角色；發揮這四個R的全部潛力，可以說是神經科學最重要的目標。神經連結體決定論過去的主張，是以否定上述四個R其中之一或全部為基礎，我們現在已經知道這樣的主張並不恰當，因為它太過於簡化，除非另外附加一些條件。

進一步來說，這四個R的潛力並不是固定的。之前我曾提及大腦受傷後軸突的生長率會增加；除此之外，我們也已經知道新皮質受損後會吸引新生神經元遷移到受傷區域，變成「沒有新神經元」規則的另一個例外。受傷所引發的這些作用是由某些分子居間傳導的，這些分子正是目前研究的課題。原則上，我們應該可以透過人工方法操縱這些分子來促進這四個R，這正是基因對神經連結體發揮影響所用的方式，也是未來藥物會做到的事情；但是這四個R也會遵循經驗的導引，所以更精細的控制，應該可以靠訓練療法輔以分子操控來達成。

這個針對「改變」而訂定的神經科學進度表聽起來很令人興奮，但是它真的能讓我們步上正軌嗎？它仰賴的那些重要假設雖然有可能，但是大部分仍然未經證實。還有最至關緊要的一點：把改變心智推到最極致，真的就是改變神經連結體嗎？前面所提理論最明顯的含義的確就是如此，這些理論把感知、思想，以及其他心智現象化約成神經連結模式所產生的尖峰圖形，測試這些理論可以告訴我們神經連結體論是否真的有其道理。**促成神經連結體改變的四個R的確存在於大腦中，不過現在我們只能推測它們在學習上扮演什麼樣的角色**。以達爾文式的觀點來說，突觸、分支及神經元的生成賦予大腦新的學習潛力，這個潛力部分經由赫布加強作用而實現，使得某些突觸、分支及神經元得以存活下來，其他的則被消除掉，以清除未使用的潛力。如果我們不審慎推敲這些理論，恐怕就無法有效駕御四個R的力量。

如果想要嚴格審查神經連結體論的概念，就必須將之付諸實證研究。神經科學家迴避這個挑戰已經超過一個世紀，一直沒有真正接下這個艱鉅任務，問題所在，就是到現在還無法觀察到整個學說的中心人物：神經連結體。研究神經元之間的連結一直是個很困難，甚至不可能的任務，因為神經解剖學的方法至今只能勝任比較粗糙的工作，像是測繪定位出大腦各區域之間的連結情況。

我們就快要達成目標了，但是我們必須徹底加速整個進程。找到秀麗隱桿線蟲的神經連結體花了超過十二年的時光，想要找到像我們這種大腦的神經連結體，當然更是困難許多。在下一篇，我將探討為了尋找神經連結體而發明的先進科技，並且考量這些技術該如何有效運用於神經連結體學這門新科學。

第四篇 神經連結體學

前方有兩種未來：慾望的未來和命運的未來，然而人類的理性從來沒有學會如何將二者分開。

第八章
眼見為憑

氣味會增進食慾，聆聽能挽救關係，然而眼睛看得到的才是最實在的。我們信賴自己的眼睛會告訴我們實情，遠勝過其他感官。這只是生物學上的一個偶然嗎？只是我們的感覺器官及大腦正好以這種特殊方式演化的結果嗎？如果我們的狗狗可以用吠叫或搖尾巴以外的方式和我們分享牠們的想法，牠們會不會告訴我們：聞得到的東西才是最實在的？蝙蝠以昆蟲為主食，牠們在黑夜中憑藉超音波的回聲捕獲食物時，是否會暫停下來，思考聽得到的東西才是最真實的？

說不定我們對視覺的偏好比生物學還要基本，其實是以物理學為根基的。光走的是直線，透過水晶體時以規則方式彎曲，確實保存了物體各部分之間的空間關係。每幅影像中包含如此多的訊息，以致在電腦發展起來之前，對這些影像動手腳造假一直不是件易事。

不論究竟是基於什麼原因，眼見為憑一直是我們相信某件事的核心要素。在許多基督教聖人的生命中，能夠親眼見到上帝（不管是警示末日將臨，還是獲得內心寧靜），通常都能促發將異教徒轉化為信徒的結果。科學不同於宗教，採用的任何方法都應該奠基於對假說以實證檢驗並化為公式；不過科學也會單純因為突然目睹奇妙的現象而產生改變，也就是受視覺上的意外啟示驅動而向前邁進。**有時候，科學的重點真的就只在於有沒有「看到」這回事。**

在本章中，我將探討神經科學家為了揭開隱藏的現實而發明的工具。提到這些東西，似乎會讓人從手邊真正的主體（大腦）分心，不過我希望我能說服你事實並非如此。軍事史學家總是把眼光放在那些大膽的將軍所採取的以退為進狡猾策略，或是軍人與政治家之間令人不快的拉鋸週旋；然而就整個大局而言，這些故事的重要性，可能還比不上常被當作故事背景的那些創新科技。武器製造商透過槍炮、戰機、原子彈等等發明，早已多次改變戰爭的面貌，影響遠大於任何一位將軍的作為。

科學史學家也一樣，總是把榮耀歸於偉大的思想家以及他們的觀念突破；少有人彰顯科學儀器製造商的功勞，然而他們的影響可能更為深遠。許多最重要的科學發現，其實都是緊隨著某項發明的腳跟而來的。十七世紀時，伽利略在望遠鏡的設計上開創先河，將其放大倍率從三倍增加到三十倍；當他把望遠鏡對準木星時，發現有好幾顆衛星環繞著木星轉，這個發現顛覆了傳統認為所有天體都繞著地球轉的觀念。

一九一二年時，物理學家勞倫斯・布拉格（Lawrence Bragg）發現如何用X光來確認晶體中的原子排列方式，三年之後，他以這項成就在年紀輕輕的二十五歲便榮獲諾貝爾獎。在此之後，X光晶體學又幫助羅莎琳・富蘭克林（Rosalind Franklin）、詹姆斯・華生（James Watson），以及法蘭西斯・克里克（Francis Crick）發現了DNA的雙螺旋結構。

你有沒有聽過這個笑話？兩位經濟學家走在街頭，其中一位開口說：「嘿，有一張二十美元的鈔票掉在人行道上耶！」「別傻了！」另一位回答：「如果那真的是鈔票的話，一定早就被人撿走了。」這笑話嘲弄的是有效市場假說（efficient market hypothesis，簡稱ＥＭＨ），這個備受爭議的主張認為：沒有任何公平而必然的投資方法可以勝過金融市場的平均報酬率。（請耐心稍待，很快你就會看出這些和我們要談的究竟有什麼相關。）

當然，一定還是會有些非必然的方法能夠打敗市場；你可以瞄一下與某家公司有關的新聞故事，買下他們的股票，然後洋洋得意地等著股價上揚；不過這方法的致富可能性並不會高過在拉斯維加斯度過幸運的一夜。當然也會有些「不公平」的方法可以打敗市場；如果你在一家製藥公司工作，也許會第一個知道某種藥物剛剛成功通過臨床試驗，然而如果你根據這樣非公開的資訊買下自家公司的股票，可能會被以內線交易的罪名起訴。

這些方法都不符合有效市場假說中「公平」與「必然」的標準，所以這個假說才能堅稱沒有這樣的方法存在。專業投資者討厭這種說法，他們比較喜歡相信自己是因為夠聰明才會成功，然而有效市場假說則認為這些人若不是幸運，就是不擇手段。

支持或反對有效市場假說的實證證據都很複雜難懂，不過理論上能證明此假說的理由倒是很簡單：如果有新的資訊指出某支股票會升值，那麼第一批得知此資訊的投資者便會哄抬這支股票的價格。因此，根據有效市場假說，根本不會有夠好的投資機會出現，就像從來不會有（呃，是幾乎從來不會有啦）二十美元的鈔票掉在人行道上沒被撿走一樣。

這和神經科學到底有什麼關係呢？這裡還有另一個笑話。一位科學家說：「嘿，我剛想出一個很棒的實驗方法耶！」「別傻了！」另一位回答：「如果這個實驗方法真的很棒的話，一定早就已經有人做過了。」把笑話改成這樣以後，其實還多少是有點道理的。科學的世界裡充滿了既聰明又努力的人，很棒的實驗方法就像掉在人行道上的二十美元鈔票一樣，有這麼多科學家在旁伺機而動，哪裡還可能會有很多好東西留下來？為了讓這種主張顯得正式一點，我要在此提出有效科學假說（efficient science hypothesis，簡稱ESH）：**沒有任何公平而必然的科學研究方法可以勝過平均表現**。

科學家究竟要如何做到真正偉大的發現呢？亞歷山大・佛萊明（Alexander Fleming）發現青黴素並為它命名，是因為先發現他培養的某種細菌，意外被能夠產生上述抗生素的真菌汙染；像這樣的突破完全是無心插柳。如果你想要更可靠的方法，也許去尋找一些「不公平」的優勢還比較有用；觀察和測量方面的科技可能正符合你的需求。

當初伽利略聽到荷蘭有人發明望遠鏡的傳聞後，很快就做出了他自己的望遠鏡。他嘗試用不同的透鏡，學會如何自己研磨玻璃，最後終於成功地做出當時世上最好的望遠鏡，這些成果無與倫比地把他推上獲致那些天文發現的地位，因為他可以運用別人沒有的儀器仔細查看天空。如果你是一位需要購買實驗設備的科學家，你可以憑藉優於他人的籌款能力，買到比競爭對手所擁有的更好的儀器；不過若是你能建構一個用錢也買不到的工具，將可以獲得更具決定性的優勢。

假設你已經想出一個很棒的實驗方法，究竟有沒有人已經用過這個方法呢？你可以翻查文獻找出答案。如果先前沒有人這麼做，你最好先仔細想想究竟為什麼，說不定它根本不是個好主意。不過也有可能之前沒有人這麼做，是因為必要的技術當初並不存在；如果你現在正巧有管道可以取得適用的機器，也許就可以先鞭一著，搶在所有人之前進行這個實驗。

我的「有效科學假說」解釋了為什麼有些科學家願意花費大量時間開發新的技術，而不是仰賴那些買得到的設備：因為他們正試圖建立自己的「不公平」優勢。法蘭西斯・培根（Francis Bacon，譯注：英國著名思想家、唯物主義哲學家、科學家）在他一六二〇年的論述著作《新工具論》（*New Organon*）中寫道：

> 期望達成一件從來沒有人做到的事，是一種不切實際的幻想及自相矛盾的行為，除非用的是從來沒有人嘗試過的方法。

我要把這段名言改成更有力的說法：

> 那些從未有人做到的有價值的事，只能靠還不存在的方法來達成。

正是在新方法開始存在的那些時刻，也就是新技術被發明出來之後，我們才會看到科學發生革命。

為了找到神經連結體，我們將不得不創造出一些能夠在大視野範圍內，產生神經元與突觸的清晰影像的機器。這會是神經科學史上一個重要的新篇章；對它最恰當的評價也許並非一系列偉大的概念，而是一系列偉大的發明，每一項都克服了某個我們在觀察大腦的過程中，曾經難以逾越的屏障。現在提到大腦是由神經元組成的這回事，似乎沒什麼了不起，但是當初通往這個概念的路徑可真是迂迴曲折，原因很簡單。長久以來，想要看到神經元一直是件不可能的事。

黃色義大利麵條

安東尼・范・雷文霍克（Antonie van Leeuwenhoek）在一六七七年首度觀察到活的精子；他原是荷蘭的紡織品商人，後來變成科學家。雷文霍克的發現靠的是他自己製造出來的顯微鏡，但他沒有完全意會到這個發現的重要性；他並未證明精液中的精子（而不是其周遭的流體），才是生殖作用的行為者，他也沒有察覺受精過程就是精卵彼此結合。不過他算是為後繼研究者鋪設出一條道路，就這一點而言，雷文霍克的發現確實具有開創新紀元的劃時代意義。

在上述發現三年之前，雷文霍克曾用他的顯微鏡查看一滴湖水，結果看到一些微小的物體四處移動，他認定這些東西是活的，稱牠們為「微型動物」，並且寫了一篇關於這些生物的文章寄給倫敦皇家學會。今日的我們早就完全習慣有微生物存在的這種概念，很難想像與雷文霍克同時代的人看到這些發現會有多麼吃驚。雷文霍克的說法在當時顯得太荒誕不經，引發別人懷疑他有招搖撞騙的意圖；為了平息這些疑慮，他還寄了八位見證人簽署的證明書給倫敦皇家學會，這八位證人中包含三位牧師、一位律師及一位醫生。經過數年之後，他的說法終於獲得證實與認可，並且榮獲皇家學會授予會員資格。

雷文霍克有時被稱為微生物學之父，結果這個領域在十九世紀出現許多具有實用意義的重大發展，例如路易・巴斯德（Louis Pasteur）和羅伯・科霍（Robert Koch）發現微生物感染可引發疾病。微生物學在細胞理論的發展上是至關重要的一環；細胞理論是現代生物學的基石，在十九世紀明確成形，主張所有生物都是由細胞組成的；而微生物則是單一細胞構成的生物。

皇家學會的成員大都是有錢人，可以把很多時間投注在追求知識上，然而雷文霍克並非出身富貴，但他到了四十歲左右，已經累積了足夠的財富，可以把注意力轉移到科學上。他並沒有上過大學，也不懂拉丁文或希臘文，這位出身卑微的自學奇才，究竟是如何獲得這麼多成就的呢？

雷文霍克並不是顯微鏡的發明者，這項殊榮應該歸功於十六世紀末的眼鏡工匠。第一批問世的顯微鏡和現在的顯微鏡一樣，是結合多片透鏡組成的，但它們頂多只能放大二十至五十倍。雷文霍克的顯微只用了單獨一片透鏡，但這片透鏡效果非常強大，放大倍率可以達到前述顯微鏡的十倍以上。我們一直無法確認他究竟怎麼學會做出如此出色的透鏡，因為他對製造方法完全保密。這就是雷文霍克的「不公平」優勢：他能夠做出比競爭對手所用的更好的顯微鏡。

雷文霍克過世之後，他的方法就失傳了。之後到了十八世紀，由於技術已有增進，做出來的多透鏡顯微鏡（複式顯微鏡）比雷文霍克的顯微鏡功能更為強大，讓科學家們能夠看到更清晰的動植物組織結構，所以細胞理論在十九世紀才能夠為眾人所接受。不過這個理論卻在某個地方遇上麻煩：大腦；顯微鏡可以看得到神經元的細胞本體，以及從此處延伸而出的分支；但是科學家跟著這些分支走，才不過短短的距離就跟丟了，接著他們就只能看到一團密實糾結的東西，沒有人知道這究竟是怎麼一回事。

這個問題到了十九世紀下半葉，終於有了突破性的解決方式。一位名叫卡米洛・高爾基（Camillo Golgi）的義大利醫生發明了將大腦組織染色的特殊方法。高爾基的方法只能染色極少數神經元，幾乎絕大多數的神經元都染不上顏色，因此也無法被我們看見。圖二十六也許看起來仍然稍嫌擁擠，不過還是可以辨識出各個神經元的形狀。高爾基在科學上的競爭對手，西班牙神經解剖學家桑地亞哥・拉蒙・卡哈爾（Santiago Ramón y Cajal）畫出本書中圖一所示的圖像時，在他的顯微鏡下所看到的情形大概也差不多就是這個樣子。

高爾基的新方法是成就非凡的一大進步。想知道這種染色法有什麼了不起，不妨把神經元的分支想像成一團糾結的黃色義大利麵條。（我之前用過這個比喻，不過這個比喻用在這裡更顯貼切，因為高爾基正好是義大利人。）視力糟透了的廚師放眼望去，只看得到盤子上有一團黃色的東西，因為影像太過模糊，無法分辨出每根麵條個別的形狀。現在假定有一根黑色

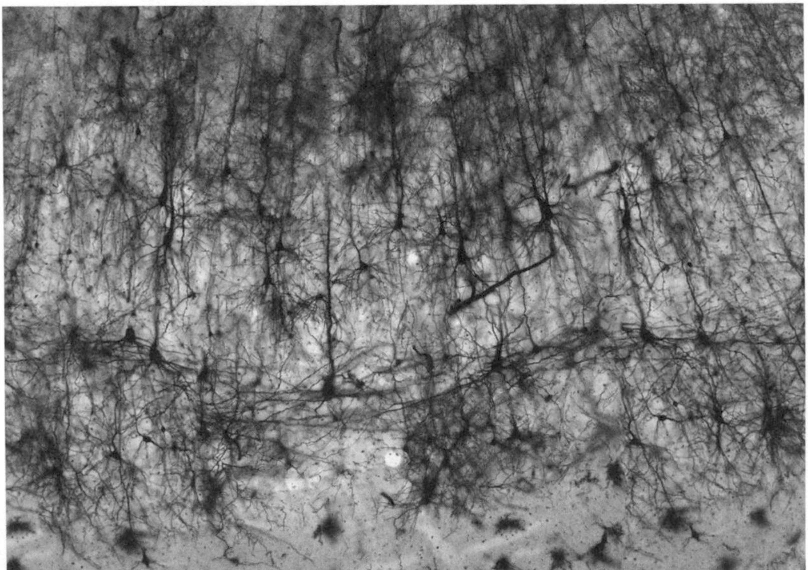

圖二十六：以高爾基法染色的猴子大腦皮質神經元。

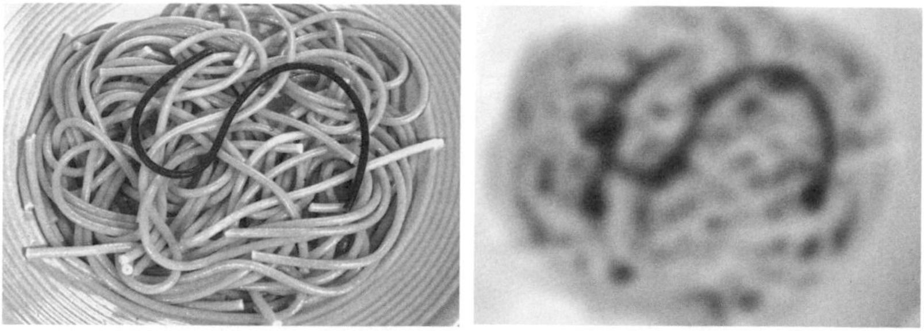

圖二十七：為什麼高爾基染色法有用：原本的義大利麵影像（左），模糊化之後的影像（右）。

的麵條混雜其中（參見圖二十七左圖），此時就算視力模糊，仍然有可能看得出這根黑麵條的輪廓（圖二十七右圖）。

就發明而言，顯微鏡似乎比染色劑引人注目，它的金屬及玻璃零件令人印象深刻，設計時還會運用到光學定律；而染色劑不但沒什麼看頭，甚至可能有難聞的氣味。染色法通常是在偶然之中發現的，並非刻意構思的結果。其實一直到現在，我們還是不知道為什麼高爾基染色法只能染上極小部分的神經元，只知道這方法真的很有用。無論如何，高爾基染色法及其他染色法在神經科學的歷史上扮演非常重要的角色；神經解剖學家很喜歡這麼說：「大腦科學上的成就大部分都仰賴於染色法。」〔The gain in the brain lies mainly in the stain，譯注：這句話仿自電影《窈窕淑女》中的知名台詞：「The rain in Spain stays mainly in the plain（西班牙的雨主要下在平原上）」，是劇中希金斯教授用來教導賣花女伊萊莎正確英語發音所用的韻文。〕高爾基染色法只是其中最有名的一種。

在適用的科技未能出現之前，科學很可能會有一段相當長的時間深陷谷底。如果沒有正確類型的數據，不管有多少聰明人正在研究這個問題，仍然幾乎不可能獲得進展。十九世紀的研究者耗盡心力想要看到神經元，但一直到高爾基發明染色法之後，他們才得償所願；這個方法很快就成了大熱門，其中成就最輝煌的是卡哈爾。一九〇六年高爾基和卡哈爾遠渡重洋到瑞典的斯德哥爾摩接受諾貝爾獎，「表彰他們對神經系統結構的貢獻」。按照慣例，兩位科學家都要發表專題演說，講述他們的研究。不過這兩位仁兄的發言內容並不是慶祝兩人共同獲得的榮譽，而是抓住這個機會攻擊對方。

其實他們兩人之前早就陷入激烈爭辯。高爾基的染色法讓世人終於看到神經元的模樣，但礙於顯微鏡的解析度有限，還是留下一些曖昧不明的疑點。卡哈爾在他的顯微鏡下看到兩個染色神經元在好幾個點互相接觸，但二者仍保持分離；但是高爾基在他的顯微鏡下卻看到神經元在這些接觸點彼此融合，結合成接連不斷的網路，形成某種超大細胞。

到了一九〇六年，卡哈爾已經說服了許多與他同一時代的研究者，相信接觸處確實有間隙存在，但大家仍然不清楚如果神經元彼此之間並非實際相連，那麼要如何彼此聯繫溝通？三十年之後，奧托．路維（Otto Loewi）和亨利．戴爾爵士（Sir Henry Dale）獲得諾貝爾獎，「表彰他們在神經脈衝之化學傳遞方式上的發現」，他們找到確鑿的證據，證明神經元可以透過分泌神經傳導物質分子的方法來發送訊息，並且藉著感測這類物質來接收訊息。這種化學突觸的概念解釋了兩個神經元如何跨越狹窄的間隙互通信息。

儘管如此，此時仍然沒有人真正見過突觸。一九三三年德國物理學家恩斯特．魯斯卡（Ernst Ruska）製造出第一具電子顯微鏡，這具顯微鏡運用的是電子，而不是光線，所以可以生成更清晰敏銳的影像；魯斯卡轉到西門子公司（Siemens）任職後，開發出商業化的產品。第二次世界大戰後，電子顯微鏡逐漸普及，生物學家學會如何把他們手頭的標本切成非常薄的切片，再用顯微鏡觀察這些切片。終於，他們看到了清晰的影像。

第一幅突觸的影像出現於一九五〇年代，畫面顯示兩個神經元並未在突觸的位置融為一體，確實有道邊界將兩個細胞隔開，有時候甚至可以看到突觸間有條極度狹窄的間隙。這些是用光學顯微鏡無法清楚看到的特徵，也是高爾基和卡哈爾未能化解爭端的原因。

有了這項新的資訊，代表勝利歸於卡哈爾這一方，或者說看起來似乎如此；不過到了最後，事實證明高爾基也是正確的。我在之前曾經提過，**除了化學突觸之外，大腦也含有電突觸**。在這種類型的突觸中，特殊的離子通道會延伸跨越兩個細胞膜之間的裂隙，功能就像隧道一樣，讓離子（也就是帶電的原子）可以從一個神經元內部跑到另一個神經元裡面。電突觸可以直接在兩個神經元之間傳送電子訊號，不需要在中間轉換成化學訊號，因此相當於把兩個細胞融合成一個連續的超大細胞，就像高爾基想像的那樣。

我把突觸的影像能夠成功呈現歸功於電子顯微鏡的發明，不過新染色劑的出現也至關緊要。使用電子顯微鏡觀察時，最明智的選擇是採用「緻密」的染色方法，這方式會把所有的神經元都標記出來。結合了電子顯微鏡和緻密染色法之後，可以看到神經科學家想像已久，但一直未能清楚目睹的東西——許多神經元分支纏繞糾結在一起的景象。高爾基染色法雖能顯示神經元的形狀，卻也給人錯誤的印象，以為神經元就像一座座島嶼一樣，周遭環繞著什麼都沒有的廣闊區域。事實上，大腦組織被神經元及其分支塞得滿滿的，就如你在圖二十八左圖看到的一樣。這幅影像類似你把一團糾結的義大利麵切開時會看到的情形，每一根麵條的切端可能是圓形或橢圓形的橫截面，就像圖中神經元分支的剖面成像。

基於物理定律，光學顯微鏡的解析度受限於光的波長，也就是幾分之一微米的大小，比這個尺度還小的細節看起來就會變成一片模糊，這個障礙稱為繞射極限（diffraction limit）。圖二十八的右圖是電子顯微鏡影像的另一個版本，用人為方式模糊化處理過，以模擬在光學顯微鏡下會看到的景象；其中神經元最細的分支橫剖面已不復清晰可辨。這就是為什麼使用光學顯微鏡時，會需要採用像高爾基染色法這種只能染出少數神經元的「稀疏」染色法的緣故。電子顯微鏡的解析能力強得多，使得它可以配合緻密染色法使用，一次同時看到所有的神經元。

然而電子顯微鏡的影像只能讓人看到二維的神經元橫切面，若想一窺神經元完整的堂皇風采，需要的是三維的立體影像。這是做得到的，我們可以使用在你家附近熟食店可以看到的那種切肉機的高科技版本機器，把大腦組織切成一片片薄片，然後

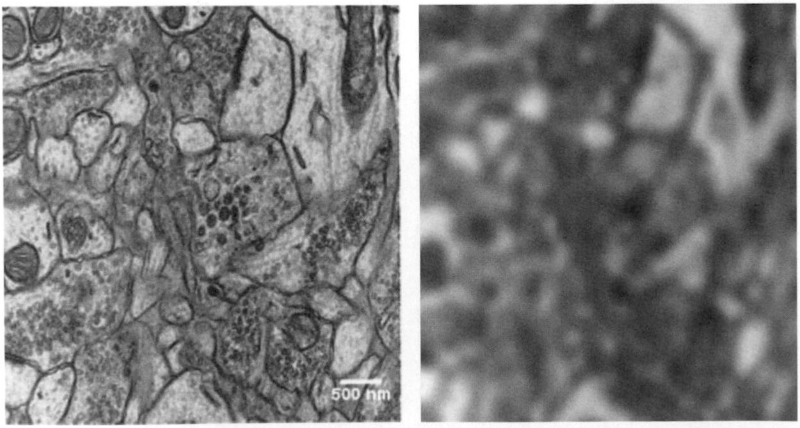

圖二十八：電子顯微鏡下的軸突與樹突橫截面影像（左），模糊化之後的影像（右）。

用電子顯微鏡為每張切片造影成像。切片這動作聽起來沒什麼了不起，但是這些切片必須只有一般火腿片厚度的幾萬分之一那麼薄，就這一點而言，我們需要的是一把最不尋常的刀子。

就像豆腐一樣

我對刀子一直有種迷戀。在我還是個幼童軍時，我得到平生第一把摺疊小刀，它有兩片品質低劣的刀片，用沒多久就鈍掉了。有個年紀比我大一些的男孩把他的紅色瑞士軍用小刀拿給我看，它除了有好幾把刀片外，還配備了好多閃閃發亮的工具，讓我嫉妒得不得了。如今我比較喜歡的是含碳不鏽鋼製的德國廚師刀。（我的狂熱還不足以讓我偏愛更加銳利但是會生鏽的刀子。）我很喜歡刀刃擦過磨刀棒發出的那種欷欷聲響，也很享受刀刃滑順切過番茄果肉的俐落感覺。

相反地，鑽石則是我永遠無法理解的東西。沒錯，它們會閃閃發光，但是一顆方晶鋯石（譯注：又稱蘇聯鑽），或者是雕花玻璃，都能產生同樣的效果。不管是淺藍色的海藍寶石，還是血紅色的紅寶石，不是可愛得多了嗎？那些美麗的色彩，絕對比鑽石的空洞透明更為熱情吧。

但是後來我認識了鑽石刀。

想要瞭解這種工具有多特別，讓我們先從一個謎語談起：一把刀和一把鋸子有什麼差別？你可能會回答：鋸子的邊緣呈鋸齒狀，而刀刃則是平滑的；或者刀子的刀身愈往上愈尖細，有尖銳的尖端，而鋸子的鋸刃頂端則是鈍的。但是這些區別在顯微鏡下都會消失不見，任何金屬刀刃，

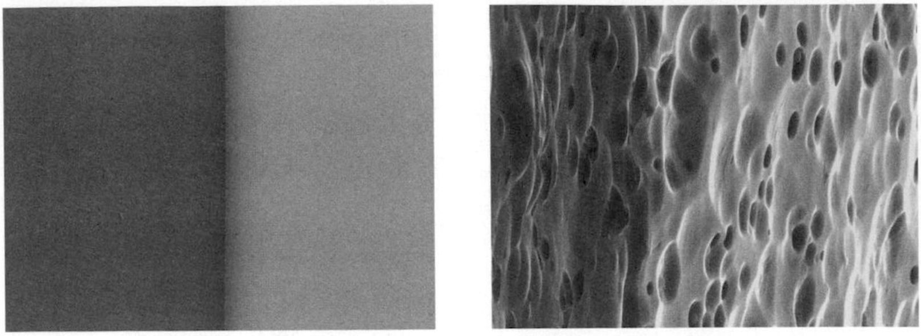

圖二十九：鑽石刀（左）與金屬刀（右）的比較。

不管肉眼看起來多麼平滑鋒利，放大以後都顯得很鈍、滿是缺口；即使是最精細打磨過的壽司刀刃，看起來也粗糙得像根狼牙棒。

但是有那麼一種刀，它千錘百煉的完美程度，經得起最貼近的嚴密檢驗。精心打磨過的鑽石刀刃，就算在電子顯微鏡下，鋒利度和光滑度還是一樣完美。它的刀刃只有二奈米（nanometer，譯注：縮寫為nm，是一公尺的十億分之一）那麼薄，或者說只有十二個碳原子並排那麼寬。小到僅有原子尺度等級的小缺口雖有可能出現，但這情形在高品質刀片上極為罕見。鑽石刀優於金屬刀的證明，在圖二十九的電子顯微鏡影像中顯而易見。

在顯微鏡學數百年悠久歷史所用過的多種刀片中，**鑽石刀是目前最先進的一種**。動植物組織的細胞結構在做成切片標本時最適宜觀察，對光學顯微鏡而言，這些切片的厚度必須細如人髮。最初這些標本都是用刮鬍刀片靠手工切出來的；到了十九世紀，發明家開發出一種機器，稱為切片機，只要把標本組織一次次朝著刀片前推一小段距離（或者反過來，把刀片靠向標本），就能切出均勻的薄片。

薄片切片機可以把標本切到只有幾微米那麼薄，這對光學顯微鏡而言已經綽綽有餘了，然而電子顯微鏡的發明，使得切片有必要切得更薄一些。基斯．波特（Keith Porter）與約瑟夫．布魯姆（Joseph Blum）於一九五三年製造出第一台超薄切片機，這種機器可以把切片切到令人瞠目結舌的五十奈米那麼薄，比人的髮絲還細上千餘倍。超薄切片機上最早裝的是玻璃刀，不過後來證明鑽石刀效果更佳；這種刀完美的銳利程度，可以讓切口乾淨俐落，而且它又相當耐用，在變鈍之前可以切出很多切片。你可能也猜想得到，大腦組織在送上超薄切片機進行切片之前，勢必要經過非常小心的處理製備過程；因為它的質地太過柔軟，就像豆腐一樣，如果趁新鮮就切片，組織可能會整個破碎潰散，因此必須將它包埋進環氧樹脂中，硬化後變成塑膠塊才能切片。

超薄切片機最初用來獲得個別的二維影像，就像本章附圖所示那樣。到了一九六〇年代，研究人員邁出理所當然的下一步，把一長串系列的多張切片影像組合起來。這種方法稱為連續電子顯微鏡（serial electron microscopy），藉著將許多切片的二維影像堆疊起來而生成三維影像。原則上，的確有可能對一塊大腦組織，甚至整個大腦所含的整體神經元與突觸造影成像，這正是我們找尋神經連結體時所需要的，然而實際上這個方法極為耗時費力。因為那些切片如此脆弱，要把它們拿起來放進電子顯微鏡裡並不是件易事，三不五時就會有切片被弄壞或是搞丟。整個過程中可以出錯的機會實在太多了，因為即使是一小片大腦，都可以做出數量極其龐大的切片。

幾十年來，我們一直沒有辦法解決這個問題，直到有位德國物理學家想到一個簡單而絕妙的主意。

來得正是時候

海德堡是個可愛的德國城市，距離法蘭克福大約有一個小時的車程，這兒看起來實在不太像是未來科技的溫床。一座半毀的城堡吸引成群結隊的遊客前來觀光，老城區的地面鋪著鵝卵石，酒吧與餐廳林立，為海德堡大學那些喧嚷吵鬧的學生提供餐食。你覺得需要深思冥想一些大道理的時候，不妨前往「哲學家小徑」（Philosopher's Walk）走走，這條山間步道俯瞰內卡河的壯麗風光，在那裡你可以吸收海德堡知識分子的精神，例如哲學家黑格爾及漢娜・鄂蘭（Hannah Arendt）。

內卡河上某座橋梁附近有棟磚造建築，它是馬克斯普朗克醫學研究所（Max Planck Institute for Medical Research），地址為雅恩街（Jahnstrasse）二十九號。這棟建築看起來毫不起眼，但它從過去到現在，已經孕育出五位諾貝爾獎得主。它是馬克斯普朗克學會（Max Planck Society）旗下八十所菁英研究所之一，而此學會可說是德國科學皇冠上的燦爛珠寶。每座研究所由幾位董事負責管理，他們每個人手中都掌控大筆預算、成群研究助理，以及一批老練的技術人員。馬克斯普朗克學會的各項決策是由它的成員，也就是該機構的數百名董事投票決定的，這是一個相當封閉排外的組織。

雅恩街二十九號的其中一位前任董事是伯特・薩克曼（Bert Sakmann），曾因他發明的膜片箝制記錄技術（patch clamp recording）而與其他研究者共同獲得諾貝爾獎，這種技術現在已成了神經生理學家的標準工具之一。薩克曼招募了物理學家溫佛里德・登克（Winfried Denk），成為研究所的新董事。

登克是個大塊頭，整個人帶著德國封建領主威風凜凜的氣勢。（這點也許沒什麼好奇怪的，因為馬克斯普朗克學會的董事在現代世界的地位，差不多也和古代的封建領主可以相提並論。）登克的風趣機智同樣讓人印象深刻；科學實驗室通常並不會吸引到什麼喜劇天才，但偶爾也會有例外。我永遠不會忘記那場才華橫溢的應用數學家研討會，充滿了關於性、毒品與搖滾樂的歡鬧即興橋段，我笑得肚子痛，笑到淚水滑過臉頰，連視線都模糊了，根本看不清楚那些方程式。登克的雋永笑談顯示他的腦袋有多麼機伶，但是想要見識他的全面風範，你得是個夜貓子才行，因為他比較喜歡遵行「吸血鬼的日常作息表」，總是晚晚起床，然後工作到隔天接近天亮的時候。其實這種經驗很不錯，算是相當值得，因為如珠的妙語與警言，通常要到午夜時分過後才能最流暢地傾瀉而出。

雅恩街二十九號的地下室裡擺了三台電子顯微鏡，機體外包覆著特殊的外殼，以避免溫度變化造成影響。真空泵將金屬室裡抽成真空，好讓電子自由飛翔其間時不會與空氣分子產生碰撞。這些顯微鏡實在有點難伺候，不管什麼時候，總是可能有一台需要維修，不過其他兩台還是可以連續幾週，甚至幾個月為大腦組織造影成像。

登克剛到海德堡的時候，早就因為是雙光子顯微鏡的發明人之一而知名於世。（我先前提到過這種工具，它可以用來觀察動物活體大腦中突觸生成及消除的現象。）改革過光學顯微鏡後，他決定要把連續電子顯微鏡技術自動化；他的想法很簡單：只要重複對標本切割露出的表面造影成像就好，不必對切片造影。

二〇〇四年時，登克將他的發明公諸於世，這個自動化系統是把一具超薄切片機安裝在電子顯微鏡的真空室裡所構成的，他把他的方法命名為SBFSEM，這是連續塊面掃描式電子顯微鏡（serial block face scanning electron microscopy）的縮寫。藉著讓電子在大腦組織標本塊上反射彈跳，就能獲得切塊表面的二維影像，接著超薄切片機的刀片又將標本塊削掉薄薄一小片，露出新的表面，然後再次造影成像。這個過程重複進行，就可以獲得一大堆二維影像，和傳統式連續電子顯微鏡得到的影像很類似。

為什麼以標本塊的切面成像會比用切片成像來得好？因為標本塊很堅實，而切片則相當脆弱。就算切片不會因為處理不當而丟失，它兩端的切面也會以不同的方式稍微變形，以致於把這些切片的二維影像堆疊起來時，產生的會是走樣的三維影像。對照之下，塊面產生的影像可能只有一點點扭曲，或者甚至沒有任何失真之處，這是因為標本塊夠堅硬，變形程度很低。

改成採用塊面來成像，使得超薄切片機可以裝設在電子顯微鏡內，將切片和成像的工作整合構成一個自動化系統。這樣的改革能夠增進整個過程的可靠性，因為去除了最容易出錯的手動過程——將切片從超薄切片機移至顯微鏡處。人手可以切割及收集的切片厚度大約是五十奈米左右，但這些切片只有二十五奈米那麼薄，是上述極限的一半。

科學家就像登山者一樣，總是努力追求拔得頭籌的機會；榮耀向來歸於發現者，而不是追隨者。不過科學也像投資一樣，你也有可能不是到得太晚，而是來得太早。登克在他二〇〇四年發表的論文上，承認早在一九八一年就已經有一位名叫史蒂芬·雷頓（Stephen Leighton）的發明家提出過類似的概念。史蒂芬的發明出現得太早，沒有辦法實際化，因為它會產生太多數據資料，遠超過那個時代的人所能處理的程度。到了登克另外獨立想出這個主意的時候，電腦已經夠先進了，有足夠的能力可以儲存這些大量數據。

所以要怎樣才能知道一個好主意來得是不是時候呢？就像投資一樣，往往要到事過境遷，有利的條件所剩不多時，情勢才會變得明朗。兩個不同的人同時提出相似的發明算是時機已到的徵象之一，不過更具代表意義的，就是出現兩種不同的發明來解決同一個問題。登克的情形正是如此，他的成果和另一個人的努力平行發展，二者的目標都是把觀察微小物件的過程自動化。

車庫裡的大腦切片機

哈佛大學裡的西北科學大樓並沒有常春藤攀附其上，它光滑的玻璃外牆完全散發不出一絲歷史的氣味，這一點對於這棟容納哈佛多項尖端科學研究的建築物而言，倒是恰如其分。進入廣闊的大廳後，你可以信步走向地下室；在你眼前出現的是一台讓人摸不著頭緒的機器：錯綜複雜的魯布哥德堡機器（Rube Goldberg contraption，譯注：指的是一種設計過度複雜的機械組合，以迂迴曲折的方式完成一些其實相當簡單的工作。）（參見圖三十）。你會覺得眼睛根本不知道該看哪裡，直到某個小小的塑膠塊開始緩慢運動，吸引你的目光。透明的膠塊透出一點橙色，裡面包覆著一個黑色的斑點，那是染色後的一片老鼠大腦。

有些其他的機件懶洋洋地轉動著，膠帶從某個轉動的捲軸拉出，再由另外一個捲軸收捲起來，呈現一九七〇年代盤式磁帶錄音機的風格。你忽然瞥見機器旁邊的桌子上還有一個捲軸，上

圖三十：哈佛大學的超薄切片機。

面有些帶子已經被拉出來了，你把它拿到燈光下細瞧，發現整捲帶子上每隔一段距離就會看到鼠腦的切片。最後你終於明白，這台機器的功能，就是藉著將切下來的一片片切片收集在膠帶上的方式，把那一片老鼠的大腦轉變成類似電影膠捲的東西。

切割切片這回事本身挑戰性就已經夠高了，怎樣把這些切片收集起來則是更麻煩的問題。每一個業餘的廚師都知道，薄薄的切片通常會黏在刀子上，才不會整整齊齊地落到砧板上。傳統式超薄切片機解決這個問題的方式是使用水槽，刀片固定在水槽其中一道邊緣上，所以切下來的薄片會乖乖攤平在槽中水面上，接著操作者將切片從水中一片片撈上來，送到電子顯微鏡處造影成像。過程中若有失手之處，可能會導致切片產生討厭的褶皺，或是損失所有的切片。

哈佛的超薄切片機和那些傳統的機器一樣，運用水槽把腦組織的帶狀切片拉離刀片。不過哈佛的裝置裡多了一項元件：膠帶，這捲膠帶會升出水面，作用有如輸送帶。（圖三十一照片底部可以看到膠帶，你也許可以辨識出有兩片老鼠大腦切片頭尾相接，形成垂直帶狀位於膠帶上方正中央。）每一片切片會黏在移動的膠帶上，被帶離水面進入空氣中，然後迅速乾燥。最後的結果，就是一組脆弱的切片黏在比較厚、也比較強韌的膠帶上，再用捲軸收集起來。這個過程最重要的特色，就是沒有人為錯誤的可能，因為操作者永遠不需要靠手動處理切片。而且膠帶非常堅韌耐用，幾乎是牢不可破。

第一台ATUM，也就是自動膠帶收集超薄切片機（automated tape-collecting ultramicrotome）的原型，是在更簡陋的環境中製造出來的，那是遠在千哩之外，洛杉磯附近阿罕布拉市的一座車庫裡。它的發明者肯・海華斯（Ken Hayworth）長得高高瘦瘦，戴著眼鏡，走路時步伐堅定有力，言談中充滿熱情。他是美國太空總署噴射推進實驗室的工程師，負責製造太空船的慣性導航系統。後來他決定轉換跑道，註冊就讀南加州大學的神經科學博士學位計畫。海華斯向來精力充沛，這也許可以解釋為什麼他還能利用空閒時間，在自家車庫做出為大

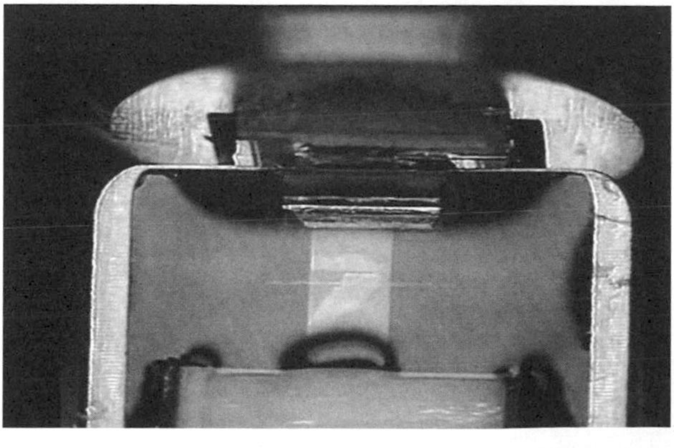

圖三十一：剛切下來的大腦切片，被升出水面的膠帶收集起來。

腦切片的新機器。

一開始的原型機切出來的切片有十微米厚，對電子顯微鏡而言太厚了，但是這台機器已經展示出整個基本概念。有一天，海華斯意外地接到一通電話，打來的人是傑夫．李奇曼，哈佛大學研究突觸消除的專家，他打電話來的目的是建議兩人可以合作。於是海華斯到哈佛開了一家店，製造出另一台可以切出厚度五十奈米切片的ＡＴＵＭ，這是傳統超薄切片機可以做得到的厚度。李奇曼不斷慫恿海華斯繼續改進，最後他的機器終於可以切出厚度三十奈米的切片。為了要將這些切片造影成像，海華斯又和納拉亞南．「巴比」．卡斯圖里（Narayanan "Bobby" Kasthuri）聯手合作，兩人結為相當搞笑的奇特搭檔。其他實驗室的成員常開玩笑說卡斯圖里看起來像個瘋子，因為他有一頭狂野的頭髮，還有一堆更狂野的故事，不過實際上海華斯才是真正瘋狂的那個人。（之後我會再提到更多圈內人才知道的笑話。）他們和另外一位研究員理查．夏雷克（Richard Schalek）用一台掃描式電子顯微鏡來造影成像，也就是登克修改過的那種儀器。

登克的發明消除了收集切片的需求，海華斯則是讓收集的過程變得更可靠；其他發明家也致力於他們自己的方案，來改進切割和成像的過程。舉例來說，葛蘭姆．諾特（Graham Knott）提出如何用離子束把標本塊頂端幾納米厚的一層汽化，這種技術和登克所用的類似，只是不需要用到鑽石刀。我預料接下來會是連續電子顯微鏡的黃金時代，上述這些發明只不過是開端而已。

隨著黃金時代而來的，則是神經科學的新挑戰：資訊過多的年代。僅僅一立方公釐的大腦組織，就可以產生一千兆位元組（petabyte，簡稱ＰＢ）的影像數據，相當於包含十億張相片的數位相冊。老鼠的整個大腦是上面那塊腦組織的一千倍，人類大腦又比老鼠再大上一千倍。所以只靠在切割、收集和成像方面的改進，仍不足以讓我們找到神經連結體。為每一個神經元和每一個突觸成像會產生的資訊洪流，完全超出人類可以理解的能力範圍。為了找到神經連結體，我們需要的不僅是能製造影像的機器，也需要能看到影像的機器。

第九章
跟著線索走

古希臘人傳述的故事中，說到米諾斯國王為了自己而把一頭美麗的白色公牛留下來飼養，沒有交出去當作獻給諸神的祭品。眾神對他的貪婪極度憤怒，為了懲罰米諾斯，便讓他的妻子對那頭公牛瘋狂產生慾望，因而生下了米諾陶洛斯——有兩條腿和兩隻角的怪物。米諾斯把妻子生下的吃人怪物囚禁在迷宮中，這座迷宮是由才華橫溢的偉大工程師代達羅斯所建造的。最後，來自雅典的英雄特修斯進了迷宮，殺死米諾陶洛斯，並且循著他自己進來時沿路留下的一條線，找到走出迷宮的路徑。這個線團是他的情人，也就是米諾斯的女兒阿麗雅德妮之前給他的。

神經連結體學讓我想起這個神話。大腦就像故事裡的迷宮，必須應付那些破壞性情緒（例如貪婪與慾望）帶來的後果，但也會遇上像才華與愛情這類鼓舞人心的行為。請試著想像你自己沿著大腦的軸突與樹突往前走，有如特修斯在迷宮的蜿蜒通道中行進一樣。也許你是一個蛋白質分子，坐在一輛分子機車上，沿著分子小徑往前奔馳。你將經歷長長的旅程，從你的出生地細胞本體，被運送到你的目的地：軸突所能抵達的最遙遠區域。你耐心地坐在車上，看著軸突的內壁從旁不停掠過。

如果這趟旅程聽起來還滿吸引人的，請容我邀請你踏上虛擬的版本。你會在大腦的影像中（而不是大腦本身）旅行；你將沿著軸突或樹突的路徑，穿越整疊用第八章描述過的機器收集而來的影像，這是尋找神經連結體時務必達成的任務。**為了測繪定位出大腦的連結，你必須看到哪些神經元以突觸相連結，想要做到這一點，一定得瞭解這些「接線」的走向。**

然而，為了找到完整的神經連結體，你將不得不去探勘大腦迷宮裡的每一條通道。只為了測繪定位僅僅一立方公釐大的區域，你必須行經總長達數哩的神經突，艱苦看完上千兆位元組的影像。這種既耗費心力又需要小心翼翼的分析工作是不可或缺的過程，如果對這些影像只有短暫一瞥，你將得不到任何資料。這種科學的風格似乎和伽利略發現木星的衛星，或是雷文霍克對精子的驚鴻一瞥相去甚遠。

時至今日，我們那種「眼見才算科學」的觀念，已經被目前的科技延伸到最大限度。現在已經不可能有任何一個人，可以獨自把那些自動化儀器收集的所有影像全都弄清楚。不過如果這個問題是科技造成的，說不定科技也同樣能夠解決它。也許電腦可以透過這些影像，來追蹤所有這些軸突和樹突的路徑；若是我們的機器可以替我們完成大部分的工作，那麼我們就有希望能夠看到神經連結體。

處理巨量數據的問題並非神經連結體學所獨有。世界上最大的科學計畫是大型強子對撞機（Large Hadron Collider，簡稱ＬＨＣ），它的環形管道建在地下一百公尺深處，長達二十七公里的隧道中，位置介於日內瓦湖與侏羅山之間。大型強子對撞機可以把質子加到極大的速度，然後讓它們互相撞個粉碎，用來探查基本粒子之間的作用力。這個環形管道上的某個位置裝設了巨大的儀器，稱為緊湊緲子螺線管（Compact Muon Solenoid），它是設計用來偵測每秒十億次的碰撞，然後電腦會自動檢視所有數據，從中篩選出每秒一百組數據。雖然只有有趣的事件才會被記錄下來，但是它們的數據資料仍以洶湧的速率奔流而至，而且每次事件產生的數據量都超過一百萬位元組；這些數據會傳送到世界各地超級電腦所構成的網路上以供分析。

若想找到哺乳類動物大腦的整個神經連結體，我們需要的顯微鏡，產生影像數據的速率必須超過觀察LHC的機器才行，然而我們分析數據的速率夠快嗎？跟得上嗎？那些收集編整秀麗隱桿線蟲神經連結體資料的科學家們，也遇過類似的挑戰；令他們吃驚的是：分析影像的辛苦其實大過收集數據所需耗費的心力。

秀麗隱桿線蟲

一九六〇年代中期，南非生物學家西德尼．布倫納（Sydney Brenner）看到了運用連續電子顯微鏡測繪定位出小型神經系統中所有連結的可能性，當時神經連結體這個名詞還沒有發明出來，於是布倫納將此任務命名為「神經系統重建」。當時布倫納在英國劍橋的MRC分子生物學實驗室工作，他和實驗室的其他夥伴建立了在遺傳學研究上，將秀麗隱桿線蟲做為標準動物的原則。後來這種線蟲變成第一個定出基因體序列的動物，如今已有數以千計的生物學家以秀麗隱桿線蟲為研究對象。

布倫納認為秀麗隱桿線蟲說不定也可以幫助我們理解行為的生物學基礎；這種動物會做一些標準的事，像是覓食、交配、產卵，對某些刺激也會產生意料之中的反應。舉例來說，如果你碰觸牠的頭部，牠會往後退縮，然後游走。現在，假設你找到一條做不到某一種標準行為的線蟲，如果牠的後代遺傳到一樣的毛病，你就可以假定這是因為基因缺陷而引起的，並且試著確認問題源頭的位置。這種研究可以闡明基因與行為之間的關係，單是做到這一點就已經值回票價了，但是我們還可以藉著檢查這種突變種線蟲的神經系統來提高賭注，說不定有人能夠辨識出有缺陷的基，因破壞了哪些特定的神經元或路徑。在包括基因、神經元，和行為等所有這些層面上研究這種線蟲，前景似乎相當看好，聽起來就令人興奮；但是整個計畫的樞紐，卻是布倫納手頭沒有的東西：正常線蟲的神經系統地圖。少了這一樣，恐怕很難分辨出突變種線蟲的神經系統有什麼不同。

布倫納知道在二十世紀初，德裔美籍的生物學家理查．哥德施密特（Richard Goldschmidt）曾經試圖測繪定位另一種蠕蟲〔蛔蟲（Ascaris lumbricoides）〕的神經系統。哥德施密特的光學顯微鏡解析度不夠，無法清楚看到神經元分支或是突觸的模樣；於是布倫納決定用和蛔蟲類似的秀麗隱桿線蟲來試試看，不過要採用更優越的科技：電子顯微鏡及超薄切片機。

秀麗隱桿線蟲只有一公釐長，比蛔蟲小很多；後者可以在人類宿主的腸道裡長到一呎長。把像一根微形小香腸的線蟲轉換成薄到可以在電子顯微鏡下觀察的切片，應該只需要切下少少的幾千刀就可以了。布倫納團隊中的一位成員尼可．湯姆森（Nichol Thomson）發現想要在切片一整條線蟲時不犯任何一點錯誤，根本就是不可能的事，這完全要歸咎於「尚未自動化切片過程」的

圖三十二：秀麗隱桿線蟲切片。

技術性困難。不過湯姆森表示，他可以做到讓一條線蟲的大部分切片不出錯，於是布倫納決定把幾條線蟲的片段切片影像組合在一起；這是一個合理的策略，因為這種線蟲的神經系統相當標準化。

湯姆森將多條線蟲切片，直到他已做到涵蓋線蟲軀體的每一個部位至少一次為止，然後把這些切片一片接著一片放到電子顯微鏡下造影成像（參見圖三十二）。經歷這樣耗時費工的過程，最後終於得到代表秀麗隱桿線蟲整體神經系統的一整疊影像，這條蟲子的所有突觸就此呈現。

你可能會認為，此時布倫納和他的團隊已經大功告成，難道神經連結體指的不就是整體的突觸嗎？事實上，他們做到這樣也只是剛開始而已。雖然可以見到所有的突觸，但是仍然看不出它們的組織方式。就實際狀況而言，研究人員收集到的有如一袋亂七八糟的突觸，**如果要找到神經連結體，他們需要整理清楚究竟哪個突觸屬於哪個神經元**。這回事從單獨一張影像上是看不出來的，因為上面只有神經元橫截面的二維影像；不過如果他們能夠跟著單一神經元的連續橫截面走，穿越一連串依序排好的影像，就可以確認哪些突觸是屬於它的。如果對所有神經元都能完成這樣的工作，那麼神經連結體就算是被找出來了。換句話說，布倫納的團隊將會明瞭每個神經元各自和哪些神經元連結。

我們要再一次把線蟲想成一根小香腸，不過這回請在腦海裡想像這根香腸裡塞滿了義大利麵，這些麵條就是牠的神經元，我們的任務則是追蹤每一個神經元走過的路徑。既然我們沒有X光眼，那就得要求肉販把香腸切成許多薄片，然後我們再把所有切片平攤，一片片追蹤查看，把每根麵條的剖面在各個切片上的位置對應起來。

如果希望這樣的追蹤工作沒有誤差，這些切片必須非常薄，薄到小於一根麵條的剖面直徑。同樣地，秀麗隱桿線蟲的切片厚度也必須比神經元分支的直徑還小才行，這些分支的直徑可能會小於一百奈米；湯姆森切出來的切片厚度大約是五十奈米，剛好夠薄，可以很篤定地追蹤到大部分的神經元分支。

約翰．懷特（John White）是一位電子工程師，他本來想要把這些影像的分析結果用電腦處理，但是當時的電腦科技太過原始，無法做到。懷特和另一位名叫艾琳．索斯蓋特（Eileen Southgate）的技術人員只得採取人工分析的方式，把同一個神經元的橫截面標上相同的數字或字母，就像圖三十三中的那兩幅影像那樣。想要從頭到尾追蹤某個神經元，研究人員就得反覆在連續的影像中把相對應的橫截面標上相同符號；這就像特修斯在迷宮中，把阿麗雅德妮給他的線一

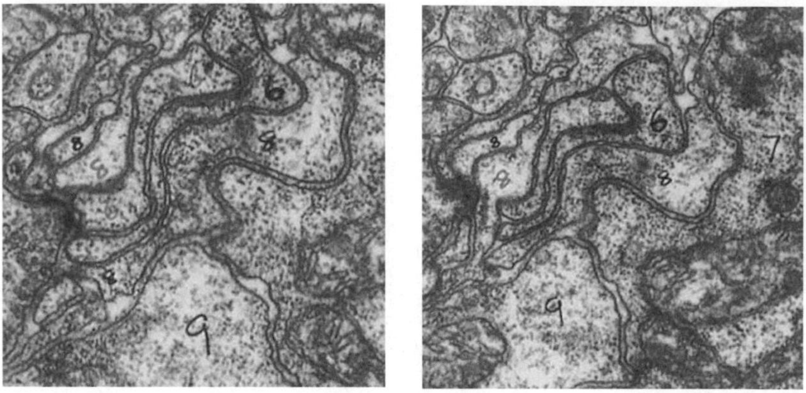

圖三十三：在連續切片中把相對應的橫截面標示出來，以追蹤神經元的分支。

段段放出去一樣。等到所有神經元的路徑都已經追蹤出來，他們又回來研究每個突觸，記下與這個突觸相關的那些神經元的代表字母或數字。秀麗隱桿線蟲的神經連結體就是這樣慢慢現身的。

一九八六年，布倫納的研究小組出版了神經連結體的論文，占了《倫敦皇家學會哲學會刊》（*Philosophical Transactions of the Royal Society of London*）一整期的篇幅；這個學會正是好幾世紀之前接納雷文霍克成為會員的機構。這篇論文的標題是〈秀麗隱桿線蟲的神經系統結構〉（The Structure of the Nervous System of the Nematode Caenorhabditis elegans），但是各頁上方的頁首短標卻是更簡潔有力的「線蟲的心智」。正文的本體是六十二頁的開胃菜，主菜則是長達二百七十七頁的附錄，描述了線蟲的三百零二個神經元，以及這些神經元的突觸連結。

正如布倫納原本的期望，結果秀麗隱桿線蟲的神經連結體對於瞭解線蟲行為的神經基礎真的很有用；舉例來說，它可以幫助確認重要行為（像是頭部遭碰觸時便趕快游走）的神經路徑。然而布倫納原本的野心只實現了一小部分，倒不是因為得到的影像不夠；湯姆森已經收集很多來自許多線蟲的影像，其實他真的也為一些有各種基因缺陷的線蟲造影成像，但是分析這些影像，以偵測神經連結體是否有符合假設的異常之處實在太耗時費力了。布倫納則是想要開始研究這個假說：線蟲的「心智」差異源於牠們的神經連結體差異；但是他未能做到這一點，因為他的團隊只找到單獨一個神經連結體：正常線蟲的神經連結體。

發現神經連結體（即使只找到一個），這件事本身就是一項不朽的偉大成就。分析這些影像耗費了研究人員從一九七〇到八〇年代、超過十二年心血，遠比切片及成像的工作辛苦得多了。

大衛．霍爾（David Hall）是另一位研究秀麗隱桿線蟲的先驅，他已經把這些影像放到網路上，讓大家都可以看到，儼然構成這種線蟲的精彩資訊寶庫。（這些影像到現在絕大多數都還沒有被分析過。）布倫納的研究小組多年的辛勞宛如警世金言，有效地嚇阻其他科學家：「請勿輕易嘗試。」

這種情形到了一九九〇年代開始有所改善，因為電腦已經變得更便宜，功能也更強大。約翰．菲亞拉（John Fiala）和克麗絲汀．哈里斯（Kristen Harris）寫出一個軟體程式，能夠輔助人工重新建構神經元形狀的工作。電腦會在螢幕上顯示影像，讓操作人員能夠用滑鼠在上面畫線；這種操作方式，任何曾經用電腦畫過圖的人都很容易上手。此程式的這種基本功能後來擴充到讓操作者能夠在追蹤神經元時穿越整疊影像，並且可以畫出每個神經元橫截面的邊界輪廓線。操作者進行工作時，會在這疊影像中的每一幅畫上許多輪廓線，電腦則持續追蹤屬於每個神經元的橫截面輪廓，把線內的範圍著上顏色，顯示出操作者的勞動成果。每個神經元塗的顏色不一樣，所以整疊影像堆疊起來，就像是一本立體著色畫本。電腦還可以讓神經突的各個部分以三維的立體方式呈現，就像圖三十四所示的影像。

有了這個程序的幫助，科學家工作時的效率可以遠遠超過布倫納研究小組進行秀麗隱桿線蟲計畫時的表現。如今影像能夠整齊地儲存在電腦裡，所以研究人員不再需要處理成千上萬的照相底片；此外，使用滑鼠也絕對比手拿簽字筆一張張做標記輕鬆多了。不過儘管如此，分析影像卻仍需要人類的智慧，而且一樣非常耗時。哈里斯和她的同僚運用他們研發出來的軟體，重新建構極小塊的海馬迴和新皮質，過程中發現了許多和軸突及樹突有關的有趣事實。然而這些小塊實在太小，裡面包含的只是神經元的微小片段，沒有辦法運用這些資料找出神經連結體。

根據這些研究者的經驗，我們可以推斷：僅僅對一立方公釐的大腦皮質進行人工重新建構工作，可能就需要一百萬人年（person-year，譯注：在此為工作量單位，「一人年」表示一個人一年的完全工作

圖三十四：以人工方式重新建構的神經突片段立體影像。

量），遠比收集這些電子顯微鏡影像所耗的時間長得多。從這些令人氣餒的數字看來，很明顯地，**神經連結體學的未來操控在影像分析的自動化。**

機器學習

理想情況下，我們希望有一台電腦（而不是一個人），來負責畫出每個神經元的輪廓線。然而有一點很令人驚訝：目前的電腦其實並不是很擅長偵測物件的輪廓，甚至連那些對我們而言再明顯不過的外形也是如此；事實上，電腦對任何視覺任務都不是很能勝任。科幻電影中的機器人一出場總是東張西望，馬上可以辨識場景中的物體；但其實人工智慧（artificial intellegence，簡稱ＡＩ）的研究者到現在都還在努力，設法讓電腦具備最起碼的視覺辨識能力。

一九六〇年代，研究者把相機和電腦搭上線，企圖打造第一個人工視覺系統。他們試著寫出程式，想讓電腦把影像轉換成線條畫；這是每一個漫畫家都做得到的事。他們原本以為這件事不費吹灰之力，只要根據外形的輪廓線，應該就能辨認出線條畫裡的物體；結果到了這個節骨眼，他們才明白原來電腦識別邊緣的能力這麼糟糕。即使把影像複雜度縮減到只像兒童積木堆那麼簡單，對於電腦而言，偵測這些積木塊的輪廓仍是一大挑戰。

為什麼這項任務對電腦會那麼困難呢？邊界輪廓偵測的某些微妙之處，從一個知名的錯覺圖案〔卡尼薩（Kanizsa）三角形（圖三十五）〕可以窺見端倪。大多數人在這個圖案中，會看到有個白色三角形疊在一個黑三角框及三個黑色圓圈上，不過這個白色三角形究竟是不是錯覺，一直

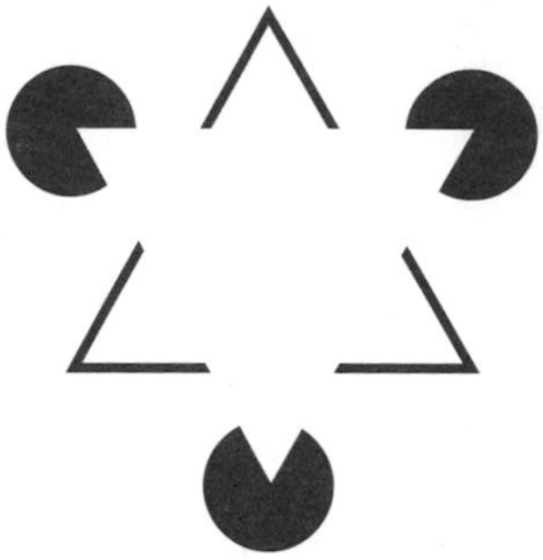

圖三十五：卡尼薩（Kanizsa）三角形的「錯覺輪廓線」。

是個疑問。如果你只看白色三角形的其中一角，用一隻手把圖像的其餘部分擋住，你會看到一個被吃掉一部分的圓派（或者是小精靈，如果你還記得那個在一九八〇年代風行一時的電玩遊戲的話），而不是看到一個黑色圓圈。如果你用雙手把其餘圖像部分擋住，看著其中一個V字形的話，你將不會再看到白色三角形某一邊的輪廓線，那是你原本以為看得到的東西。這是因為白色三角形的大部分邊緣其實都和背景顏色相同，亮度也沒有差別；你的心智在背景添加了其他形狀時，會自動填補缺失的邊線，並且感知這個三角形是疊在最上面。

　　這種錯覺圖像也許過於人工化，似乎對正常視覺沒什麼重要性，不過就算在真實物體的影像中，背景對輪廓感知的精確性其實也是不可或缺的東西。圖三十六左側的第一張照片，是神經元的電子顯微鏡影像其中一部分的放大圖，這張上面看不出什麼邊界輪廓的跡象。之後的照片顯示了更多周圍環境的像素後，正中央的邊界線就變得比較明顯。偵測得到邊界輪廓，才能導致正確解讀影像（倒數第二張照片）；錯失了邊界輪廓線，則會導致將兩個神經突錯誤地合併在一起（最後一張照片）。這種錯誤叫做合併錯誤（merge error），就像是小朋友在著色畫冊上用蠟筆把兩個相鄰區域塗上同樣顏色一樣。另外一種是分開錯誤（split error，並未在圖中顯示），則像是用兩種不同顏色的蠟筆為同一個區域上了色。

當然，這類模糊不清的情況算是比較罕見，圖中所示的情形，大概是因為染色劑未能滲透組織的這個部位所造成的。在影像其餘部分的大多數地方，即使放大來看不難分辨究竟有沒有輪廓線存在。在情況比較簡單的部位，電腦確實能夠做到精確偵測出邊界輪廓，但它們在少數一些較困難的地方仍然表現得相當笨拙，這是因為電腦在運用背景資訊上，並不像人類那麼熟練。

如果我們想找到神經連結體，邊界偵測（boundary detection）並不是電腦唯一需要表現得更好的視覺任務，還有另外一個任務也和辨識能力有關。現在有許多數位相機已經聰明到可以定位並聚焦於場景中的人臉，不過有時候它們還是會把焦點錯放在背景中其他物體上，這表示這些相機辨識人臉的能力還沒有人類那麼強。就神經連結體學而言，我們希望電腦有能力執行某個類似的任務，而且還需要做到完美無瑕，這種任務就是：**檢視整組影像，並且找到所有的突觸**。

為什麼我們到目前為止，還沒有辦法做出視覺像人類那麼好的

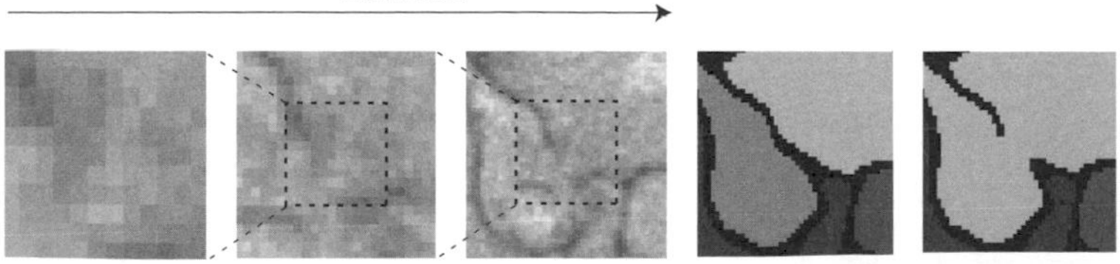

圖三十六：背景對邊界偵測的重要性。

電腦呢？在我看來，那是因為我們的視覺實在太厲害了。早期的人工智慧研究者，把重點放在複製那些對人類而言需要相當費力才能擁有的能力，像是下棋或證明數學定理，結果出乎我們的意料之外，這些能力對電腦而言並不是難事。IBM的超級電腦「深藍」在一九九七年便擊敗世界西洋棋冠軍蓋瑞・卡斯帕羅夫（Garry Kasparov）。與下棋相較，視覺似乎簡單得一如兒戲：我們只要一睜開眼睛，馬上就能看到周遭的世界。也許正是因為這件事對我們而言不費吹灰之力，讓早期人工智慧研究者完全沒有預料到視覺對機器來說會如此困難。

有時候，在某方面最擅長的人，會是同樣那方面最糟糕的老師。他們自己可以想都不用想便不自覺地完成任務；此時如果有人要求他們解釋是怎麼做到的，恐怕他們根本說不出個所以然。我們對視覺都是這樣的行家，因為向來都能輕鬆做到，所以無法理解別的個體為什麼不行。基於這些原因，我們在教導「怎麼看」這件事，鐵定是糟透的老師。幸運的是我們從來不必教導這樣的東西，除非我們的學生是電腦。

近年來有些研究人員已經放棄「教電腦怎麼看」這種工作，為什麼不讓電腦自己教自己呢？我們可以先收集數量龐大的人類執行視覺任務實例，然後設計程式，讓電腦模仿這些例子。如果電腦成功了，它就能「學會」這種任務，不需要任何明確的指令。這種方法稱為**機器學習（machine learning）**，**是電腦科學很重要的一個子領域**，這方面的研究已促成具備辨識人臉能力的數位相機誕生，也在人工智慧方面達成許多其他成就。

世界各地的幾座實驗室，包括我自己的在內，都採用機器學習方式來訓練電腦看到神經元。我們一開始用的是菲亞拉和哈里斯開發的那一類軟體，由人類手動重新建構神經元的形狀，然後把結果當成例子來讓電腦模擬仿效。維藍・詹恩（Viren Jain）和斯瑞尼・圖拉加（Srini Turaga），是我剛開始進行這方面工作時手下的博士生，他們設計出一些方法，藉著測量電腦與人工建構結果的不一致程度，用數字來為電腦的表現「分級」。電腦會設法提高自己在練習例子裡得到的「分級」分數，因而學會如何看出神經元的形狀。等到電腦以這種方式訓練完成後，我們便會將還沒有經過人類手動重新建構的影像，交給電腦去執行分析任務。圖三十七顯示的是，由電腦重新建構出來的視網膜神經元。這種方法雖然還處於起步階段，但已經達到前所未有的精確度。

即使有了這些進步，電腦還是會犯錯；我對於機器學習的應用可以繼續減少錯誤率很有信心，但是隨著神經連結體學領域的發展，我們要求電腦分析的影像尺寸勢必會愈

圖三十七：由電腦自動重新建構的視網膜神經元。

來愈大，即使錯誤率會下降，但是錯誤的數量淨值還是會很大。所以在可預見的將來，影像分析永遠不可能百分之百完全自動化，我們永遠都會需要人類智慧的某些元素，不過過程的進行速度將大大提高。

增強人類智能

最先想出透過滑鼠和電腦互動這個主意的人，是已成傳奇的發明家道格．恩格巴特（Doug Engelbart），但是直到一九八〇年代，個人電腦革命席捲全球後，這個發明才發揮其全面影響。其實恩格巴特在一九六三年就發明滑鼠了，當時他在加州的智庫機構史丹佛研究中心（Stanford Research Institute）主持一個研究小組。就在同一年，馬文．明斯基（Marvin Minsky）在美國另一端的麻省理工學院與同僚共同創立人工智慧實驗室（簡稱ＡＩ實驗室），他的研究人員首當其衝，率先遇上該如何讓電腦看得見的問題。

從前電腦駭客最喜歡講述的，就是這兩個偉大心靈見面的故事，不過說不定是杜撰的。明斯基自豪地宣稱：「我們要讓機器變聰明！我們要讓它們既能走路又會說話！我們要讓機器有意識！」恩格巴特則回嗆：「你要為電腦做這些事？那麼，你又打算為人類做些什麼呢？」

恩格巴特以增強人類智能（Augmenting Human Intellect）宣言提出他的概念，這個宣言同時也定義了一個研究領域，稱為智能放大（Intelligence Amplification），簡稱ＩＡ；其目標與ＡＩ有微妙的差異：明斯基的目標是讓機器變得更聰明，恩格巴特想要的則是能讓人類變得更聰明的機器。

我的實驗室在機器方面的研究屬於AI領域，然而菲亞拉和哈里斯寫出來的軟體程式，卻算是直接繼承恩格巴格的想法。這軟體不是AI，因為它並未聰明到可以自己看出邊界輪廓線何在，但是它會反過來放大人類的智慧，幫助人類更有效地分析電子顯微鏡的影像。既然現在已經可能把任務以群眾外包（crowdsource）方式託付給網路上的大批群眾，IA領域對科學的重要性可說是與日俱增。舉個例子來說，星系動物園（The Galaxy Zoo）計畫就是邀請大眾觀看星系在望遠鏡裡的影像，然後幫助天文學家為星系分類。

其實AI和IA並不是互相競爭的概念，因為最好的方法，就是把它們結合起來，而這就是我的實驗室目前正在做的事情。**AI應該是任何IA系統的一部分，簡單的決策應當由AI負責，然後把困難的部分留給人類接手**；提高人類工作效率的最佳方法，就是把他們浪費在瑣碎作業上的時間縮減到最小。而且IA系統正是收集實例的完美平台，這些實例可用於機器學習以增進AI的能力。這種IA和AI的結合，將會為我們帶來能夠隨著時間推移愈來愈聰明，也能以愈來愈大的比率放大人類智慧的系統。

人們有時候會因人工智慧的前景而深感恐懼，因為他們看了太多描述機器將人類淘汰的科幻電影。研究人員也常會因為人工智慧的大有可為而分心，耗費許多不必要的努力想將某件任務完全自動化，其實這些任務若是採用電腦與人類分工合作的方式，往往完工的效率會更高。這就是為什麼**我們永遠不應該忘記最終目標是IA，而不是AI**。對於神經連結體學該如何面對電腦的挑戰，恩格巴特留下的訊息至今仍如暮鼓晨鐘般發人深省。

這些在影像分析上的進步固然令人興奮且大受鼓舞，但是我們該期待神經連結體學在未來多快就會有進展呢？我們所有人在這輩子都已體驗過令人難以置信的科技進步，尤其是在電腦的領域。桌上型電腦的心臟是一個矽晶片，稱為微處理器；第一個微處理器在一九七一年面世，裡面只包含數千個電晶體，從那時候開始，各家半導體公司都被捲入一場競賽，比賽誰能把更多的電晶體安裝到一個矽晶片上。這個領域進步的速度令人歎為觀止，電晶體的成本每兩年就腰斬一次。用另外一種方式來看的話，則是在成本固定的微處理器上可安裝的電晶體數目，每兩年就增加一倍。

持續而定期地翻倍，是一種成長類型的例子，稱為「指數成長」，所依循的數學函數就是每次都加倍的指數函數。敘述電腦晶片的複雜性會呈指數成長的，則是所謂的摩爾定律（Moore's Law），這是高登・摩爾（Gorden Moore）在他一九六五年刊登於《電子學》（*Electronics*）雜誌裡的文章中所提出的預測理論。三年之後，他協助創立了英代爾（Intel）公司，目前英代爾已經是世界上最大的微處理器製造商。

以指數速率進步成長，讓電腦業幾乎和其他任何企業都不一樣。摩爾在他的預測獲得證實很多年之後，曾經打趣地說道：「如果汽車產業進步的速度也像半導體產業那麼快的話，勞斯萊斯應該每加侖汽油可以跑五十萬哩，車價也會便宜到與其付費停車，還不如乾脆把車子扔了更划算的程度。」我們現在也已接受了這種想法，覺得電腦用了幾年就該扔掉再買新的，這通常不是因為舊電腦壞掉了，而是因為它們已經過時，該淘汰了。

有趣的是，基因體學也是以指數速率進步成長，比汽車業更像半導體業。事實上，基因體學的躍進甚至快過電腦的進步，解碼ＤＮＡ序列裡每個字母所需要的成本減半的速度，其實比電晶體成本降低的速度還快。

神經連結體學會不會像基因體學一樣，以指數方式進步呢？就長遠來看，究竟電腦的運算能力會不會成為尋找神經連結體時最主要的限制，這一點仍有所爭議，不過畢竟在秀麗隱桿線蟲計畫中，花在分析影像上的時間遠比取得影像所需的時間多太多了。換句話說，神經連結體學算是騎在電腦產業的背上跟著跑，如果電腦業繼續遵循摩爾定律，那麼神經連結體學也將經歷指數成長，不過沒有人確切知道這種情況是否會發生。就某方面而言，安裝在單一微處理器上的電晶體數量成長率已經開始衰退了，這是一個徵象，表示摩爾定律可能很快就會失靈；但從另一個角度來看，藉著引入新的運算架構或是奈米電子學，這個成長速率說不定還可以維持下去，甚至還會加速。

如果神經連結體學經歷持續性的指數成長，那麼發現人類的整個神經連結體在二十一世紀結束之前應該會變成輕而易舉的事。目前，我和我的同事仍然忙於克服擋在前方，讓我們看不到神經連結體的那些科技障礙。不過等到我們成功的時候，又會出現什麼情況呢？到時候我們該把神經連結體怎麼辦呢？在接下來的幾章裡，我將探討一些令人興奮的可能性，包括創建出更好的大腦地圖、揭露記憶的祕密、集中焦點找出大腦產生障礙的根本原因，甚至運用神經連結體找到治療這些問題的新方法。

第十章
分割

當我還是個孩子的時候，有一天，我老爸帶了一個地球儀回家；我會把手指貼在球面上，順著高低起伏的地形浮雕移動，感受喜馬拉雅山的崎嶇不平。我也會在變暗的房間裡按下電源線上的翹板開關，躺在床上凝視著變成發光圓球的地球儀。後來，我又迷上一本大大的對開本書籍，那是我爸的世界地圖集；當時我常常靠上去聞著皮革封面的味道，翻動一張張書頁，盯著那些遙遠國度與大洋充滿異國情調的名字瞧。學校的老師教過我們什麼是麥卡托投影法，我們對著格陵蘭被放大後的奇形怪狀咯咯傻笑，那種帶著一點惡意的歡樂感，和看到哈哈鏡裡的影像或是轉印在玩具矽膠上的報紙漫畫時所感受到的並無二致。

如今，地圖對我而言是很實用的物件，不再是帶著神奇魔力的東西。隨著我的兒時回憶逐漸模糊，我開始懷疑自己對地圖的迷戀，能否幫助我克服世界之浩瀚無際所引發的恐懼。回想當年，只要父母不在身邊，我從來不敢冒險走出住家附近街道的範圍，在這個區域以外的城市感覺上好可怕。把整個世界放到一個圓球上，或是關進一本書的內頁裡，似乎可以讓它變得比較有限而無害。

在古老的時代，對浩大無垠的世界深感恐懼並不是兒童的專利。中世紀的製圖師繪製地圖時若是遇上未知區域，他們並不會讓這些部分保持空白，而是在上面畫滿大海蛇或其他想像中的怪物，並且標出「此處有惡龍出沒」字樣。幾個世紀過去了，探險家已經穿越每一座大洋、登上每一座高山；地圖上的空白區域逐漸填滿真正的陸地。如今我們可以看著從外太空拍攝的照片，驚歎於地球的美麗；我們的通訊網路則創建出一個地球村，這個世界已經變小了。

大腦和這個世界不一樣，它從一開始看起來就很密實，在頭顱裡塞得恰恰好。然而我們愈瞭解裡面以十億百億計的神經元，就愈感覺到大腦的橫無際涯讓人望而生畏。第一批神經科學家將大腦分割為不同區域，並且替各個區域命名或編上號碼，例如製作出大腦皮質地圖的布羅德曼。卡哈爾發現這種方法過於粗糙，於是另闢蹊徑，用像植物學家分類樹木的那種方式，來對付廣袤的大腦森林；卡哈爾可說是一位「神經元採集者」。

我們在前面學到將大腦分割為不同區域的重要性。神經科醫師用布羅德曼的地圖來說明腦部受損後的症狀；每一個皮質區與特定的心智能力相關，比如理解或說出文字，若是這一區受傷，就會損及這種特定能力。不過把大腦再細分下去，一直進行到為神經元分類的地步，又有什麼重要性呢？原因之一就是神經科醫師可以運用這樣的資訊。這種資訊和中風或其他外傷問題比較不相干，因為這類問題通常影響的是大腦某個特定位置的所有神經元；然而另有一些大腦疾病只會影響某些類型的神經元，其他類型神經元可以完全倖免。

帕金森症（簡稱ＰＤ）一開始是控制動作的能力受損，最容易讓人注意到的，就是患者在並未試圖移動四肢時，會發生靜止性震顫或不由自主的顫抖。隨著病情加重，可以引發智力減退及情緒變壞的問題，甚至產生失智現象。由於明星米高·福克斯（Michael J. Fox，譯注：電影代表作為《回到未來》系列）及拳王穆罕默德·阿里（Muhammad Ali）都罹患這種疾病，大眾因而普遍對帕金森症有所認識。

帕金森症和阿茲海默症一樣，也與神經元的退化與死亡有關；在其早期階段，受損處僅限於某個稱為基底核（basal ganglia）的區域。這團有如大雜燴般的結構體埋在大腦深處，它也和亨丁頓舞蹈症、妥瑞症（Tourette syndrome）與強迫症（obsessive-compulsive disorder）有關。雖然此區域的大小比它周圍的皮質小得多，但它在許多疾病上扮演的角色，顯示這個部位相當重要。

黑質緻密部（substantia nigra pars compacta）是基底核的一部分，也是帕金森症引發的退化現象首當其衝的受害部位。我們甚至可以進一步把範圍縮小為這個區域內特定的某種神經元，它們會分泌多巴胺（dopamine）這種神經傳導物質；罹患帕金森症後，這些神經元將逐漸遭到摧毀。目前帕金森症無藥可治，但是可以藉著補償多巴胺減少的療法來控制病情。

神經元類型的重要性不僅顯現於疾病方面，也反映在神經系統的正常運作。例如，視網膜的神經元可以分為五大類：感光細胞（photoreceptor）、水平細胞（horizontal cell）、雙極細胞（bipolar cell）、無軸突細胞（amacrine cell）和神經節細胞（ganglion cell），每一種細胞具有不同的特化功能。感光細胞感測到投射在視網膜上的光線，將之轉換為神經訊號；視網膜的訊號輸出則是透過神經節細胞的軸突來達成，這些軸突組成視神經通往大腦。

這五大類已經被進一步分成五十種以上的神經元，如圖三十八所示。每個長框代表一個大類，裡面包含的則是屬於此大類的神經元類型。視網膜神經元的功能比「珍妮佛·安妮斯頓神經元」簡單多了；舉例來說，有些細胞會因為黑暗背景中的一個光點產生反應而生成尖峰，有些則正好相反，反應的是光亮背景中的一個黑點。到現在為止，對這些神經元的研究已經證明每種神經元的功能都不一樣；確認所有類型神經元各自負責哪些功能的研究工作，目前仍在進行之中。

我將在本章中說明：其實劃分大腦區域和神經元類型，並不像聽起來那麼容易。目前我們使用的方法，可以回溯到超過一世紀之前布羅德曼和卡哈爾，看起來已經日漸過時了。神經連結體學的一個重要貢獻，將會是提供更新、更進步的大腦區域分割方式，然後可以回過頭來幫助我們瞭解大腦的正常運作模式，以及折磨大腦的那些問題的病理源頭。

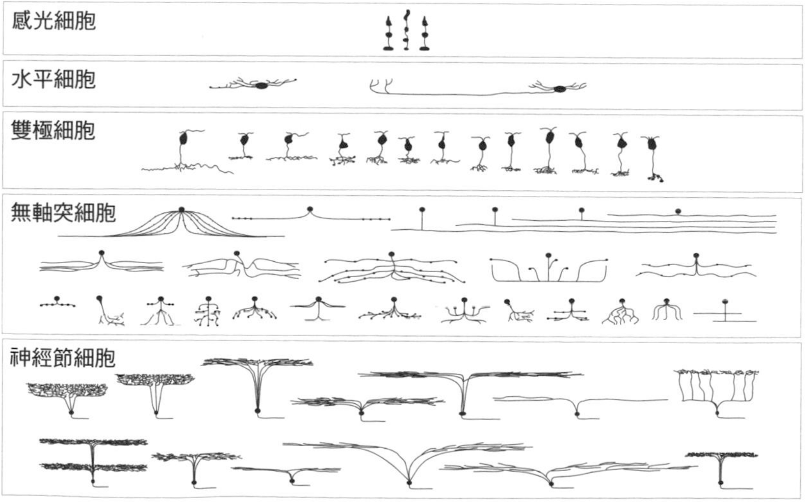

圖三十八：視網膜的神經元類型。

神經元的形狀與位置

猴腦的現代地圖（見圖三十九）再度讓我回想起老爸的地圖集帶給我的愉快回憶。地圖上的那些色塊個個有著神祕的縮寫名稱，而平緩的輪廓曲線也不時被尖角形狀打斷。不過這些地圖並非總是那麼迷人，我們可不要忘記那些邊界線上始終都有衝突不完的戰事；同樣地，神經解剖學家也早就發動了激烈的智力戰爭，針對這些大腦區域的邊界爭論不休。

我們已經見過布羅德曼的大腦皮質地圖，他究竟是怎麼畫出這幅地圖呢？高爾基染色法讓神經解剖學家可以清楚看到神經元的分支，不過布羅德曼用的是另一種重要的染色法，發明者為德國神經解剖學家法蘭茲．尼梭（Franz Nissl）；這種染色法會略過神經元的分支，但是讓所有的

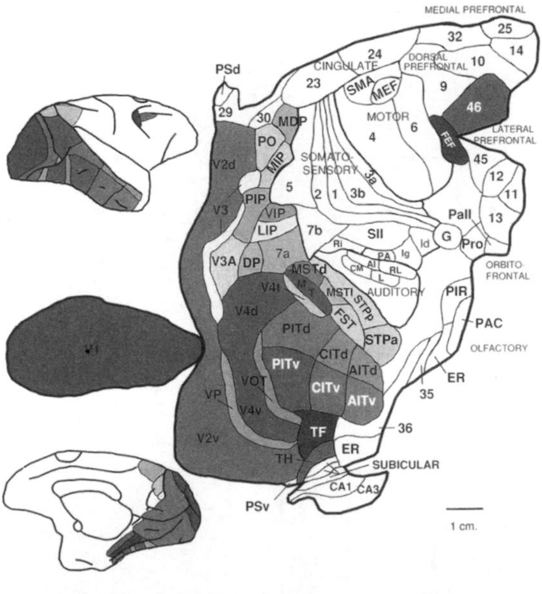

圖三十九：恆河猴的大腦皮質地圖平攤圖示。

細胞本體在顯微鏡下清晰可見。在這種染色法之下，大腦皮質（圖四十右圖）看起來猶如夾心蛋糕（圖四十左圖），細胞本體以一層層平行排列方式分布於整個皮質層中（細胞本體之間的空白處其實塞滿了糾結的神經突，因為尼氏染色法無法讓神經突顯色）。大腦皮質內的分界線看起來並不像蛋糕那麼明顯，但神經解剖學專家可以辨認出分為六層。這塊皮質蛋糕不到一公釐厚，是從大腦皮質層的某個特定位置切下來的。一般而言，從不同位置切下來的小塊會有不同的分層情況。布羅德曼是緊盯著顯微鏡下的影像仔細審視，辨識出這些差異，並據此將大腦皮質劃分為四十三個區。他宣稱這種分層情形在他的每個分區內是相當均勻一致的，只有到了各區之間的分界處才產生改變。

布羅德曼的大腦皮質地圖也許名聲響亮，但它不應該被視為福音般的真理，因為這個領域還有許多其他的競爭者。布羅德曼在柏林的同僚奧斯卡·沃格（Oskar Vogt）與賽西兒·沃格（Cécile Vogt）夫

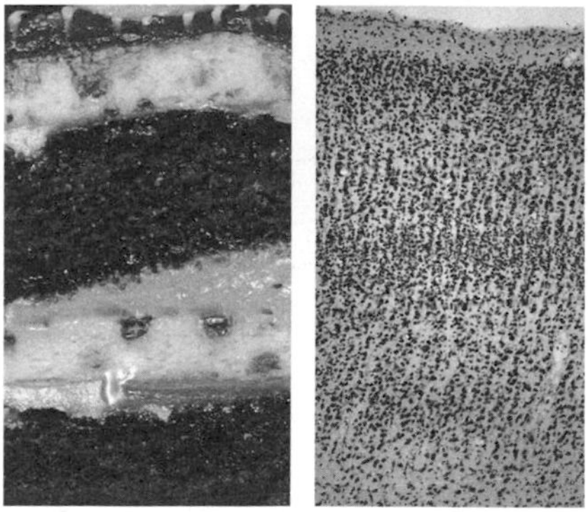

圖四十：分層：蛋糕（左）；以及布羅德曼第17區，也稱為V1或初級視覺皮質區（右）。

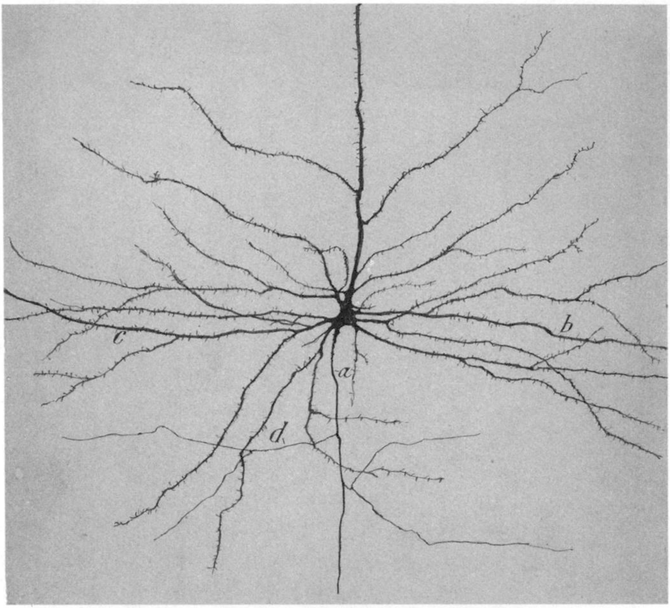

圖四十一：卡哈爾繪製的錐體神經元圖示。

妻檔，採用另一種不同類型的染色方式，把大腦皮質劃分成兩百個區。另外還有其他不同的地圖，像是來自在利物浦工作的阿爾菲德・坎伯（Alfred Campbell）、在開羅的格拉夫頓・史密斯爵士（Sir Grafton Smith），以及維也納的康斯坦丁・馮・艾克諾默（Constantin von Economo）與吉攸格・柯斯基納。有些分界線獲得所有研究者的認同，其他的則引發各家之間的齟齬。帕西佛・貝利（Percival Bailey）和傑哈德・馮・博寧（Gerhardt von Bonin）在他們於一九五一年出版的著作裡，將諸位前輩劃分出來的大部分界線都刪除掉了，只留下少數幾個較大的區域。

更糟糕的爭議一直困擾著卡哈爾對神經元的分類計畫，他的分類方式基本上是根據神經元的外形，和十九世紀的博物學家為蝴蝶分類的方式差不多。他最喜歡的神經元之一是錐體細胞（pyramidal cell），他稱之為「精神細胞」，倒不是因為他覺得這種細胞神祕莫測，而是他認為這種類型的神經元在較高層次的精神功能方面扮演重要的角色。圖四十一是卡哈爾自己繪製的神經元圖示，你可以看到這種神經元的定義性特徵：大致呈錐狀的細胞本體，像尖刺一般的棘突從樹突上向外突出，長長的軸突從細胞本體朝向遠方延伸而去。（在這張圖裡，軸突朝下走，進入大腦內部；最明顯的頂樹突（apical dendrite）則從錐體尖端伸出朝上行進，延伸到大腦皮質表面。）

錐體細胞是大腦皮質中最常見的神經元類型，卡哈爾觀察到皮質中其他神經元的軸突比較短，樹突則比較光滑，並未帶有尖刺狀的棘突。那些非錐體細胞的神經元外形更為多樣化，可以分成更多種類型，甚至贏得像是雙花束細胞（double bouquet cell）這樣別具一格的美名。

卡哈爾為整個大腦的神經元分類，範圍並非僅限於皮質內的細胞。這種另成一類的分割大腦區域方式比布羅德曼的更為複雜，因為每個大腦區域都包含許多種神經元，更進一步而言，每個區域裡的各種神經元是混雜在一起的，就像不同種族的群體生活在同一個國家裡一樣。卡哈爾畢其一生仍無法完成這個任務，即使到了今天，這樁大事業也還算是在剛開業的階段。我們不知道究竟有多少種神經元，只知道這數字一定很龐大。大腦比較不像僅有單一品種松樹的針葉林，而像是擁有幾百種不同物種的熱帶雨林。某位專家曾經估計，單是在大腦皮質中，就有數百種神經元類型，神經科學家們對於該如何為它們分類，至今仍有爭議。

眾說紛紜其實是個徵兆，代表還有一個更基本的問題未能解決：其實到現在我們甚至不清楚該如何正確定義「大腦區域」及「神經元類型」的概念。在柏拉圖的對話錄《菲德洛斯》（*Phaedrus*），蘇格拉底提出建議：「切分的原則……應該根據其天生形狀，觀察關節何在；不應該強行從某處切斷，這是拙劣切肉工才會有的行徑。」這個比喻把分類學這種智力上的挑戰，活靈活現地比做切割家禽肉這種更為直覺的活動。解剖學家會完全遵循蘇格拉底所言字面上的意義，把身體劃分為不同部分，為各個骨骼、肌肉、器官等等命名。這個建議用在大腦上也能言之成理嗎？

從自然的關節處切分自然（carving nature at its joints）意思是分割東西要從最弱的連結處下手。即使我們不是專家，也會想要從胼胝體那裡下手切割，把大腦分成左、右兩半球；不過大多數的大腦區域就沒有這麼明顯了，各個皮質區之間的邊界看起來可完全不像是皮質層的「關節」，多不勝數的接線穿越其間，將兩邊的神經元連結起來。

當然，我們已經把大腦分割為極端細微的部分：一個個神經元；沒有人會質疑這種分割方式在定義上不夠客觀，因為高爾基和卡哈爾之間的爭辯如今早已塵埃落定。但正如我所提過的：在研究帕金森症的時候，單是把大腦用更粗略的方式分割，像是劃分為不同區域，或是以神經元類型來區別，就已經很有用了。那麼，我們要怎樣讓這些分割方式更精準呢？

我相信神經連結體可以帶給我們更新、更好的大腦劃分方法。我們必須超越蘇格拉底教誨的字面上意義，因為神經連結體和家禽肉不一樣，應該用更抽象的方式，以神經元的連結方式為基礎來分類；這種方法之前已用來將秀麗隱桿線蟲的三百多個神經元區分成一百多種類型。研究人員遵循的是一個基本原則：**如果兩個神經元連結到相似或類似的神經元夥伴上，它們就應該被歸**

為同一種類型。有些類型成員極少，只包含一個神經元，以及這個神經元在身體對側的孿生兄弟；這種分居身體左右側的成對神經元都會連結到類似的神經元上，就像是你的左手臂連接到你的左肩，右手臂則連接到右肩一樣。其他類型的人丁就沒有這麼單薄，成員可以高達十三個神經元，每一個的連結狀況都很相似。

利用神經元類型，可以把引言中的秀麗隱桿線蟲神經連結體圖（參見圖三）簡化，將同類型的神經元重疊為一個單獨的節點，並對每一個類型都重複這樣的程序。圖四十二顯示這麼做之後的部分結果，每一個三個字母組成的縮寫名稱代表一種參與產卵過程的神經元類型。例如，「VCn」代表VC1至VC6神經元，它們負責控制生殖孔的肌肉。節點之間的連線代表不同神經元類型之間的連結，而不是單個神經元之間的連結；所以我們可以把這張圖示內容稱為神經元類型連結體。

由這個例子可以得知：**分割神經連結體不僅可**

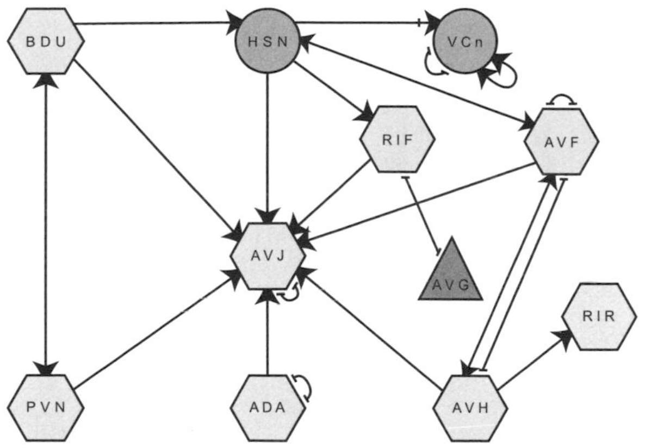

圖四十二：秀麗隱桿線蟲的部分「簡化」神經連結體（神經元已依類型分組）。

以為神經元分出類型，還能告訴我們它們之間是如何連結的；神經科學家應該也會喜歡對視網膜的神經元這麼做。我們已經知道那五大類神經之間的連結情形，例如：水平細胞接收來自感光細胞的興奮性突觸，並且把抑制性突觸發送回去，它們也會各自發送電突觸給對方。不過請記得這五大類又另外細分為超過五十種的神經元類型，它們之間的詳細連結情況大部分仍是未知數，但是可以藉由找到並分割視網膜神經元連結體來發現。

值得一提的是，這種方法和既有的古典方式不一樣。卡哈爾一開始先以神經元的形狀和位置來定義它們的類型，然後才調查它們的連結情況。我在這裡要提議將程序反過來，先從神經元的連結情況著手，再回過頭來定義它們的類型。

雖然這種方法和卡哈爾的方式不同，但若我們將形狀和位置視為代表連結情況的性質，那麼這個方法就仍然可以說是卡哈爾方式的精緻版。為什麼呢？先想像眼前有兩個神經元，每一個神經元都將其分支擴展到某個區域，如果這兩個區域是基於基因或其他原因而完全分隔開來的，那麼這兩個神經元根本不會有連結的機會。**「接觸」是彼此「連結」不可或缺的先決條件，而接觸與否正是由形狀和位置決定的。**

如果形狀和位置與連結情況如此密切相關，為什麼用連結性來分類會是比用形狀或位置分類更好的辦法？答案就在連結論者的真言裡：「一個神經元的功能，主要是透過它與其他神經元的連結來定義。」連結方式直接和功能有關，而形狀和位置都只有間接的關聯。

類似的策略可以應用於將大腦粗略地分為各個區域，而不是細分至神經元類型。我在「重新接線」的討論內容中，曾經提過每個大腦皮質區各自擁有獨特的「連結指紋」，這個「指紋」指的就是與其他皮質區及皮質以外區域的連結模式；我們可以反過來運用這一點來定義皮質區。如果我們能把神經連結體分割為一組一組相鄰的神經元，讓每一組都共有相同的連結指紋，這樣大腦的分區就呈現出來了。（我們必須限制每一組神經元在空間中不能重疊，否則最終可能變成各種神經元類型混成一團，而不是空間上明顯有所區分的區域。）

這和布羅德曼運用分層來定義的皮質區有什麼關聯呢？我們再重述一次，分層應該被視為一種可代表連結性的性質；舉例而言，布羅德曼第17區及第18區在第四層的厚度不同，正是因為它們的連結情況不一樣。第17區的第四層比較膨大，因為裡面充滿許多神經元，負責接收源自眼睛之神經路徑的連結；相鄰的第18區並未接收到這樣的軸突，所以它的第四層沒有那麼大。

如果分層和連結性如此密切相關，那我們為何寧可選擇根據後者（連結性）而非前者（分層）來下定義？再次說明，這是因為分層這個性質不夠基本，例如視覺路徑通往第17區這個事實，馬上就能告訴我們這個部位的功能是視覺；而第四層比較厚這回事和功能只有間接的關係。

在分類上，布羅德曼仰賴的是皮質分層，卡哈爾則以神經元的形狀與位置為依歸。雖然這些屬性都比「大小」複雜得多，但仍然只是真正重要核心（連結性）的粗糙替代品。超過一個世紀的時光過去了，我們應該要能夠跳過這些替代物，直接對神經連結體動手才對。

區域性連結體

我主張劃分大腦的理想方式是分割其神經連結體，這麼做還有額外好處，就是同時得知這

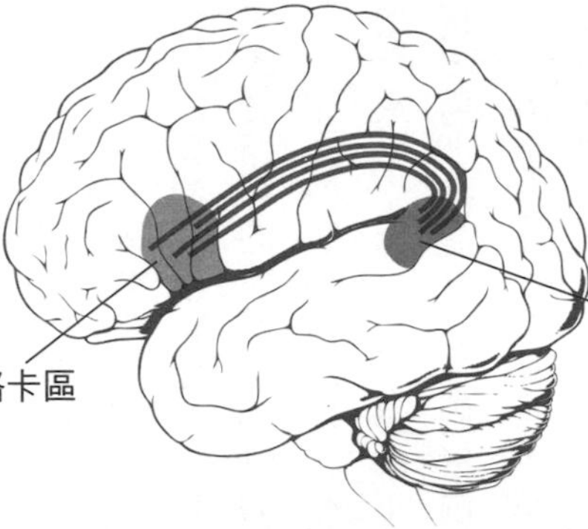

圖四十三：連結布洛卡區與韋尼克區的軸突束。

些分割部分彼此之間如何連結，並且獲得「區域性連結體」，或是「神經元類型連結體」。這些簡化版本的神經元連接體可以如何幫助我們瞭解大腦呢？

區域間之連結性的重要，早在十九世紀便已獲得認可；當時韋尼克推測有一束長長的軸突連接布洛卡區和韋尼克區，如果這束軸突受傷，即使語言的理解及產生都未受損，還是會讓人完全無法複述剛從別人嘴裡聽到的字眼；這是因為韋尼克區可以接收到這些字眼，但是無法傳送到布洛卡區去好讓患者大聲把這些字說出來。這種假設的失調障礙源於訊號傳導失敗，韋尼克稱之為傳導性失語症（conduction aphasia）。後來真的發現有這種症狀的患者，證實了韋尼克的預測。此外，這個假想的連接軸突束，也經過神經解剖學家確認，的確存在於布洛卡區和韋尼克區之間，稱為弓狀束（arcuate fasciculus，參見圖四十三）。

語言的布洛卡—韋尼克模型等於告訴我們找到區域性連結體後可以如何運用這個結果。先是把每個大腦區域和一項基本心智功能（例如言語的理解或產生）連結在一起，然後便能用這些基本功能的組合來解釋更複雜的心智功能，像是複述別人說過的話。這些行為就是藉著區域性連結，由多個區域合作共同達成的。

神經學家正是運用這樣的概念架構，來為大腦受損的患者做出診斷。某個區域受傷，會造成相對應的基本功能受損；若是連結受損，則會損害需要區域間彼此合作才能達成的複合功能。因為這種模式中包含連結，也允許分散式的功能分布，所以超越了區域論。這方式有時也被稱為連結論，不過它和我們之前所述神經方面的連結論帶著不同的意味。我們也可以想像有另一種針對神經元類型建立的連結論，這樣的大腦模型會比神經學家的大腦模型更複雜，而且建構的難度更具挑戰性，因為神經元的類型及它們的連結在數目上可是相當驚人。

但在不久的將來，區域性連接體對心理學家和神經學家似乎是最有用的，奧拉夫．斯波恩（Olaf Sporns）與其同僚在他們二〇〇五年發表的論文中指出了這一點；神經連結體這個術語也是他們在這篇論文中首創的。你可能聽說過耗資三千萬美元的人類神經連結體計畫（Human Connectome Project），這是由美國國立衛生研究院（National Institutes of Health，簡稱NIH）於二〇一〇年開始進行的計畫。大多數人並不清楚這個計畫研究的只是區域性連結體，和神經元連結體沒有什麼關係。

我個人花在神經元的時間比區域多得多，但是我同意斯波恩與其同僚認為找到區域性連結體很重要的想法，我唯一不同意的只是所用的方法。在我看來，**我們需要看到神經元，才能找到區域性連結體**；換句話說，我仍然是一個神經元沙文主義者，不過只限於所用的方法而非目的。

我相信找到區域性連結體的最好方法是經由分割神經元連結體來達成，不過我也承認這種策略目前有點太理想主義化，短期內，這種方法只有對非常小的腦子（不是人腦）才算實用；這就是為什麼人類連接體計畫打算抄捷徑，用ＭＲＩ來找到區域性連結體。我稍後會解釋，這種成像方法勢必將因為它的空間解析度有限而遇到困難。在第十二章裡，我將建議走另一條捷徑來尋找區域性連結體，這種方法在不久的將來也許可以實際應用，算是不用穿越那麼多街角的捷徑。類似的捷徑也能幫助我們找到神經元類型連結體。

大腦地圖

並不是每一個神經科學家都認為，我們應該把更多精力耗費在劃分大腦區域，有些人認為現有的那些地圖已經夠好了。為了反駁這樣的想法，讓我們來仔細瞧瞧語言的布洛卡—韋尼克模型，這模型在教科書上看起來似乎很成功，但是實情卻是一片混亂。

布洛卡原本案例中，那位患者的大腦病變覆蓋範圍其實超過布洛卡區，一直延伸到周遭的皮質區以及皮質下方的部位；結果事實證明單是布洛卡區產生病變，並不能產生布洛卡失語症；而且即使病變並未染指布洛卡區，也是可能會產生布洛卡失語症。此外，韋尼克失語症的區域性根據，也同樣呈現曖昧不明的狀況。更進一步而言，連言語產生及理解的雙重分離現象，都不像教科書上說的那麼直截了當；舉例來說，布洛卡失語症就經常伴隨著無法理解句子語意的問題。近期的ｆＭＲＩ研究還顯示：語言並不像以前認為的那麼局部，它牽涉的皮質區與皮質下方區超過布洛卡區和韋尼克區的範圍，這一點和臨床發現一致。臨床研究的結果，同樣不支持傳統上認為傳導性失語症是由弓狀束病變引起的說法；更令人尷尬的是，儘管我們相信這回事已經超過一世紀，但現在有些研究者根本否認弓狀束會將布洛卡區和韋尼克區連結在一起。一些神經科學家已經找到其他確實連結這些區域的路徑。

基於所有這些原因，語言研究者一直都在努力，想要找出能夠取代布洛卡－韋尼克模型的理論；新模型必須包含另外增加的皮質區，以及皮質以外的大腦區域，並且需要解釋更複雜的言語能力組合，而不是只有過度簡化的語言產生及理解這兩項能力的組合。每個人都同意我們需要一個改良過的模型，但對於該如何找到它卻沒有共識。我不敢說我知道，但我確信更好的大腦地圖一定會對我們有幫助。

將大腦劃分成區，在歷史上向來是藝術成分多過科學成分的行為。就像醫生要從諸多症狀推估究竟是哪一種疾病，或是法官要從許多判例裡取捨妥協一樣，劃分大腦的工作從來都無法歸納成一條簡單公式。大腦區域之間的分界線有些無疑地是隨便畫出來的，是神經解剖學家在歷史上偶然與錯誤相遇的結果。我們的大腦地圖也像地球儀和地圖集一樣，並不代表客觀而永恆的真理，有時候新的領域誕生，有時候區域的邊界會移位。邊界爭端可以引爆科學家之間激烈的唇槍舌戰，這得靠委員會的耐心協商，才能完美地和平解決。

我們不應該自滿於現況，雖然目前的大腦地圖還不致於像幾個世紀前的世界地圖那樣貧乏簡略，用現代眼光來看幾乎令人捧腹，但還是有很多可以改進的餘地。地圖本身不會自動告訴我們大腦區域各自職司哪些心智功能，然而它們卻能提供堅實的基礎，讓我們能穩立其上加快研究的步調。

我在劃分大腦的程序上特別強調對其結構的要求標準，這一點對當代的神經科學家而言可能會顯得有些奇怪，通常這一行大家都習慣把結構與功能的標準結合在一起來談。但是像我這樣的強調，在生物學的其他分支可說是家常便飯；早在我們明白體內器官究竟扮演什麼樣的角色之前，就已經知道它們是明確的結構單元；即使是最天真無知、對其功能毫無概念的觀察者，也能清楚看出這一點。同樣地，我們很早就在顯微鏡下觀察到細胞裡的胞器，但過了很久之後，才搞清楚細胞核中包含著遺傳訊息，高爾基體會把蛋白質和其他生物分子打包，然後發送到適當的目的地。

一般而言，生物學上的單元就是結構及功能自成一格的實體，不過它們一開始被確立出來的通常都是結構部分，對其功能的瞭解則是後來的事。大腦分區及神經元類型也應該是一樣的情況，追隨布羅德曼和卡哈爾腳步前行的神經科學家長期奉行以結構劃分大腦的方式，但是只贏得部分的成功。問題並非在於這種方法根本上有缺陷，而是過去我們用於測量大腦結構的技術始終不足。劃分大腦的結果如何，取決於所依據的數據資料夠不夠好；若是神經連結體學能夠提供品質戲劇化提升的結構數據資料，一定可以讓大腦劃分方式變得更為客觀，推而廣之，連心智的研究也能受惠。

藉著檢查腦部受損造成的症狀來區辨大腦皮質的分區，這種方式其實和奧地利修道士葛雷格．孟德爾（Gregor Mendel）在一八六〇年代確認基因的方法大同小異。他的植物雜交實驗顯示，某些性狀（現在稱為孟德爾性狀）的遺傳結果受到某種單位變異的控制，這種單位後來被稱為基因。在他的簡單描述中，性狀和基因有一對一的對應關係，不過現在我們已經知道，大多數的性狀並非孟德爾性狀，大部分性狀會受許多基因影響，而一個基因也可以影響很多性狀。這是因為每個基因含有一種蛋白質的編碼，而這些蛋白質可以執行多種任務。

同樣地，區域論曾試圖建立心智功能與大腦皮質區之間一對一的對應關係，但事實證明，大多數心智功能需要多處大腦皮質區合作執行，而且大部分皮質區也參與多種心智功能的運作。這一點造成以功能標準來定義大腦分區的困難，所以正確的策略是用結構標準來識別分區，然後再瞭解區域之間的交互作用如何引發心智功能。在我們的科技有所增進後，這種方法的實用性將日益提高。

我們希望能在所有正常的大腦中，找到相同的區域劃分結果以及相同的神經元類型。這種區域性連結體和神經元類型連結體，在正常個體之間可能差異甚微，而且很可能絕大部分都是由基因決定。正如我前面提過的，**基因會導引神經元分支的生長，從而影響神經元類型連結體**。科學家也正在確認控制大腦皮質區形成的基因；如果你我的大腦區域及神經元類型以相同的方式連結，你我的心智就有可能相當類似。

對照之下，神經元連結體在不同個體之間可能有很大的差異，並且強烈受到經驗的影響。如果我們想要瞭解個人的獨特性何在，這些就是我們務必研究的神經連結體。而且我們應該要細查過往留下的痕跡，畢竟在造就我們個人獨特性的道路上，還有什麼比我們自己的回憶更不可或缺呢？

第十一章 解碼

我會把找到神經連結體的任務，比喻為在曲折縈紆的迷宮通道中找尋出路。根據傳說，這座迷宮結構位於克里特島，在米諾斯國王的克諾索斯宮殿附近。一九〇〇年時，克諾索斯又出現第二個可以用來比喻大腦的東西：數百片泥板在這個古老廢墟遺址出土，發現者為英國考古學家亞瑟．伊文斯（Arthur Evans），但他無法閱讀泥板上鐫刻的內容，因為那是一種未知的語言。幾十年後，這些泥板仍然無人能解讀，這些神祕的文字被稱為「線形文字B」；直到一九五〇年代，麥可．文屈斯（Michael Ventris）與約翰．查德威克（John Chadwick）終於成功地解碼線形文字B，這些泥板的文字含意才公諸於世。

一旦我們可以看到神經連結體，並將它們分割為各個部分後，下一個挑戰就是對它們進行解碼。我們能夠理解它們的語言嗎？還是它們的連結模式會吊足我們的胃口，卻拒絕釋出其中的祕密？解碼線形文字B花了半個世紀之久，不過至少文屈斯和查德威克最後成功了。許多解讀失傳語言的嘗試都以失敗收場，線性文字A是在線形文字B之前用於古代克里特島的文字，至今仍無人能懂。古代巴基斯坦的印度河文字、古代墨西哥的薩波特克書寫系統，還有復活節島的朗格朗格圖畫文字，到現在也都列於無法解讀之列。

為神經連結體解碼究竟是什麼意思？有時候拿最極端的版本來當例子，會比較容易理解某個概念。現在讓我們來做個思想實驗，想像一下你正生活在遙遠的未來，那時候醫學已經變得非常先進，但是，唉！你的高祖母還是過世了，享年二百一十三歲。你把她的遺體送到某個機構，他們將她的大腦做成切片，為這些切片造影成像，找出了她的神經連結體，然後交給你一根小小的電子棒，裡面裝載著所有的數據資料。你回家以後覺得好哀傷，因為你很想念跟她聊天的感覺，她是你最愛的高祖母。所以你把這根棒子插進電腦裡，要求電腦叫出她的回憶；很快地，你就覺得心情好多了。

我們真的有可能從神經連結體讀出記憶嗎？早些時候我曾提出類似的思想實驗，要你想一想，別人有沒有可能透過測量及解碼你的大腦中每一個神經元的尖峰產生狀況，來解讀你的感知與思維。有些神經科學家相信我們可以做到這一點，只要我們用於測量尖峰的科技夠先進就行了。他們為什麼會這麼想呢？從珍妮佛．安妮斯頓神經元是否產生尖峰，我們就可以猜測出某人是否看到珍妮佛；神經科學家從這個小小的成功做出推斷：**從所有神經元產生的尖峰，應該就可以得知我們的思想與感知的整體情況**。

同樣地，我們也會相信只要在這個方向得到一點小小的成功，就代表記憶有可能可以從神經連結體被讀取出來。找到人類整個神經連接體的成功之日還在遙遠的將來，現在，我們只能努力從大腦的小切片裡找出部分神經連結體。說不定，我們可以挑選一小塊人類大腦，嘗試讀出裡面的回憶？或者該選一片動物的大腦？

有一件事倒是肯定的：看到神經神經連結體只不過是第一步而已。想要閱讀一本書，你需要做的絕對不是只有看到內文，你必須知道這本書是用哪一種語言寫的，更不用說你還得讀得懂這種語言的字母及單詞拼寫方式。用更專門的術語來說，你必須知道這些資訊如何編碼成為紙上的這些符號；如果不瞭解與這些代碼相關的知識，一本書只是一堆毫無意義的標記罷了。同樣地，想要閱讀記憶，我們需要做的事會比單是看到神經連結體多得多，我們必須學習如何解碼它們所包含的訊息。

讀取記憶

我們在人類大腦的哪些區域裡比較可能找到回憶呢？一些重要的線索來自亨利・古斯塔夫・莫萊森（Henry Gustav Molaison）的一生，他於二〇〇八年在康乃狄克州的一家養老院中去世。他在世的時候，為了保護他的隱私，世人只知道他的縮寫代號H・M。許多醫生和科學家都在研究H・M，他成了自布洛卡的病人「譚」之後最知名的神經心理學案例。

一九五三年的時候，H・M二十七歲，他接受了手術以治療嚴重的癲癇。外科醫生相信H・M的癲癇發作源自內側顳葉（MTL），所以他把H・M大腦兩側的這個區域都切除了。手術之後H・M顯得很正常，他的個性、智力、動作技能，以及幽默感都完好無損，但是出現一個造成完全失能的重大改變：終其餘生，H・M每天早上在病房醒來的時候，都搞不清楚自己為什麼會在這裡。他記不住每天都會見到的那些照護者的名字，他說不出現任總統的名字，也無法描述剛發生過的事情；相對而言，H．M倒是記得在動手術之前，自己的人生中曾經發生過哪些事。看來MTL對於儲存新記憶不可或缺，但對於保留舊的記憶並非如此。

你可能還記得伊扎克．佛萊德與其同僚發現的珍妮佛．安妮斯頓神經元和荷莉．貝瑞神經元就位於MTL，顯示這個區域和感知及思維都有關係。進一步的實驗則探究了這個部位在重拾回憶時扮演的角色；他們先讓一位病患看了很多影片的片斷（每部片子長五到十秒），內容來自卡通、情境喜劇、電影等等，同時並記錄其MTL中某個神經元的活動；之後，他們要求患者自由回想那些影片，並且在影片浮現腦海時做口頭報告。（在第二遍實驗時，並沒有讓患者看任何影片。）

病人看到湯姆．克魯斯的影片時，有一個神經元會產生尖峰，但是看到其他的名人或地點等等，都沒有這麼強的反應。接下來，當患者報告他回想到有湯姆．克魯斯出現的影片時，同樣這個神經元又會產生尖峰。其他的神經元也出現類似行為，選擇性地對看到或回想到某些影片產生活化反應，對其他影片則沒有反應。

也許湯姆．克魯斯神經元屬於某個位於MTL的細胞群組，感知或回憶起湯姆．克魯斯便會活化這個細胞群組，並因此活化湯姆．克魯斯神經元。如果我們想要從神經連結體讀取記憶，何不從MTL中尋找細胞群組開始呢？可惜的是，MTL是一個非常大的區域，依我們現在的科技，想要找出它的神經連結體實在太過困難，不切實際。

我們可以縮小搜尋範圍，把焦點放在海馬迴上，它是MTL的一部分，咸認此部位對於儲存新的記憶很重要。尤其是海馬迴的CA3區域，這裡包含個個都以突觸互相連結的神經元；也許正是這些連結讓CA3區的成群神經元可以形成細胞群組。然而人類的CA3區域還是相當大，所以要找到它的神經連結體目前仍是做不到的事。如果我們想要讀取記憶，最好還是找到比較小的一片大腦來當作開始。

鳥類的大腦

H・M的失憶僅限於陳述性記憶〔declarative memory，譯注：也稱為外顯記憶（explicit memory）〕，牽涉到的是可以明確對外敘述或宣告（declare）的訊息，包括自傳式事件（「我去年滑雪時摔斷了腿」），以及和這個世界有關的事實（「雪是白的」）。這是記憶這個詞最常見的含義。

記憶也包含非陳述性記憶〔nondeclarative memory，譯注：也稱為內隱記憶（implicit memory）〕的形式，涉及的是意義隱含其中、並未對外明確說明的訊息，包括動作技能及習慣。H・M可以學會新的動作技能，例如一邊看著自己映照在鏡子裡的手，一邊用鉛筆描畫圖案。根據他的案例和其他類型的證據，神經科學家得出的結論是：陳述性記憶和非陳述性記憶是截然不同的能力，可能各自由不同的大腦區域負責。

然而，這兩種類型的記憶還是有共同的特徵。亞里斯多德在他的論著《論記憶》（*On Memory*）中把回憶比做動作：「根據經驗，回憶的行為，是由於某個動作天生就有另一個動作接連其後發生而引發的。」我們可以想像連續的記憶，不管是陳述性還是非陳述性，都是保存在大腦的突觸鏈中。也許鋼琴家憑著記憶彈奏鋼琴奏鳴曲時，手指的動作正是由他們大腦中突觸鏈產生的連續尖峰所驅動的。

研究動物的陳述性記憶是很困難的，因為牠們沒辦法告訴我們，牠們正在回想什麼。不過動物絕對有能力儲存內隱記憶，所以我們何不試試從動物的神經連結體讀取記憶呢？我建議應該從搜尋鳥類大腦中的突觸鏈做起。

雖然鳥類跟我們一樣是溫血動物，但是牠們在演化上是離我們比嚙齒類動物還疏遠的遠親；因為牠們不會餵自己的孩子喝奶，所以不屬於哺乳類。不過智力可不是哺乳動物的專利，雖然英文中的小鳥腦袋（birdbrain）是用來罵人的話，但實際上鳥兒可是相當聰明的。反舌鳥和鸚鵡都擅長模仿聲音，烏鴉則懂得計數及運用工具。基於這些複雜的行為，神經科學家已經對我們的禽類親戚愈來愈感興趣。

很多人在研究斑胸草雀（zebra finch），這是一種原產於澳洲的小鳥，已經成了世界各地都看得到的可愛寵物。雄鳥有橙色的面頰，身上其餘部分裝飾著醒目的黑白圖案。在圖四十四中，斑胸草雀的雄鳥正在對雌鳥歌唱，邀請牠與自己交配；其他種類的雄鳥也會用歌唱來警告別的雄鳥遠離自己的領土。所有這些唧喳啁啾都不是為我們而唱，但是聽起來還是一樣悅耳。還有一些其他鳥類同樣因為擅長歌唱而成為受歡迎的寵物，例如金絲雀。莫札特養了一隻椋鳥當寵物，並且教會牠用顫音唱出他所作的某一首協奏曲的最終樂章主題。（也有人聲稱故事正好相反，是那隻鳥啟發他做出這段曲子。）由於鳥兒的鳴唱中包含了音高、節奏及重複等要素，有人稱之為「大自然的音樂」，也有人將之比作語言，就像十九世紀的大師珀西・比希・雪萊（Percy Bysshe Shelley）如此描寫他自己的藝術：「詩人宛如棲息黑暗中的夜鶯，以甜美聲音歡唱他自己的孤獨。」

你可能會認為鳥兒唱歌是天生本能，是不是雛鳥破殼而出就懂得怎麼唱歌呢？不是的，那些飽受鋼琴課折磨的人不必心生羨慕之情，斑胸草雀的歌唱本領可不是不費吹灰之力憑空就能得來。在開始發出聲音之前，年幼的雄鳥必須先聽過牠的老爸唱歌，然後牠才開始咿咿呀呀，像嬰兒一樣發出許多無意義的聲音。在接下來的幾個月裡，牠會不斷練習歌唱達數萬次，最後終於學會牠父親所唱的歌曲。

成年的斑胸草雀基本上每次唱的都是同一首歌，牠不會像爵士鋼琴家那樣即興發揮，比較像是必須在冰上溜出指定圖形的溜

圖四十四：斑胸草雀的雄鳥正對著雌鳥歌唱。

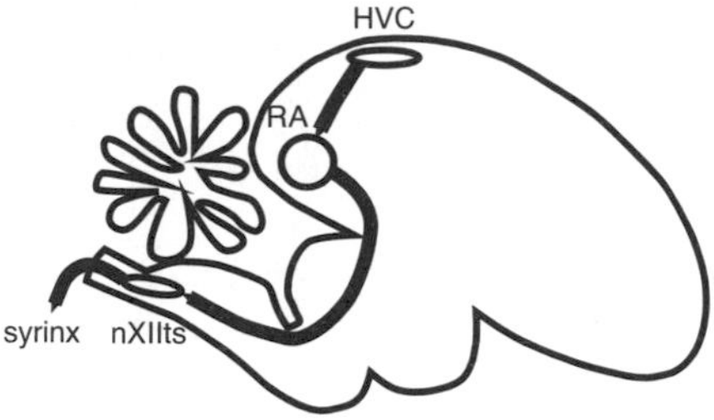

圖四十五：鳥類大腦中的歌唱產生區域。

冰選手。此時這首歌可以說是「具體成形」了，這隻鳥已經把這首歌儲存到牠的記憶裡，可以隨意調出來應用。

鳥類產生聲音所用的發聲器官叫做鳴管（syrinx），相當於我們的喉頭。強迫空氣通過鳴管時，會讓它的管壁像管樂器那樣產生震動；所發出聲音的音高和其他特性都由鳴管周圍的肌肉控制，這些肌肉則是接收來自大腦的指令。一九七〇年代，費南多．諾特邦（Fernando Nottebohm）確認出鳥類大腦中的相關區域，如圖四十五所示；這些區域的名稱又長又複雜，所以科學家通常只用它們的縮寫來稱呼：HVC、RA與nXII。

想要瞭解這些區域扮演的角色，讓我們把這個系統和產生音樂的人造系統做個比較。也許你有朋友是頂級立體音響設備的狂熱分子，這樣的發燒友絕對不會對套裝音響感到滿意，他們喜歡的是許多個別的的組件。在這些朋友的昂貴音響系統中，雷射光碟播放機負責產生電子訊號，這些訊號先傳送至前置放大器，再送到擴大機，最終經由揚聲器轉換成聲音放出來。在鳥兒的大腦中，電子訊號沿著類似的路徑，從HVC傳送至RA，再送到nXII，最終透過鳴管轉換成聲音。每次音響播放貝多芬的第五號交響曲，無論是在各個組件中的電子訊號，還是揚聲器傳出來的聲音，都是在複述完全相同的序列。同樣地，這隻鳥兒每次開口唱歌，無論是鳴管發出來的聲音，還是牠的神經元產生的尖峰，都是在複述同樣的序列。

讓我們仔細瞧瞧HVC，這個區域在歌唱路徑中首當其衝，猶如音響中的光碟播放機。它的名稱原本是上紋狀體腹側尾核（hyperstriatum ventrale, pars caudale），簡稱為HVc；後來諾特邦把這個部位的名稱改成高級發聲中樞（high vocal center），簡稱HVC；二〇〇五年，有個神經科學家組成的委員會決定這些字母不再代表任何特定字眼。（這就像美國的SAT大學入學考試一樣，原本這個縮寫指的是「學習能力傾向測驗」，後來變成「學術能力評估測驗」，現在此測驗的主辦者、開發者，以及大學委員會都決定這個縮寫不再代表任何字眼。）

這個名稱會有所改變，是因為哈維．卡爾頓（Harvey Karten）的緣故；卡爾頓是研究大腦結構與演化的專家，他說服他的同事相信，鳥類的大腦比我們以前所認為的更近似人類。神經科學家曾經認為HVC類似哺乳動物的紋狀體（striatum），這是基底核的一部分；並且相信鳥類缺少可以和人類大腦新皮質相比對的結構。不過卡爾頓主張鳥類大腦中有個稱為背側室嵴（dorsal ventricular ridge）的區域，功能和新皮質類似，這裡包含一些子區域，據信對於上面提過的鳥類複雜行為很重要，其中一個子區域就是HVC。

麥可．費（Michale Fee）與其合作研究者，在活生生的鳥兒唱歌時測量牠們的HVC尖峰，有些HVC神經元會把軸突延伸到RA，這部分就是科學家感興趣的地方，因為它們的訊號就是沿著歌唱路徑傳送。斑胸草雀唱的歌裡會把某個主題旋律重複數次，每次持續〇．五秒至一秒，此時神經元產生一種高度定型化的序列。在圖四十六，我大略畫出三個神經元的尖峰。每個神經元都在等待主題來臨的那一刻，尖峰持續僅數毫秒，然後這些神經元又再度回歸靜默。這些尖峰出現的時間可以精準鎖定為主題出現的特定時刻，這種連續產生尖峰的現象，正是我們期待突觸鏈會有的行為。

音響系統轟然響起貝多芬的音樂，電子訊號狂野地大幅起落，揚聲器則隨之振動。這些訊號轉瞬即逝，但是雷射光碟並非如此，它寧靜穩重、毫無改變地待在原處。在它的標籤之下的塑膠表面上，含有數以億計顯微鏡下才看得到的微小刻痕，這些就是音樂編碼為一個個位元的數位資訊。根據製造商的保證，這片塑膠製的光碟可以保持原樣數十年，這樣的穩定性正是光碟可以一次又一次重現貝多芬音樂的緣故。它的材料結構讓它能夠保存貝多芬音樂的「記憶」。

我已經把HVC神經元產生的尖峰，比喻為在你的光碟播放機裡的電子訊號；現在我要進一步提出另一個類比，建議將HVC的神經連結體視為雷射光碟。讓我們假設其中包含一個突觸鏈，一旦雄鳥的那首歌已經具體成形，這個突觸鏈就不會再改變。根據這樣的建議，HVC神經連結體算是保留歌曲的記憶，每次這隻鳥一開始唱歌，這個記憶就會藉著轉換成連續的尖峰而被召喚出來。這些訊號轉瞬即逝，然而構成HVC中之連結的材料結構卻能保持不變。

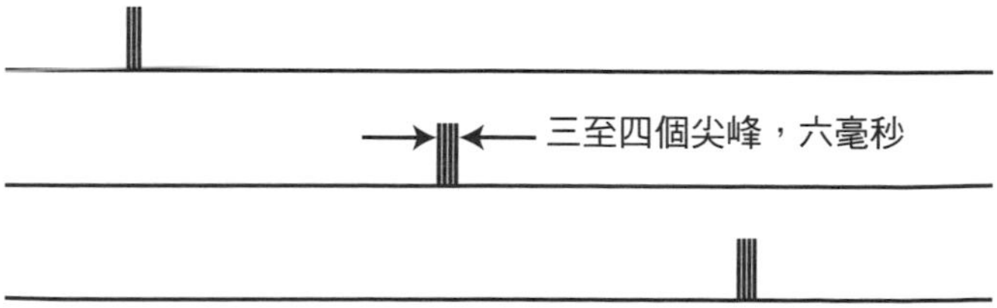

圖四十六：圖示斑胸草雀大腦HVC區三個神經元產生尖峰。

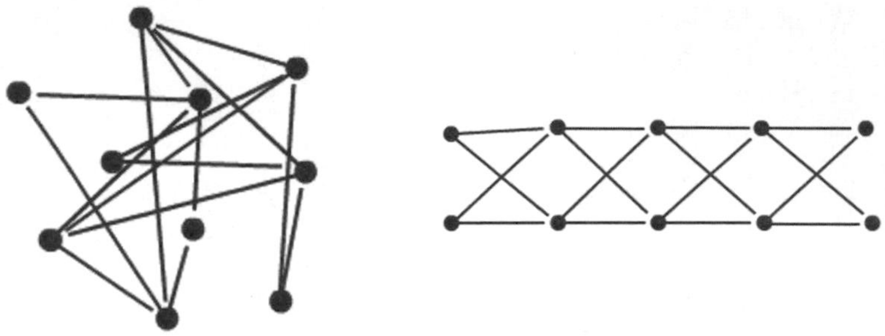

圖四十七：突觸鏈：擠成一團（左），攤平之後（右）。

ＨＶＣ是一個體積只有一立方公釐的小小部位，就技術上而言，在不久的將來找到它的神經連結體應該是做得到的，然後我們就可以直接查看神經連結體，確認它的組織結構是否像是一個突觸鏈。這個任務需要一些分析的工作，因為**除非已經知道神經元的排序狀況，不然神經連結體中是否含有突觸鏈並不是那麼顯而易見**。想知道為什麼？請參考圖四十七所示，二者具有完全相同的連結；左側的神經元擠成一團，看不出鏈狀結構；為了揭示這一點，我們必須讓這些神經元的連結攤平恢復原狀，變成右圖所示的模樣。像我們圖示裡虛構的這個小小神經連結體，你可以用人工方式把它攤平，不過真正的ＨＶＣ神經連結體可是複雜得很，一定得靠電腦幫忙才能做到。

假設我們成功地攤平解讀了ＨＶＣ神經連結體，從最後得到的鏈結方式，我們就能推測唱歌時這些神經元產生尖峰的順序，此舉等同於讀取這首歌的記憶，就意義上而言，我們已經可以猜測出鳥兒歌唱時重現於ＨＶＣ中的活動順序。

我們要如何確認自己的解讀是正確的呢？文屈斯和查德威克說服世人相信他們解碼了線形文字Ｂ，因為他們解讀出來的泥板文字內容是說得通的。如果他們失敗了，破解出來的內文想必就會像是一堆胡言亂語。比研究內容是否具一致性更有力的測試方法，就是觀察書寫這些泥板的人，並且與他們對話；但是穿梭時空是不可能的事，所以我們做不到這一點。

同樣地，如果攤平解讀HVC神經連結體揭示了突觸鏈的存在，我們就可以對自己的讀取方式信心滿滿。這部分和文屈斯及查德威克不一樣，我們不必訴諸時光旅行就能獲得更確鑿的證據。假定有另一位神經科學家在鳥兒歌唱時測量了HVC神經元產生尖峰的時間，但是故意隱瞞答案，想要考考我們；我們則是在找到HVC神經連結體後讀取它們，推測出尖峰產生的時間。然後考官就可以比對我們的推測和真正的尖峰產生時間，如果二者相符，那就表示我們對神經連結體的解讀是正確的。

為了測量HVC神經元產生尖峰的時間，我們的考官可以向化學家求援，他們已經發明許多染色神經元的方式，讓這些神經元在顯微鏡下看起來有如閃光警示燈，產生尖峰時會發出閃光，復歸沉默時則隨之變暗。來自考官的光學顯微鏡中的影像，可以告訴我們這些HVC神經元細胞本體的確切位置，之後我們可以將這些位置資料，與電子顯微鏡下死體鳥腦影像中的細胞本體互相對照比較。建立這種對應關係，可以讓我們的考官真正能夠把HVC神經元產生尖峰的時間，和我們解讀神經連結體得到的推測時間相互比對。

當然，我們總是有可能無法讓HVC神經連結體攤平恢復原狀，說不定我們無法在讓突觸合乎連結依序規則的情況下為神經元排序；換句話說，無論我們如何安排神經元的排列順序，都會出現許多逆向而行或跳得太遠的連結，這就表示這個HVC神經連結體並不是依照突觸鏈的方式組織起來的。這種失敗也是一種進步。就促進科學進步的目標而言，否決某些模式跟確認某些模式是一樣重要的。

重新接線和再生

若是結果證實HVC神經連結體的組織真的呈現鏈狀，那就是它有助於保存鳥類歌曲記憶的證據。但是這類記憶一開始是怎麼儲存進去的呢？有些理論神經科學家認為年輕雄鳥的HVC神經元起初是由來自其他來源的隨機輸入所驅動，在此情況下神經元是以隨機的順序活化，其中一些序列經由連結的赫布加強律而獲得增強。這些被挑選出來的序列出現頻率愈來愈高，因而得到進一步加強的效果。最後有某一個序列被加強的程度特別高，勝過其他序列而取得壓倒性優勢。這個序列對應於我們猜想存在成年雄鳥腦中的最終突觸鏈。

根據這種想法，重新加權能夠儲存對歌曲的記憶。突觸的強度有所改變，但它們並沒有被生成或消除。那些沒有被加權過的神經連結體略過與突觸強度有關的訊息，裡面便不會包含任何與記憶相關的資訊。我們沒有辦法從這些神經連結體讀取神經元產生尖峰的時間，只有加權過的神經連結體才是可讀的，因為只有強化過的突觸會被組織在突觸鏈裡。換句話說，神經連結體必須包括突觸強度在內，才能夠被解碼讀取。原則上，這一點對神經連結體學沒有問題，從連結體在電子顯微鏡影像中的外觀，應該有可能估計判斷突觸的強度。正如我前面提過的，**突觸愈強應該會長得愈大，所以大小和強度有關聯**。將來的研究應該能夠告訴我們，用這個方法來估計突觸強度的精確性另一種可能，就是重新連結在儲存歌曲記憶上也扮演某種角色。也許沒有參與突觸鏈的突觸在鳥兒學習時會減弱，最後被淘汰消除。如果重新連接確實有所影響，那麼即使是未加權過的神經連結體也可能是可讀的。藉著嘗試讀取ＨＶＣ神經連結體未加權及加權過的兩個版本，想必我們就可以辨識記憶究竟符合純正的重新加權理論，還是重新加權合併重新連結的理論。

神經科學家假設其他兩個Ｒ（重新接線和再生），也在儲存記憶上發揮作用，不過無論如何，此二者幾乎都沒有什麼實證證據。諾特邦與其同伴研究過金絲雀和其他鳴禽的大腦，結果顯示金絲雀在一年中不唱歌的那段期間內ＨＶＣ會縮小，因為些神經元被消除了；等到歌唱的季節再度來臨，ＨＶＣ又會因為生成新的神經元而擴大。諾特邦對再生所做的研究，對於重新引發神經科學家在這個主題的興趣上扮演了重要的歷史性角色，不過再生的功能至今仍不清楚。

如果ＨＶＣ的突觸鏈模型是正確的，那麼這個問題可以用一些有趣的方法進行調查。例如在歌唱的淡季時，休眠的突觸鏈能不能繼續儲存歌曲的記憶呢？新的神經元進入ＨＶＣ的時候，會不會融入原有的突觸鏈呢？如果會的話，是怎麼做到的呢？神經達爾文主義者預言，新生成的神經元與其他神經元是隨機連結的，這個預測可以透過神經連結體學以實證方法來測試，但是需要借助能夠染色新神經元的特殊染色法。

還有一些類似的問題和神經元的消除有關。究竟是什麼原因導致神經元自殺呢？神經元無法融入突觸鏈時會造成突觸和分支的消除，這種過程會觸發神經元自殺嗎？這種假說可以透過拍攝神經元即將死亡時的快照，並運用神經連結體學來探究。在準備迎接歌唱淡季來臨的過程中，神經元會用自殺來消除自己，以避免突觸鏈崩潰嗎？

礙於技術限制，神經科學家不得不退而求其次，用計算神經元數目的增加及減少來做研究。這些研究顯示再生非常重要，但無法確切看出再生在記憶中究竟扮演什麼樣的角色。如果想要取得進一步的進展，關鍵之處就在於瞭解新神經元如何和現有的組織接線，以及神經元的消除是否取決於它們的接線狀態；這一類的資訊都可由神經連結體學提供。我們也可以藉著調查神經元分支的生長和縮回，是否取決於它們與其他神經元的連結，來研究HVC中的重新接線功能。

死亡大腦的神經連結體

我已經概略談過尋找HVC神經連結體中的突觸鏈，以及CA3區神經連結體中細胞群組的計畫，我把這個計畫稱為：從神經連結體中「讀取記憶」。更確切一點來說，我已經提出了一種方法，透過分析神經連結體來推測重喚某個記憶時重現的活動模式。但我要特別強調：這和得知記憶的意涵是不一樣的。分析HVC或CA3的神經連結體，並不會讓我們知道鳥兒的歌聲聽起來像是什麼樣子，或者某個人類研究對象剛才看過的影片有什麼內容。我們可以說這種讀取方式讀到的是一種「未定位」的記憶，一種和它在真實世界的意義脫節的記憶。

我已經提過一種定位記憶的方法，就是在鳥兒歌唱時，測量牠們的HVC活動；或者在人們描述自己正在感受什麼事的時候，測量他們的CA3區活動。如此每個神經元都可以對應到特定的行動或是報告出來的想法。這種方法運用測量活體大腦的尖峰，來為從死後大腦讀取出來的記憶定位。如果我們一直只能從小塊大腦找到部分神經連結體，這可能是不久的將來唯一可行的方法。

然而就長遠而言，我希望我們將能夠找到整個死亡大腦的神經連結體，我們可能就不必測量活體大腦的尖峰，一樣能夠為記憶定位。為了做到這一點，我們就必須先弄清楚一些問題，例如：究竟ＣＡ３區神經元是不是對珍妮佛・安妮斯頓或是其他刺激產生選擇性活化現象。分析將訊息從感覺器官帶到ＣＡ３區神經元的路徑，能夠解答上面的疑問嗎？

答案是可能的，如果我們先利用一些感知神經元的假設規則，就可以辨得到；這些規則像是：「負責檢測整體狀況的神經元，會接收來自檢測各部分狀況之神經元發出的興奮性突觸。」珍妮佛・安妮斯頓神經元可能會從「藍眼睛神經元」、「金頭髮神經元」等等得到資料輸入。

目前，研究者已經藉著合併動物神經連結體學產生尖峰的測量結果，來開始測試這個「部分—整體規則」。第一步是測量神經元反應各種刺激而產生的尖峰，來確認這些神經元的感知功能，就像珍妮佛・安妮斯頓實驗那樣。實驗方式如前所述，將神經元染色，讓它們在活化時閃爍發光，用光學顯微鏡來觀察神經元的情況。接下來研究人員可以為這個特定的小塊大腦造影成像，用電子顯微鏡找出神經元如何連結。凱文・布里格曼（Kevin Briggman）和莫里茲・海姆斯戴特（Moritz Helmstaedter）和溫佛里德・登克合作，已經針對視網膜神經元完成這個壯舉。至於對初級視覺皮質神經元的研究，則是由達維・博克（Davi Bock）和克雷・瑞德（Clay Reid）與其共同研究者一起進行。隨著這個方法的不斷進展，以後我們有可能看得出來，神經元之間究竟有沒有能夠檢測部分及整體的連結。

在接下來的幾年中，連結的「部分—整體規則」將依照這種方式進行測試。為了討論方便起見，讓我們先假設這個規則是真的，並且推想我們該如何運用它來讀取神經連結體。驅動這個規則背後的概念是：「一個神經元站在其他神經元的肩膀上。」我們一開始可以先把這個規則應用於靠近階層結構底部的神經元上，也就是與感覺器官最接近的那些神經元，先推測這些神經元能檢測到哪些刺激。接著我們再一步一步提高階層，推測每一層的神經元經由「部分—整體規則」檢測到哪一些刺激；最後我們終究會抵達最頂端（CA3區神經元），猜測在活體大腦中哪些刺激可以活化它們。（如果有個神經元接收到的連結，是來自檢測到鬆軟下垂的耳朵、哀傷的棕色眼睛、不停搖動的尾巴，以及響亮吠叫聲的那些神經元，那麼這個神經元應該是負責檢測到你的高祖母的狗。）

從死亡的人類大腦中讀取回憶聽起來可能很酷，你鐵定會想到一些繞著這類情節橋段打轉的娛樂電影。不過距離能把這回事當作神經連結體學的重要實際應用來認真考慮，可能還太遙遠了。我建議，還不如把HVC神經連結體的解碼當作基礎研究的挑戰；這會是一個好方法，能夠讓我們進一步瞭解大腦功能如何仰賴於神經元之間的連結。

連結的規則

我已經討論過分析神經連結體的幾種方法：分割成不同大腦區域、分割成不同神經元類型、讀取裡面所包含的記憶。這些方法可能看起來截然不同，但實際上全部都可以視為「**神經元由連結操控管理**」這個規則的公式化表述。上面所列的方法，在預測連結的表現上，每一個都比前一個更精準，因為它遵循的規則是基於更具體的神經元特性。

舉例來說，把鳥類的大腦分割成不同區域，只會產生一些比較粗糙的規則，像是：「如果兩個神經元都位於HVC，它們很可能會彼此連結。」這當然是實話，因為兩個HVC神經元之間有連結的可能性，絕對高過一個HVC神經元連結另一個位於（譬如說）某個稱為「Wulst」的視覺區域神經元的可能性；後者的可能性其實是零。然而，這條規則對於預測任意兩個HVC神經元，是否連結的效果可說是相當糟糕，實際上是根本不大可能做得到。

為了讓規則更加精確，把HVC劃分成多種神經元類型可能會有幫助。我之前並沒有提到這回事，但是我們前面的討論，事實上只適用於唯一一種特定類型的HVC神經元，也就是會把軸突發送〔稱為投射（project）〕到RA去的那種神經元。我們對這種神經元類型特別感興趣，因為它會產生突觸鏈特有的那種連續性尖峰。我們可以運用這點來制定修訂版的規則：「如果兩個HVC神經元都投射到RA，它們就很有可能彼此連結。」這個更具特定性的規則應該會更精確。

如果能讓這條規則取決於歌唱期間神經元產生尖峰的時間，那就更準確了：「如果兩個HVC神經元都投射到RA，而且它們在唱歌期間產生尖峰的時間正好是一個接著另一個，那麼它們就很有可能彼此連結。」如果突觸鏈的模型是正確的，那麼這條規則在預測連結上將會非常準確。

若是我們真的很想瞭解大腦如何工作，我們會需要第三種規則，它取決於神經元的功能特性，這個特性需經由測量尖峰來決定。那些根據區域或神經元類型而來的粗糙連結規則，只能讓我們窺見部分面貌。知道從HVC通到鳴管的區域間連結，可以讓我們知道為什麼HVC神經元擁有和歌唱相關的功能，但是這還不夠，無法闡明為什麼在歌唱期間不同的HVC神經元，會在不同的時間產生尖峰。

同樣地，知道連結的區域性規則可能可以告訴我們：為什麼珍妮佛・安妮斯頓神經元和荷莉・貝瑞神經元會做相當類似的的事情（二者都是經由視覺刺激而活化），不過任何粉絲都會說她們做的事不是完全一樣。我們想要知道的是，為什麼珍妮佛・安妮斯頓神經元只對珍妮佛有反應，而不會對荷莉有反應，反之亦然。基於這一點，我們需要的是像連結的「部分—整體規則」這樣的東西，而這個規則又再次仰賴於神經元的功能特性。

就最廣泛的意義而言，為神經連結體解碼代表讀取神經元所扮演的角色，不僅在記憶方面，還包括思想、情感與感知。如果我們能夠在解碼上取得成功，我們就會知道自己終於找到連結的規則，而且此規則精確到足以瞭解大腦如何運作的程度。然後我們就已經準備妥當，可以回到最開始的那個問題，那個激勵這本書誕生的問題：**為什麼每個大腦運作的方式都不一樣？**

第十二章
比較

念小學的時候，我和我的朋友都試過盡量不要呆呆望著那對同卵雙胞胎同學，然而我們總是忍不住，仍然會一直盯著他們，拚命想要找出兩人究竟有什麼地方不一樣。連體雙胞胎的照片更是吸引人，我們翻閱那本破舊的《金氏世界記錄大全》，目光久久都無法從他們的照片上移開。雙胞胎看起來就是特別怪異，雖然我們實在不確定為何會有這樣的感覺。

美洲和非洲土著的神話裡盡是和雙胞胎有關的故事。納瓦荷族追溯他們的祖先，可以一直上推到女神變幻女（Changing Woman），她因陽光而受孕，生下一對雙胞胎兒子，名叫「怪物殺手」及「為水而生」。他們在十二天內長大成人，出外遊歷尋找自己的父親：太陽；並且一路上不斷與諸多巨人及怪物展開殊死戰鬥。

還有更多雙胞胎角色出現在世界各地的傳說與文學作品中。異卵雙胞胎已經很特別了，但是同卵雙胞胎更是不可思議。為什麼我們會有這樣的感覺呢？原因之一就是：同卵雙胞胎打破了「每一個人都是獨一無二」的假設，他們的相像讓我們心神不寧。不過如果我們仔細觀察，還是可以看出他們之間的輕微差異，這點一樣讓人著迷。

在希臘神話中，雙胞胎往往是同母異父，兩位父親一為神祇、一為凡人，這解釋了雙胞胎的不同天性與不同命運。如今我們已經知道異卵雙胞胎之間的差異完全源自基因體的不同，他們只有半數的基因是一樣的。不過同卵雙胞胎看起來幾乎沒有差別，這是因為他們的基因根本就是對方的翻版。我在前面討論自閉症和精神分裂症的遺傳學時，曾經提過同卵雙胞胎基因相同的說法，不過這需要加上一些條件。最近的基因體研究已經證明：在受精卵分裂成兩個胚胎，也就是形成雙胞胎的過程中，DNA序列上會出現極微小的差異；這些差異可以解釋為何同卵雙胞胎外表會略有不同，甚至可以解釋為何他們思考和行動的方式也並非完全一樣。不過基因並不能全然解釋心智方面的差異，因為這方面相當倚重於學習。即使是未曾經歷手術分離的連體雙胞胎（我們用這個術語來取代原本稱為「暹羅雙胞胎」的說法），他們的生活體驗也不會完全一致。這種雙胞胎彼此真的無法分開，但是他們擁有的記憶並不相同。

根據連結論者的想法，同卵雙胞胎會有不同的記憶和心智，主要是因為他們的神經連結體不一樣。很多人都很想知道自己有個孿生兄弟（或姊妹）是什麼樣的感覺，有時候我會想像有個瘋狂科學家創造出我的「神經連結體雙胞胎」，他的大腦接線方式和我的一模一樣；我會高興得不得了，急著想和他碰面嗎？我的女友會不會嫉妒我們之間的親密關係，抱怨這又是我自戀傾向的另一個證明？我猜想我應該可以對我的雙胞胎傾訴任何事情，他鐵定絕對能夠瞭解我。不過話又說回來，把問題一股腦兒傾吐給想法根本和我一模一樣的人聽，說不定會是一件很無聊的事。

還有，如果我們經過一星期瞭解彼此後，卻被一群喪心病狂的持槍歹徒綁架，又會發生什麼情形呢？比方說，歹徒決定槍殺我們其中一人，把屍體跟勒索信一起寄回去，做為綁架的證明。我應該要為了自己可能會被殺掉而恐懼害怕，還是應該無私地站出去，主動捱子彈？也許怎麼做都不重要，因為就算我死了，所有我的回憶和個性都會留在我的雙胞胎身上存活下去，反之亦然。不過，且慢，既然瘋狂科學家將生命氣息吹進我的翻版兄弟體內已經一個星期了，我們的神經連結體從那時候開始一直在改變，自複製後的第一個瞬間起，兩人就有了分歧，所以我們的心智不再是全然相同了。

幸運的是，我永遠不會被迫捲入這種傷透腦筋的麻煩，也不需要解決這類令人心痛的哲學困境。短期間內我們還不可能看到任何人類神經連結體雙胞胎，但是線蟲呢？我在引言裡提過秀麗隱桿線蟲的神經連結體，言下之意，似乎意指任何兩條線蟲都是神經連結體雙胞胎，不過真的是如此嗎？無疑地，牠們的神經元是完全相同的，所以我們應該可以拿出兩個神經連結體，把它們的神經元一一配對，檢查上面的連結是否都一樣。

這樣的比較工作從來沒有全面完成過，因為這需要兩個完整的秀麗隱桿線蟲神經連結體，然而單是找到一個就已經夠困難了。大衛．霍爾和理查．羅素（Richard Russell）選擇走捷徑，比較來自線蟲尾巴末端的部分神經連結體，結果發現並不是全然相同。如果一條線蟲裡有某兩個神經元以很多突觸彼此相連結，那麼在另一條線蟲裡，這兩個神經元也很可能彼此連結；但若在一條線蟲體內某兩個神經元之間只有單獨一個突觸連結，那麼在另一條線蟲裡，這兩個神經元之間很可能根本沒有突觸相連結。

究竟是什麼原因造成這些變異呢？這些線蟲在實驗室裡已經高度近親交配好幾代，誇張一點來說，這個方法早就用來培育純種狗和純種馬，而且讓所有的實驗室線蟲都成了基因體雙胞胎，但是牠們的DNA序列中確實還是存在一些微小的變異。會不會就是這些變異導致神經連結體產生差異？還是說神經連結體的差異是一個跡象，表示線蟲會從經驗中學習？或者這些差別既不是源自基因也不是由於經驗，而是線蟲的神經元在發育過程中接線時發生的隨機失誤？所有這些解釋都可能是對的，但是我們需要做更多研究來測試它們。

這些神經連結體的差異會影響行為，導致線蟲擁有各自不同的「個性」嗎？霍爾和羅素並沒有研究這個問題，所以我們也不知道答案。他們的線蟲是近親交配的結果，但其他方面都很正常。別的研究人員倒是確認出一些基因有缺陷、表現也異常的線蟲；找出這些線蟲的神經連結體的工作尚未完成，但若完工之後，應該可以直截了當地做比對工作，看看異常與正常線蟲神經連結體的神經元，有無一對一的對應關係。不過，若是神經元有缺失或額外增加的情況，那麼比對神經連結體就會變得困難一些，但應該還是做得到。如果找到秀麗隱桿線蟲的神經元變得比較容易的話，這一類的研究工作該會突飛猛進。

比較擁有發達大腦的動物的神經連結體，會是更具挑戰的任務。正如我在引言提到的，比較大的腦子在神經元的數量上差異非常大，所以不可能把神經元一一對應出來。理想情況下，我們會找到一些方法，用連結的相似或類似性來比對神經元的一致程度。根據連結論者的真言，這樣的神經也會具有類似的功能，就像在不同大腦中的珍妮佛．安妮斯頓神經元一樣。這種對應不會是一對一的，因為珍妮佛．安妮斯頓神經元的數目在不同的個體中可能有很大的差異。（有些人甚至根本沒有珍妮佛．安妮斯頓神經元，從來不會因為見到她而特別開心。）這種比對會需要很複雜的計算方式，這方面仍有待發展。

另一種替代的方法，是先把神經連結體簡化之後再來做比對工作。我們可以用大腦區域或神經元類型為條件來簡化神經連結體，如之前所述。由於我們預期所有正常個體都適用這些劃分條件，因此理應可以達成一對一的對應關係。比對一個較大腦子的簡化神經連結體應該不難，和比較線蟲的神經連結體差不多。

之前我主張區域性連結體或神經元類型連結體，不足以用來瞭解我們個人本質上最獨特的面向，也就是我們的記憶；不過其他具有區別性的心智特徵，像是個性、數學能力，以及自閉症等等，似乎較趨於一般性，比較不受個人記憶影響，因此這些心智特性可能可以從簡化神經連結體的解碼結果看出來。

大腦的高速公路

原則上，我們可以運用分割神經元連結體的方法，找出簡化的神經連結體。然而事實上，我們連找出囓齒動物大腦的整個神經元連結體，都還差得遠哩！另外一種替代方式，就是開發直接找到簡化神經連結體的捷徑方法，這樣就不需要先找出神經元連結體。這類方法在技術上比較容易，因為它們並不需要收集那麼多的影像數據。

有些神經科學家，想用光學顯微鏡找到神經元類型連結體。這種方法的首創者是卡哈爾，他得到的結論是：如果某種類型神經元的軸突，延伸到由其他類型神經元的樹突所占據的區域，那就代表這兩種類型的神經元互相連結。他的方法需要一點一點逐漸累積結果，隨著現代科技的發展，已經可以應用系統化的方式來達成。不過，為了找到一個神經元類型連結體，我們必須結合來自許多大腦的神經元影像，而光學顯微鏡只能看到一個大腦中的小部分神經元，因此這個方法在尋找個別大腦之間的差異上，可能不是那麼有用。

光學顯微鏡也可以用來測繪定位區域性連結體。想要把這方法應用在大腦皮質上的話，我們需要先測繪定位出大腦的一個特定部分，一個我還沒有提到的部分：大腦的白質。請回想一下：大腦位於腦幹上端，有如水果長在果柄末端一樣；果實的「果皮」部分就是皮質，也稱為灰質；切開水果則會看到裡面的「果肉」，這裡就稱為白質，參見圖四十八。

灰質和白質之間的差別，很早以前便為人所知，但它們的根本差異直到神經元發現後才清楚呈現。外層的灰質是神經元所有部分的混合體，包括細胞本體、樹突、軸突和突觸；而白質中只含有軸突。換句話說，**內層的白質全部都是「電線」**。

白質中大部分的軸突來自周遭大腦皮質中的神經元，它們屬於錐體神經元，因為所有皮質神經元中有八〇%是錐體神經元。之前我提過這種神經元的細胞本體呈三角形或金字塔形（錐形），它們的軸突朝外延伸相當長的一段距離。我們在此要說明更詳細一些：這個錐形的尖端朝向大腦外部，軸突直接從錐形的底部伸出來，與皮質層呈垂直方向，往內穿入白質，如圖四十九所示。

軸突向下延伸時，也會向旁邊伸出一些分支，稱為側支（colleteral），目的就是和附近的神經元以突觸相連結。不過軸突的主要分支最後會離開灰質，進入白質，開始通往其他區域的旅

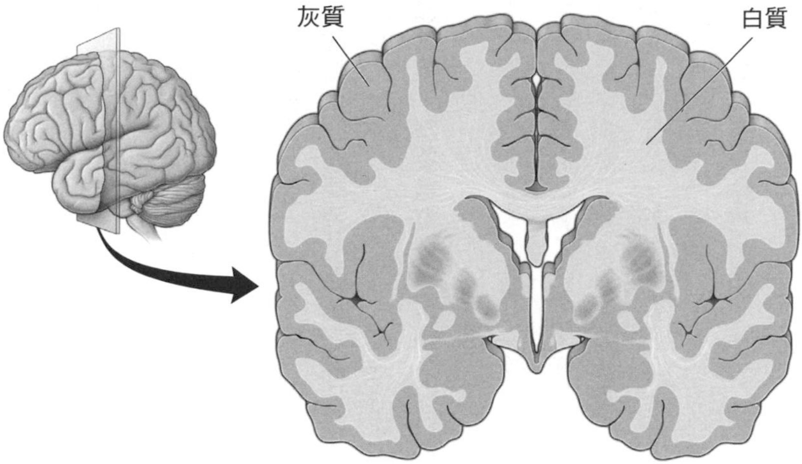

圖四十八：大腦的灰質與白質。

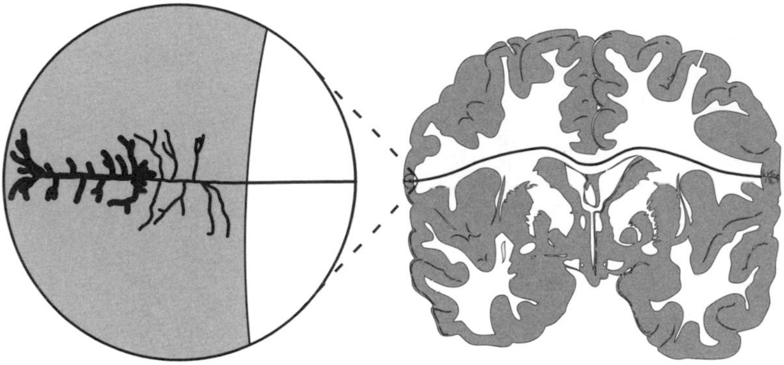

圖四十九：錐體神經元軸突的主要分支與側支。

程。到了每一個目的地區域，它都會產生許多分支，以便與當地的神經元相連結。

有些軸突不會跑得太遠，會重新進入出發點附近的灰質部位。不過大部分錐體神經元的軸突都會投射到皮質的其他區域，有些甚至會遠行到大腦的另一側。某些白質中的軸突（僅占極少數），會將皮質和腦子的其他結構連結起來，像是小腦、腦幹，甚至脊髓；不過這些軸突在白質中所占比率不到十分之一。所以大腦皮質是極度自我中心的組織，它的主要「對話」對象是自己，而不是外部的世界。

這裡還有另一種看待它們的方式：如果灰質中的軸突和樹突像本地街道，那麼白質裡的軸突就像是大腦的高速公路。它們比較寬也比較直，而且長得不得了；事實上，這些軸突加起來的總長度大約是十五萬公里，超過地球到月球距離的四分之一。然而挑戰之處就在這裡：**尋找區域性連結體，需要追蹤每一條軸突在白質中的旅程。**

這似乎是不可能的任務，但它可以經由為整個白質切片及造影成像，用電腦追尋每條軸突在影像中走過的路徑來辦到。從每一條路徑的起點與終點，可以定義出皮質中兩個位置之間的連結狀況。這個方法會不會太困難而不實用呢？畢竟大腦白質在體積上可是與灰質不遑多讓，而我們目前還在拚命努力，想要重新建構出一立方釐米的灰質哩！有鑑於此，現在提出重建數百立方公釐白質的建議，好像有點荒唐，不過其實只要你知道白質的軸突，在較低解析度下也能看得到的話，應該就不會覺得我的建議有那麼瘋狂了。

想知道為什麼的話，請看一下圖五十所示的橫截面影像。軸突一離開灰質之後，其中一大部分都會經歷一個重要的轉變：外層多了由其他細胞反覆包裹構成的外鞘。如此，大腦不僅本身內部會有接線，還令人訝異地將它的「電線」用一層東西包覆起來以達絕緣效果。這一層外套由稱為髓磷脂（myelin）的物質構成，成分大部分是脂肪分子，正是這些分子讓白質呈現白色。（罵人「fathead」雖是「笨蛋」的貶義，但它的字面意義「脂肪頭」還真的是每一個人的寫照。）軸突被髓磷脂包覆稱為「髓鞘化」，它會加快尖峰的傳播，這一點對於在較大的腦子裡迅速傳輸訊號非常重要。髓鞘化失常引發的疾病，像是多發性硬化症（multiple sclerosis），會對大腦功能帶來毀滅性的影響。

白質內的有髓鞘軸突（一般直徑約一微米），比灰質裡大部分的無髓鞘軸突粗得多；更進一步而言，若是我們只想找到區域間的連結，那就根本不需要看到突觸。如果軸突進入灰質內某個區域，並在其中產生分支，我們幾乎就可以肯定它在那裡一定有生成突觸；所以只要追蹤這些白質裡的「電線」，就足以找出區域性連結體。如果我們限定

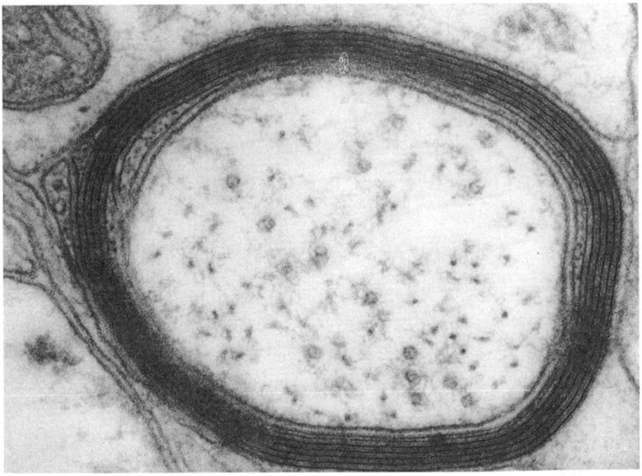

圖五十：有髓鞘軸突的橫截面。

自己只要尋找有髓鞘的軸突，那麼我們就可以使用連續光學顯微鏡（serial light microscopy）來完成工作；它和連續電子顯微鏡類似，但是需要的切片不必那麼薄，產生的影像解析度也比較低。

當然，就人類腦子的大小而言，定位白質的軸突仍然是一項艱鉅的技術挑戰。研究較小腦子中的白質，例如嚙齒類動物和非人類靈長類動物的腦子，應該會是個很好的起點。我們可以拿過去以舊的技術做的動物白質路徑研究，與現在的研究結果互相比較核對。這種技術

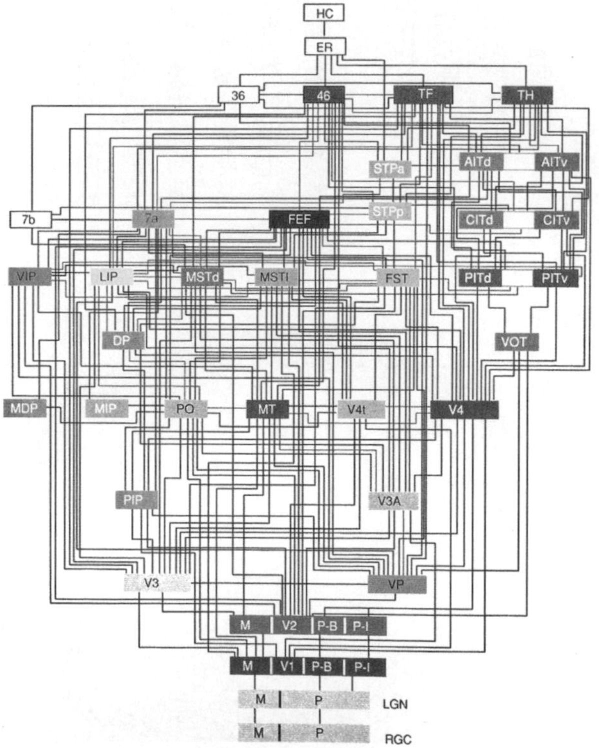

圖五十一：恆河猴大腦皮質視覺區之間的連結（可參考圖三十九）。

被用來尋找猴子大腦皮質視覺區之間的連結，如圖五十一所示。（前面的圖三十九可以看到猴腦的分區，而不是之間的連結。）由於舊的技術並不適用於人類大腦，所以我們自己腦子裡的白質幾乎完全沒有人探索過。

人類神經連結體計畫已經採用擴散核磁共振造影（dMRI）而非顯微鏡，試圖找出像圖五十一這樣的人腦地圖。dMRI和MRI不同，MRI用在找出大腦區域的大小；它也和fMRI不一樣，fMRI用於測量這些區域的活化情形。可惜的是，dMRI和其他形式的MRI都有相同的基本限制：空間解析度不佳。MRI檢查產生影像的解析度只有毫米級，不足以看到單一神經元或軸突。既然解析度這麼低，我們怎麼能指望用dMRI追蹤白質裡的接線呢？

其實，白質有一個有趣的特徵，讓它的結構變得比灰質簡單。你有沒有過把義大利麵條下到沸水後卻忘記攪拌的經驗？幾分鐘之後你會發現自己犯的錯誤，看到一些麵條黏在一起變成一束。這種烹飪上的尷尬結果和白質很像；灰質則比較像是一碗完全糾纏在一起的義大利麵。

軸突束就像是沒有攪動過的麵條，它們會形成纖維束（fiber tract）或白質路徑（white-matter pathway）。這種軸突束和神經很類似，不同之處在於它們只在大腦內行進。為什麼軸突會成束呢？嗯，為什麼草地上只要被走出一條露出土壤的小徑，很多人就會跟著這麼走呢？首先，那會是一條捷徑，比景觀設計師安排鋪設好的走道更方便而有效率；其次則是「跟隨領袖」作用——只要有少數幾個開路先鋒先把草坪踩凹了一點點，其他人就會跟隨他們，把這條小路上的草踩到完全平坦為止。同樣地，假設軸突已演化為追求最經濟的接線方式，它們自然會選擇白質中最有效率的路徑；由於最有效率的解決方案往往是獨一無二，因此我們也可以預期出發點和目的地相同的軸突會採取同樣的路徑。此外，我們已經發現在大腦發育過程中，**第一條生長的軸突通常會把路徑標示出來，提供化學線索，讓其他軸突能夠跟著走**。

單獨一條軸突可能細到用顯微鏡才看得見，但纖維束卻可能相當粗。最大的纖維束就是著名的胼胝體，這條粗大的軸突束橫跨大腦的左、右半球。十九世紀的神經解剖學家解剖大腦時以肉眼觀察，也曾經發現一些其他較粗大的纖維束。dMRI是令人振奮的進展，因為它可以追蹤活體大腦中的白質路徑；它會計算每個箭頭處的資料，這些箭頭標示出各個位置的軸突走向，把這些箭頭連接起來，就可以追溯整個軸突束的路線。dMRI另一引人矚目的成功是，它除了已經找到弓狀束這條原本通路，也找到其他連接布洛卡區和韋尼克區的白質路徑；正如我前面所提過的，這些發現觸發了布洛卡－韋尼克語言模型的修正。

這樣的故事相當振奮人心，但是dMRI也有其局限。因為它的空間解析度較差，所以不容易追蹤較細的纖維束；即使是粗纖維束，如果兩股交叉而過，裡面的個別軸突混雜在一起，那麼辨識一樣會出問題。你可以把這樣的交叉想像成一片混亂的十字路口，擠滿了行人、自行車、動物和汽車；你得非常小心觀察，才能看出任何一個特定行進者究竟是要直行還是轉彎。同樣地，只要軸突一進入兩個軸突束相交的區域，就很難用dMRI辨認出這條軸突的停止點在哪裡。測繪定位大腦白質唯一萬無一失的笨方法，便是採用可以追蹤各別軸突的方式，就像我已經在本章提出的方法。

用dMRI來測繪定位區域性連結體，已經是很有問題的方式，若對象是神經元連結體或神經元類型連結體就更不合適了。當然，dMRI的重要優勢就是它能夠對活體大腦進行檢測，好歹它至少也能檢測出明顯的連結病變，像是缺少胼胝體。由於dMRI可以用來快速而方便地研究許多活體大腦，所以它可以發現精神疾病和大腦連結性之間的關係；不過這些相關性可能很弱，就像用早期顱相學的方式來推斷精神疾病一樣。

MRI專家們一直在努力提高機器的解析度，但是進步緩慢，所以還有很長的路要走。大致來說，目前dMRI的解析度只有光學顯微鏡的千分之一，而光學顯微鏡的解析度又只有電子顯微鏡的千分之一。也許發明家可以創造出比MRI更好的非侵入性成像方法，但我們不要忘記，透過頭骨看到活體大腦的內部，基本上，本來就比將死亡大腦切片放在顯微鏡下檢查挑戰性高出許多。顯微鏡檢查已經提供我們找到神經連結體時必要的解析度，現在我們只需要放大這個效果的規模，讓它能處理更大的體積；兩相對照之下，MRI檢查需要突破的則是更基本的東西。因此，在可預見的未來，顯微鏡和MRI這兩種方法仍會保持互補的關係。

老鼠會得自閉症？

為了要找到連結病變，我們將使用前面介紹過的方法，來測繪定位正常與異常大腦的簡化神經連結體，並且將二者互相比較。有些差異可能用dMRI就能檢測出來，但比較細微的部分就會需要使用顯微鏡；我們也會用電子顯微鏡來比較小塊大腦的神經元連結體。使用顯微鏡一直以來的困難，就是它只能用於檢測已死亡的大腦；的確有些人願意在死後捐出大腦供科學研究

（這個慷慨的傳統已有悠久歷史），但就算我們得到死亡的大腦，很多這樣的腦子又有一些特殊的問題。

另一種替代方式，是搜尋動物大腦中的連結病變。這樣的研究對開發新療法也非常重要，因為這些療法往往會先施用在動物身上，然後才會做人體試驗。已成為傳奇的法國微生物學家路易·巴斯德（Louis Pasteur），當初就是先在兔子身上培養病毒，之後削弱病毒毒性，才做出史上第一劑狂犬病疫苗。這種疫苗起先是用狗來測試，後來在戲劇化情況下展開第一次人體試驗：因為有位九歲男孩被瘋狗咬傷了。

用動物來研究人類的精神疾病可不是件易事。狂犬病病毒無論感染兔子、狗狗或是人類，都會造成同樣的疾病；但是真的有罹患自閉症或精神分裂症的動物這回事嗎？目前並不清楚自然情況下是否會出現這樣的動物，但研究者正試圖利用基因工程的方法來創造出這樣的動物。研究人員把與自閉症及精神分裂症相關的缺陷基因植入動物的基因體（通常用的實驗動物是老鼠），希望能讓牠們患上類似的疾病。理想情況下，這些動物將成為人類疾病的「模型」，可說是真實疾病的近似物。

這個策略算是巴斯德方式的變化版，但即使是用在傳染病上，有時也會失敗。例如人類免疫缺陷病毒（ＨＩＶ），它在人類身上會造成愛滋病，但很多靈長類動物都不會感染此病，因此很難對ＨＩＶ疫苗做測試。對猴子來說，愛滋病是由猴免疫缺陷病毒（ＳＩＶ）引起的，這種病毒和ＨＩＶ有關，但並不相同。由於人類愛滋病缺乏良好的動物模型，使得研究步調相當緩慢，目前還未能找到治癒的療法。同樣地，把有缺陷的人類基因植入動物，不見得能夠讓牠們患上自閉症或精神分裂症，可能需要的是一些雖然類似但並不相同的基因缺陷。

基於這些不確定性，該如何驗證這些精神疾病的動物模型是否合乎要求，這個問題已經浮上檯面，不容忽視。目前還不清楚到底該採用什麼樣的標準；有的說法認為應著重於症狀的相似性，但即使是對於傳染病，這個標準也不是次次奏效。有時候同一種微生物既可以感染動物也能感染人類，但會引發非常不同的症狀；動物也有可能連一點點不良反應都無法承受。不過就算人類的自閉症或精神分裂症基因在老鼠身上竟然產生截然不同的症狀，也不見得代表這個老鼠模型是沒有用的。（有些人主張比較症狀是毫無意義的，因為像這類涉及行為的精神疾病，似乎是人類獨有的問題。）

另一種替代的標準則是神經病變的相似性，這個標準已經被應用於評估像是阿茲海默症這類神經退化性疾病的老鼠模型。在人類的情況中，阿茲海默症會伴隨著大腦中出現斑塊和糾結的異常堆積；正常的老鼠不會罹患阿茲海默症，但是研究人員利用遺傳工程造成罹患此症的老鼠模型，牠們的大腦裡也會產生大量斑塊和糾結。至今研究者還在爭論這些模型夠不夠好，能不能用來研究阿茲海默症，不過至少他們已經有個目標：有明確而一致的神經病變可以模仿。

如果照著這樣的脈絡，對於自閉症和精神分裂症這類疾病的動物模型來說，連結病變的相似性可能會是很不錯的標準。當然，如果想要讓這個方式成功，我們需要先確認出動物模型的連結病變，以及遭到自閉症及精神分裂症折磨的患者究竟有哪些類似的連結病變。

在路燈下找鑰匙

你可能已經注意到：比較神經連結體的計畫似乎和解碼神經連結體的計畫大不相同。連結論者的記憶理論提出一些特定假設（細胞群組和突觸鏈），可以用神經連結體學來進行測試；相較之下，連結病變的概念則是開放性的。如果沒有特定的假設，尋找連結病變的努力會不會徒勞無功？

人類基因體計畫的領導人之一艾瑞克．蘭德（Eric Lander），在這個計畫完成後十年以這段話做出總結：「基因體學最偉大的影響，就是以全面性、不具偏見、不做假設之方式，來研究生物現象的能力。」這些話聽起來和學校教我們的科學方法很不一樣，我們學到的是科學要以下列三個步驟進行：（一）擬定一個假設；（二）根據這樣的假設做出預測；（三）進行實驗以驗證這個預測。

有時這樣的程序的確能奏效，但是每一個成功的故事背後都會有更多失敗的故事，因為它們選擇了錯誤的假設進行研究。驗證一個假設也許需耗費大量時間和精力，但最後得到的結果，有可能是假設錯誤，或者甚至更糟——證明此假設和主題完全風馬牛不相及。若是後面這種情況，將會導致研究在完全浪費時間的情況下結束。不幸的是，除了倏然頓悟或靈光一閃之外，擬定假設並沒有任何明確定義的公式可循。

我們的確有其他方式可以替代「假設驅動」，或稱「演繹性」的研究方法，那就是「數據驅動」，或稱「歸納性」的研究方法，它同樣也有三個步驟：（一）收集大量數據；（二）分析數據，檢測出模式；（三）運用這些模式來擬定假設。

有些科學家傾向選擇其中某一種方式，而不是另外一種方式，因為這種方式適合他們的個人風格。不過這兩種方式並不是全然對立，我們應該把數據驅動的方式視為一種產生假設的方法，它應該比純粹基於直覺來擬定假設的方法更值得探究；然後我們就可以採用假設驅動的研究方式繼續進行下去。

如果我們有適當的科技，就能把這種方法應用在精神疾病上。對於神經的連結性，神經連結體學可以提供更精確、更完整的相關資訊；有了這麼多垂手可得的數據，我們將不再需要「在路燈下找鑰匙」。（譯注：前面提過這個故事，隱喻還就現實條件卻搞錯了努力的方向。）一旦我們確認出連結病變，就可以對導致精神疾病發生的原因建立更好、值得進一步探討的假設。

我們還可以再提出另一種比喻：因為大腦如此複雜，因此尋找精神疾病的原因就像要從乾草堆裡找出一根針一樣。那麼該怎樣做才能成功呢？方法之一：一開始對針的位置就要做出好的假設，如此可以將你需要搜索的乾草堆局限在一小部分；如果你夠幸運或是夠聰明，能做出良好假設，這個方法就能奏效。另一種方法則是做出一種機器，能夠迅速篩選草堆中所包含的所有東西；有了這樣的科技，保證你絕對找得到那根針，就算你不夠幸運或不夠聰明也沒關係。神經連結體學的方法就和這個方法類似。

辨認出連結病變

想要明白為何人類心智各有不同，我們會需要先把大腦之間的差異看得更清楚；這就是為什麼神經連結體的比較如此重要。然而單是發現差異並不夠，因為到頭來可能會發現許多差異都不是我們關注的重點。我們必須縮小範圍，把焦點放在與心智特性強烈相關的重要差異上；因為只有這些差異，能在最後賦予連結論比顱相學更大的解釋能力，可以更精確地預測個體的精神疾病，也能忠實估計正常人的智力。（如果是用顯微鏡檢測死亡大腦所得到的神經連結體，那麼這些測試所做的其實不是「預測」而是「後測」，是從已故者的大腦來推測他們生前的精神疾病及心智能力。）

辨認出連結病變會是瞭解某些精神疾病的重要一步，不過單是瞭解而已並沒有幫助。理想情況下，我們將利用這份瞭解來對這些疾病研發出更好的治療方法，甚至是治癒的方法。在下一章，我將展望如何做到這些部分。

第十三章
改變

一八二一年，作曲家韋伯的歌劇作品《魔彈射手》首演，劇中的英雄馬克斯想要娶阿嘉特為妻，他必須在射擊比賽中獲勝，才能打動女方父親的心。馬克斯因為擔心失去所愛而陷於絕望，結果把自己的靈魂出賣給魔鬼，換取七顆保證能正中目標的魔術子彈。最後馬克斯不僅贏得了美人歸，還設法逃過魔鬼的掌心，於是歌劇在一片歡樂中落幕。

一九四〇年，華納兄弟電影公司發行了《艾利希博士的魔彈》（*Dr. Ehrlich's Magic Bullet*），這齣電影內容改編自德國醫生及科學家保羅・艾利希（Paul Ehrlich）的一生。艾利希因為他在免疫系統方面的發現，於一九〇八年與其他人共獲諾貝爾獎，獲獎後他並沒有因為這樣的殊榮而停頓研究腳步。他發明了第一種治療梅毒的藥物，減輕數百萬人的痛苦。由於艾利希是第一位以人造藥物對抗疾病，因此也算是製藥產業的發明者。他將「魔術子彈」理論引為信條，這個名稱的靈感很可能就是來自韋伯大受歡迎的《魔彈射手》。艾利希先是想像有種化學物質能夠殺死細菌，但不會殃及其他細胞，就像魔術子彈一樣能夠準確無誤地正中目標；後來他真的發現這樣的物質。

子彈的比喻說明了兩個重要的原則，適用於所有的醫學治療，包含藥物治療在內：第一，應該要有一個特定的目標；第二，理想的介入治療應該要能選擇性地只對目標本身產生影響，也就是說要避免「副作用」。我們對腦部疾病所採取的治療方法至今仍然原始得教人傷心，根本不符合這些原則；而外科醫生的手術刀又粗魯得無可救藥，會改變大腦精細的結構，然而有時候就是沒有別的辦法。你已經聽說過神經外科醫師為了治療嚴重癲癇，將癲癇發作起源的部分大腦移除的病例。熱心過度的手術可能會導致災難性的結果，這就是你在H．M的例子裡看到的情況。為了使副作用愈小愈好，讓目標區域盡可能縮到最小，便是很重要的一件事。

癲癇手術純粹是從神經連結體中移除神經元，其他的治療程序則旨在破壞神經元的接線，但不會殺死它們。二十世紀初期，外科醫生企圖破壞連接額葉與大腦其他部位的白質來治療精神病，這種惡名昭彰的「額葉白質切除術」最後終於名譽掃地，被抗精神病藥物所取代。然而精神外科手術至今依然存在，它是其他治療方式失敗後的最後手段。

在考慮其他類型的介入治療之前，我想先退後一步，想像一下理想的治療方式。我已經說過，某些精神疾病可能是由連結病變所引起的；倘若真是如此，想要真正治癒這類問題，就需要建立連結的正常模式。如果你是神經連結體決定論者，可能會認為這個方法前途無望；就算你比較樂觀一些，也無法否認大腦結構的複雜性讓人望而卻步。單是看到神經連結體就已經夠困難了，想要修復它們似乎更加艱鉅；目前還不清楚我們有哪些科技可以承擔這樣的挑戰。

不過大腦天生就有一些機制，可以改變神經連結體，那就是重新加權、重新連結、重新接

線，以及再生，這些機制都在精巧控制之下運作。由於這四個R受基因和其他分子支配，自然也可以變成藥物作用的目標。我想你對於神經連結體可以是藥物治療的標靶這種概念，應該不會太驚訝，畢竟你一直在閱讀這本書；但你心裡可能會有些納悶，不知道這個想法是否與你從其他來源得到的知識一致。

根據一些可以追溯到一九六〇年代的著名理論，某些精神疾病是由於神經傳導物質過多或不足所引起的，這就解釋了為什麼，使用改變神經傳導物質濃度的藥物後，這些疾病可以有所緩解。舉例來說，憂鬱症已被歸因於缺乏血清素（serotonin），所以一般認為可以用抗憂鬱藥物，例如通常稱為「百憂解」的氟西汀來予以糾正。（理論上這些藥物增加血清素的方式，應該是在神經元分泌這種物質後，阻止神經元將它吸收回去。請回想之前提過有這類機制存在，可以避免神經傳導物質在突觸間隙中流連不去。）

但這個理論有個問題：氟西汀對血清素濃度馬上就會產生影響，但鼓舞情緒的效果卻要好幾週之後才會顯現出來；這樣的長時間延遲要如何解釋？根據某種推測，血清素增高會引起大腦在較長期間產生其他變化；也許能緩解憂鬱症的是這些變化，但是它們到底是哪些變化呢？神經科學家一直在追尋氟西汀對四個R的效果，已經發現它能夠增加海馬迴中新突觸、新分支、新神經元的生成。再者，正如我在重新接線的討論中所提到的，氟西汀可能會經由刺激大腦皮質重新接線，來恢復成人的視覺優勢可塑性。這並不能證明藥物的抗憂鬱作用是透過神經連結體的改變所引起的，但它確實讓神經科學家開始考慮這樣的概念。

在本章中，我會將重點放在尋找新藥物的前景：這種治療精神疾病的藥物特別以神經連結體為標靶。不過我要特別強調：其他類型的治療也很重要，藥物可能只能增加改變的潛力。想要真正帶來正向的改變，必須以矯正行為與思維的訓練療法為主，藥物為輔；這種組合可以引導四個R重新塑造更好的神經連結體。依我看來，**改變大腦的最好方式，就是幫助它改變自己。**

休眠中的再生能力

藥物已經讓精神疾病的治療大步躍進，這點毫無疑問。抗精神病藥物可以治療精神分裂症最戲劇化的症狀：妄想與幻覺；抗憂鬱藥物則能讓想自殺的人過正常的生活。然而目前的藥物都有其局限，我們能不能找到更有效的新藥呢？

最成功的藥物就是治療傳染病的那些藥。像盤尼西林（青黴素）這類的抗生素能透過在細菌外膜打洞的方式殺死細菌，因而治癒感染；疫苗的構成物分子則會讓我們的免疫系統對細菌或病毒更加警覺。簡言之，**抗生素糾正感染問題，而疫苗則是預防這類問題發生。**

這兩種策略也適用於腦部疾病，讓我們先來考慮預防這回事。中風發作的時候，大多數神經元都還活著，只是遭到破壞，之後它們才會慢慢退化及死亡。神經科學家們正在努力尋找「神經保護藥物」，希望能將神經元在中風後遭到破壞的情況降到最低限度，藉此防止它們在之後死亡。同樣的策略也延伸到那些看不出有什麼明顯原因，但神經元仍不斷遭到破壞的疾病。舉例來說，沒有人確切知道，為什麼帕金森症患者的多巴胺（dopamine）分泌神經元會持續退化及死亡，研究者推測這些神經元應該是處於某一種壓力之下；所以他們希望能開發出減少這種壓力的藥物。

有些帕金森症病例是因為基因缺陷而引起的，這種基因含有一種稱為帕金蛋白（parkin）的蛋白質編碼；因此最容易想到的治療方式就是把這種有缺陷的基因替換掉。目前研究人員正在嘗試這麼做，他們把正確版本的基因封裝到病毒中，再把病毒注射到大腦裡，希望這些病毒會感染多巴胺分泌神經元，然後避免退化現象出現。這種帕金森症的「基因治療」方式目前已經在大鼠和猴子身上試驗過，但還沒有經過人體試驗。

神經元死亡只是神經元退化的最後步驟，通常是相當耗時費日的過程；你可以想像這就像一個人的健康慢慢走下坡，開始日趨衰弱，然後大小病痛連番來襲，一次比一次更糟糕。為了找到線索，研究者仔細查看神經元在不同退化階段的情況，就像醫生觀察患者症狀的發展過程一樣。

這類的觀察很有幫助，因為它們把病因縮小到分子範圍，這是神經保護藥物的可能目標。此外，他們還精準確認了退化的最初步驟；時間點在此是至關緊要的事，從最開端就下手干預比之後才設法防止細胞死亡有效得多。早期介入對於治療認知障礙（cognitive impairment）也很重要，這些情況浮現的時間通常遠遠早於神經元開始大批死亡的時間。此類症狀的出現，有可能是因為早在神經元真正死亡之前，連結就已經開始大量喪失。

一般而言，能夠更清楚看到退化情形，而且在早期階段便已發現，會是非常重要的一件事；神經連結體學所用工具得到的影像能夠幫助我們做到這一點。連續電子顯微鏡可以告訴我們神經元究竟怎麼開始惡化的，對於哪一種神經元會受到影響及何時受到影響，我們也能獲得更精確的資訊。所有的這一切，在我們尋找防止神經退化病變發生的方法時，絕對會有幫助。

我們也能找到防止神經發育障礙發生的方法嗎？想要做到這一點的話，必須儘可能早些做出診斷，最好趕在發育偏離正軌太遠之前。即使胎兒還在子宮裡，現在都已經可以進行基因測試，來預測像是自閉症或精神分裂症之類的問題日後是否可能出現；不過如果希望預測更為精確，就需要將基因檢測與大腦檢查合併進行。

我在前面曾經提過顯微鏡的空間解析度較高，所以用它來檢視死亡的大腦，對於確認腦部疾病是否由連結病變引起是必要的。這個方法固然可以帶來良好的科學進展，但它本身對活人的醫療診斷卻沒有什麼用處。不過話雖如此，等到運用顯微鏡研究死亡大腦能夠完全揭示連結病變的特徵時，用dMRI來診斷出活體大腦的連結病變應該也會變得更容易。就一般情況來說，如果你明確知道自己要找的究竟是什麼東西，一定會比較容易找到。

對某些疾病而言，行為上的徵象也能提供很多訊息。有些精神分裂症患者遠在第一次精神病發作之前，於年幼時期便已表現出輕微的行為症狀。所以仔細檢測出這類早期症狀，並且結合基因測試和大腦造影，也許可以準確地預測出精神分裂症。

早期診斷出神經發育障礙，可以為之後的預防工作鋪路。神經連結體學能夠幫助我們確定大腦發育過程中到底是哪個環節出了差錯，如此一來，開發防止連結病變或其他發育異常狀況的藥物或基因療法，都會變得比較容易。

預防疾病發生這個目標似乎已經夠野心勃勃了，但是在大腦受損後加以修復這種工作的挑戰又更勝一籌。如果受傷或退化已經造成神經元死亡，這情況還有救嗎？否定再生可能性的人會給你悲觀的答案，這是神經連結體決定論者喜歡的論調。由於就一般情況而言，成年後的大腦的確不會再出現新的神經元，所以大腦在受傷後自癒的能力很有限。有什麼方法可以突破呢？

其他物種，例如蜥蜴，有能力在受傷後再生恢復絕大部分的神經系統；人類的小孩子再生能力也比大人強。一九七〇年代，自從醫生發現孩童的指尖可以像蜥蜴的尾巴那樣再生之後，他們就不再試圖用手術來重新連接被切斷的指尖了；到了現在，醫生就只是等著讓指尖重新長出來。成年人體內也許潛伏著休眠中的再生能力，再生醫學這個新領域的目標就在於喚醒這些能力。

受傷會自然活化成人大腦的再生過程。神經元生成的主要地點是所謂的腦室下區（subventricular zone），未成熟的神經細胞〔稱為神經母細胞（neuroblast）〕，通常會從此處遷移到嗅球去，這是大腦中負責嗅覺的結構。中風會增加神經母細胞的生成，而且會讓它們改道，轉移到大腦受傷的區域。由於這種自然過程對中風後的復原可能很有助益，有些研究者正試著開發人工方法來促進這種作用。

再生的另一個途徑，就是直接把新的神經元移植到受傷區域；這樣做的效果可能比促進細胞從像腦室下區那麼遙遠的地方遷移過來要好一些。我之前提過帕金森症和多巴胺分泌神經元的死亡有關，研究人員曾經試過移植胎兒健康的神經元來取代這些細胞，結果令人訝異，有些神經元在接收者的大腦中存活超過十年，不過目前還不清楚移植是否真的對減輕症狀有幫助。這個實驗中所用的細胞是從墮胎的胎兒分離而來的，此舉引發激烈的道德爭議。移植也有進一步的併發症問題，因為患者的免疫系統可能會將新細胞視為外來物，而加以排斥。

目前我們已經能夠避免這兩個問題，這得歸功於最近的科技進步，能夠配合特定的病人需求，培養出適合他們的新神經元。皮膚細胞可以經過去程式化（deprogrammed）作用，變成幹細胞（stem cell），從此有效地「遺忘」了往日身為皮膚細胞的生活。由於新的身分曖昧不明，這種幹細胞現在可以被重新程式化（reprogrammed），在活體外（in vitro）分裂生成神經元。（in vitro，這個拉丁文術語真正的意思是「在玻璃裡」，指的是人工的培養環境，可以培養從生物體分離出來的分子、細胞或組織。最初這種環境典型用的是玻璃容器，不過現在比較常用的是塑膠容器。）研究人員已經以這種方法，用帕金森症患者的皮膚細胞來生成多巴胺分泌神經元，他們計畫將神經元移植回病人的大腦，好治療這種疾病。

無論是自然生成，還是移植補充而來，大多數的新神經元都會死亡；如果沒有「往下扎根」，新的神經元大概都無法存活下來。因此，再生療法一定需要在新神經元融入原本神經連接體這方面特別加強，這個過程取決於如何促進另外三個R：重新接線、重新連結，以及重新加權。

成年人的大腦可能還擁有一些尚未開發的潛力，能夠促成這些改變。我在前面曾經提過：大部分的復原過程都是發生在中風後的前三個月；根據某種推測，這是關鍵時期，和大腦發育期間相似，可以產生促進可塑性的類似分子。一旦這個窗口關閉，可塑性便驟然下降，復原的速度也會減緩。所以中風的治療可能該著重於如何讓這個窗口保持敞開，延長自然的復原過程。

正如我們所見，**成年人的大腦要重新接線相當困難，不過受傷之後，神經元似乎比較容易長出新的軸突分支。**如果研究者能夠確認出分子方面的原因，就有可能改用人工方式來促進成年人大腦重新接線，如此將有助於讓新的神經元與大腦結為一體，並讓原有的神經元改變自己的功能。同樣地，既然在受傷的大腦中新突觸生成的速率也會加快，這就表示我們有可能以操控某種自然的分子過程，來促進重新連結作用。

我們是否也可以糾正神經發育障礙，把已經接錯線的大腦「修理」好呢？如果你是神經連結體決定論者，你可能會認為糾正的工作純屬徒勞，不如把努力集中在預防方面。不過目前對於神經發育障礙，我們還不清楚是否可能做到完全精準的早期診斷，所以無可選擇，只能先把糾正也列入考慮。想要做到這一點，需要的是神經連結體做最大規模的改變，因此對四個R也會有最高等級的控制要求。

我一直把探討重點放在大腦功能失調的治療，因為這些是神經連結體最需要改變的地方；但是人們也會想要藉著藥物來加強正常的大腦功能。很多大學生會一邊念書一邊喝咖啡，然而咖啡因雖然可以幫助他們保持清醒，但對學習和記憶卻幾乎沒有什麼效果。尼古丁可以增進吸菸者的心智能力，不過這個「增進」其實是和不准他們抽菸後低於一般水準的表現比較的結果。我們可以找到比這些更有效的藥物嗎？譬如說，我們其實很想要有一種藥物，來促進神經連結體產生學習或記憶新資訊及技能所需要的改變；或者能幫助我們忘記的藥物也會很有用，像是造成精神創傷的事件、壞習慣，或是已經成癮的不良癖好，都會形成相關的細胞群組或突觸鏈，最好全都有藥物可以促進它們的消除作用。

理性的藥物發現方法

我們對藥物還有很長的願望清單，全是希望它們能夠預防及糾正腦部疾病；可惜發現新藥的步伐真的走得相當緩慢。每一年都有新藥上市，宣傳攻勢往往大張旗鼓，然而它們很多都不是真正的新藥，只是舊藥的變體而已，藥效也未必有顯著改善；大部分抗精神病藥和抗憂鬱藥，仍然是超過半世紀前偶然發現之舊藥的改編版。只有極少數藥物是真正全新的，它們是神經科學最新進展催生出來的產品。

當然，開發新藥的艱辛並不是精神疾病藥物的專利；創造新的藥品是件風險極大的事，需要耗費多年的時光來發展候選藥品，只有那些被認為最有可能成功的，才能在人類患者身上進行測試，但是十之八九都會在這個最後階段失敗，最後證明它們可能具有毒性，或者根本無效。這是金錢的巨大浪費，因為在把新藥物推上市場所需要的資金中，臨床試驗花費通常占了相當顯著的部分。（成本總額估計大致在一到十億美元之間。）每個人都渴望有更好的藥物出現，包括患有疾病的人、治療患者的人，以及投入鉅資開發新療法的人。要怎麼做才能讓發現新藥的步調加快呢？

從歷史來看，大部分藥物都是意外發現的。第一種抗精神病藥物是氯丙嗪（chlorpromazine），在美國的商品名是Thorazine，它是吩噻嗪（phenothiazine）類的分子。這類分子最早出現於十九世紀，原本是化學家試圖為紡織工業製造染料所合成的產物。一八九一年，艾利希發現其中一種分子可以用於治療瘧疾。第二次世界大戰期間，法國的羅納—普朗克（Rhône-Poulenc）製藥公司〔現在賽諾菲—安萬特（Sanofi-Aventis）公司的前身〕測試了許多種吩噻嗪分子，想要找到更多治療瘧疾的藥物；找不到有效的選擇後，他們又開始尋找抗組織胺藥物（你可能吃過這類過敏用的藥物）。後來有位醫生發現吩噻嗪可以增強手術麻醉劑的效果，羅納—普朗克的研究人員便轉換研究方向，開始測試這種新的應用可能，結果發現氯丙嗪很有效。本來醫生是把氯丙嗪開給精神病患者當作鎮靜劑，但他們後來發現這種藥特別能夠減少精神病的症狀。到了一九五〇年代，氯丙嗪已經席捲全世界的精神科醫院。

第一批抗憂鬱藥物異丙煙肼（iproniazid）和丙咪嗪（imipramine）大約在同一時期發現，它們的故事也一樣曲折。異丙煙肼最初是用來治療結核病，但是它有個意想不到的副作用，就是讓患者沒來由地開心起來；最後精神科醫生終於意會到，這種藥可以用來治療憂鬱症的受害者。在此同時，瑞士的嘉基（J. R. Geigy）公司〔諾華（Novartis）藥廠的前身〕聽說了羅納—普朗克藥廠在氯丙嗪上的成功，決定尋找自家的抗精神病藥物以便迎頭趕上。他們試著測試丙咪嗪的效果，這是化學家對吩噻嗪加以修改合成的產物，但是用它來治療精神病的結果是失敗的，不過幸運的是它竟然能夠緩解憂鬱症的症狀。

因此，研究者並不是刻意要開發出第一種抗精神病藥物及抗憂鬱藥物，他們只是運氣夠好、警覺心也夠強，才能在一九五〇年代這樣的黃金時代碰巧得到這樣的發現。近年來，人們愈來愈熱衷運用對生物學和神經科學的最新瞭解，以「理性」的方法來發現新藥。這種方法究竟是怎麼運作的呢？

回想一下，細胞是由種類繁多的生物分子組成的，這些分子和多種生命過程有關。（我在前面談過一種重要的生物分子：蛋白質，它們的合成完全根據基因裡編碼的藍圖。）藥物是一種人造的分子，會和細胞中的天然分子相互作用。理想情況下，根據魔術子彈的原則，藥物應該只會和某一種特定類型的生物分子交互作用，對別的類型沒有反應。

因此，理性的藥物發現方法，應該以患病時出現功能失調過程中涉及的生物分子為起點。研究人員已經開始確認出許多這樣的生物分子，它們可以當作治療的目標。基因體學的出現，讓確認目標的步調加快許多，使得以理性方法尋找新藥物的前途益顯樂觀。

一旦藥物作用的靶標確立了，首要任務就是找到能夠與它結合的人造分子，就像可以順利插進鎖裡的鑰匙一樣。研究者會根據經驗與知識來推測，製造出各種候選藥物以進行實證測試。一旦成功發現正中紅心的候選人，他們就會精簡其結構，逐步改進它與靶標的結合性。藥物開發的第一階段是由化學家進行的。

現在讓我們先跳到最後階段：人體試驗。這個階段由醫生負責，提供候選藥物給患者，觀察症狀是否有所改善。除非已有充分的理由可以相信此藥物應該很安全也很有效，否則用人類來測試藥物既不經濟也不道德。即便如此，正如我前面提過的，每十個候選藥物中通常就有九個會在這個階段無功而返；如果是針對中樞神經系統疾病的藥物，折損率一般還會更高一些。從這些令人沮喪的統計數據可以看出：藥物開發的第一階段和最後階段之間，一定有什麼事情出了差錯。在人體試驗開始之前，研究者究竟該怎麼做，才能更加確認某種候選藥物不僅在實驗室中能與標靶生物分子結合，對治療疾病也真的會有效果？如果能夠找到更多證據，或是找到更可靠的證據，應該就可以讓開發新藥物變得更快、更便宜。

方法之一是先用動物做測試，不過精神疾病比其他種類的疾病更難建立動物模型。正如我提過的，研究人員正在利用遺傳學的方法發展自閉症和精神分裂症的老鼠模型；但是老鼠可能和人類還沒有相像到足以罹患這些疾病的程度，所以另有一些研究者則計畫以非人類的靈長類動物來發展模型。

我們也可以在活體外的疾病模型上測試藥物。有個令人興奮的方法用的是「幹細胞」，這種細胞可以用患者的皮膚細胞生成，並且「重新程式化」分化成神經元。先前我敘述過這種計畫：把這些神經元移植回患者的大腦，以治療神經退化性疾病；另一種選擇則是讓這樣的神經元存活於實驗室中，用於藥物測試。這種培養出來的神經元會產生尖峰，也會通過突觸傳遞訊息，就像在大腦中一樣，因此可以用來測定藥物對這些功能的影響。不過這些神經元接線的方式和大腦裡的神經元迥然不同，所以這種活體外模型對於連結病變引起的精神疾病可能不是很有用。

最後一點，把動物模型「人類化」是有可能的，我們可以用幹細胞培養出神經元，然後把它們移植到這些動物的大腦中；這麼做所產生的動物模型，可能會比植入有缺陷的人類基因那種方式得到的結果更好一些。研究人員已經採取類似的策略來產生人類化的老鼠模型，以供研究精神疾病以外的病症。

隨著更好的活體外模型及動物模型出現，我們還必須弄清楚在這些模型上測試候選藥物時，成功與否該如何評估。就動物模型而言，最明顯的方法就是施予藥物後，量化服藥造成的行為改變。要做到這一點，我們必須觀察到動物出現某些行為，類似人類罹患精神疾病時的症狀；然而定義這樣的行為並不是件易事。（有精神病的老鼠到底是什麼樣子？）這就是為什麼用動物行為測試來評估藥物，並不是那麼容易看出結果的緣故。

難道沒有其他的方法嗎？若是治療像巴金森症之類神經退化性疾病的藥物，可以觀察在罹患這些疾病的動物模型身上，藥物防止神經元死亡的成效如何，以評估測試結果。同樣地，評估藥物對自閉症和精神分裂症的效果，最好是觀察它們對神經病變的效果，而不是對行為症狀的影響。不過這個方法在這裡行不通，因為這兩種疾病目前仍無法確認出明確而一致的神經病變。如果自閉症和精神分裂症結果原來是連結病變造成的，那麼確認出動物模型中的類似錯誤接線情況就很重要，接下來我們就可以測試藥物防止或糾正這種錯誤接線情況的效果如何。如果想要讓這個方法實用化，我們必須加快神經連結體學的技術發展，以便快速比對許多動物大腦。

之前我曾經斷言：**研究精神疾病不運用神經連結體學，就相當於研究感染性疾病卻不使用顯微鏡一樣**。現在我要把這樣的說法延伸到治療的研究，如果你連一個連結病變都看不到，那麼想找到防止或糾正這種病變的治療方式鐵定是難上加難。再者，研究與神經連結體改變的四個R有關的分子，可能就是確認藥物標靶的首要途徑。我預期神經連結體學將在開發精神病治療方面扮演核心角色，就像基因體學早已成為藥物研究舞台上的目光焦點一樣。

世界、肉體和魔鬼

治癒精神疾病聽起來像是一個很值得追求的崇高目標；還有幫助因作戰而蒙受精神創傷的士兵，或是遭受嚴重虐待的孩子進行大腦重新接線的工作，也是美事一樁。然而我已討論過的那些操控動物及人類基因與神經元的方法，卻可能招來提心吊膽的煩憂。人類對生物科技深感不安的歷史可以追溯到很久之前，英國作家阿道斯．赫胥黎（Aldous Huxley）在他一九三二年出版的小說《美麗新世界》（*Brave New World*）中，想像未來有個以改造人體與大腦為建立基礎的反烏托邦社會，人們在國家控制的工廠裡出生，分為五個生物工程社會階級，並由國家提供能夠改變心智狀態的藥物「索麻」以取代宗教。

雖然我們應該對生物科技遭到濫用的可能性心生警惕，但我並不認為大家該心生恐懼。生命系統極其錯綜複雜，事實已經證明，想要以人工方式重新打造這樣的系統是非常困難的事。雖不是不可能做到，但它需要的時間絕對遠比最危言聳聽者的預期還要久。前進的步調如此緩慢，相對地就給人類社會充裕的時間，可以好好搞清楚究竟該如何掌控一切。

人類對生物科技抱持樂觀看法的歷史，也和抱持悲觀看法一樣久。與赫胥黎同一時期，出生於愛爾蘭的生物學家J．D．伯諾（J. D. Bernal），在他一九二九年發表的論文〈世界、肉體與魔鬼〉（The World, the Flesh, and the Devil）中，提出了樂觀的觀點。他將人類的故事視為對三種類型之控制的追尋歷程。掌控「世界」的力量已經變得愈來愈大，這是物理科學和工程學的目標；控制「肉體」的力量似乎變得更遠了，但伯諾預測未來的生物學家將學會如何操控基因和細胞。他最具預言性的評論都保留給第三個挑戰：

面對這個世界的無機勢力與我們身體的有機結構，為什麼對抗它們的第一波攻擊顯得如此充滿疑惑、天馬行空和不切實際？因為如果能夠一開頭就把魔鬼驅逐出去，我們便可以拋棄世界、克制肉體；然而這個魔鬼，縱使他已失去獨特性，力量卻全然不曾衰減。魔鬼是最難處理的問題：他就在我們裡面，但是我們看不到他。我們的能力、我們的慾望、我們內在的困惑，幾乎都不是當下可以瞭解或應付的問題，我們更無法預測這些問題將來又會如何。

伯諾擔心的是我們的心靈缺陷（「魔鬼」）將會是求取進步的最終阻礙。因此，人類的第三個挑戰，也是最後的挑戰，就是重塑心靈。

如果伯諾看到我們現在的情況，他會覺得高興嗎？我們已平安逃過毀滅性核武器的威脅（至少到目前為止是這樣啦）；也許我們已經學到足夠的教訓，永遠不會再發動像二十世紀發生的那種可怕戰爭。不過伯諾應該會指出，我們為了應付慾望帶來的後果所付出的辛苦努力也更勝以往；我們對「世界」的控制，的確讓匱乏問題有所消減，然而事實證明「不虞匱乏」也一樣危險。自我控制能力不足不但導致我們汙染了環境，也因過量飲食而殘害了我們自己的身體。

或許可以透過重新建構我們的經濟刺激機制、重新改造我們的政治制度、完美重塑我們的道德典範，來抵禦「魔鬼」的侵擾；這些都是長久傳承下來，讓大腦更為完善的方法；但假以時日，科學也將發明別的方法。伯諾希望人類能夠戰勝世界、肉體和魔鬼，他稱此三者為「理性靈魂的三個敵人」；我們可以把他的夢想用另一種方式來表達，那就是對控制原子、基因與神經連結體的追求。

「科學是我的領土，但科幻小說是我夢想中的風景。」物理學家佛里曼．戴森（Freeman Dyson）如是說。在本書的最後一篇，我將探討兩個在大家共有夢想中的風景：其一是「人體冷凍」，也就是將屍體冷凍起來，希望未來某個先進文明能讓屍體復活；其二則是「上傳」，從此以電腦模擬身分過著永遠幸福快樂的生活。

伯諾以一段神諭般的宣示做為他的論文開場白：「前方有兩種未來，慾望的未來和命運的未來，然而人類的理性從來沒有學會如何將二者分開。」正由於許多人都期望能長生不老，我們更應該對人體冷凍和上傳抱持懷疑態度。單純充滿渴望的思維是「慾望的未來」，這只是海市蜃樓般的妄想，會讓我們無法專注於「命運的未來」。我們必須以理性而非渴望的眼光嚴格審核這些夢想，因此我們的思路將無可避免地轉向神經連結體。

第五篇

超越人類

超人類主義論者不再相信理性可以回答所有的問題，然而他們仍然相信理性的至高無上，因為它的力量能夠不斷創造出更先進的科技。

第十四章

該冰凍還是醃漬？

我這輩子曾經兩度造訪這座沙漠中的奇特城鎮：拉斯維加斯。每天早上，我在飯店柔軟的床褥中耽溺沉醉，每個夜晚，五光十色的表演讓我目眩神迷、無法自拔。我品嘗一杯又一杯的威士忌，抽著雪茄，對著賭場高聳的天花板吞雲吐霧。只是二十一點牌桌和輪盤賭桌都讓我感到索然無味，打不起精神來。

博弈遊戲無法持續吸引我的注意力，只有一樣除外，唯一一個真正重要的賭博，稱為巴斯卡的賭注（Pascal's Wager）。一六五四年，法國的天才人物巴斯卡創立了一個數學分支，叫做「概率論」；就在同一年，他也找到了上帝。目睹深刻難忘的宗教異象之後，他的生活重心從科學和數學轉向哲學和神學；在這段時期，他最重要的作品是基督教信仰的辯護論著，但是他在這個作品還沒有完成之前，三十九歲時就英年早逝了。他的一些筆記在他過世後被集結成書出版，書名為《沉思錄》（*Pensées*）。我們在這本書的一開頭已經和《沉思錄》打過照面，現在我們要再回到它上面，因為我們和它的結論很接近。

		上帝	
		存在	不存在
你	相信	嘩！ 全贏	噢，好吧…… 輸一點點
	不相信	可惡！ 全輸	有趣 贏一點點

圖五十二：巴斯卡的賭博論證。

你可能已經從我之前引用的段落猜到了：《沉思錄》之中充滿恐懼；對巴斯卡而言，恐懼本身不是虛無主義的結束，而是宗教信仰的序曲。巴斯卡很清楚地知道，信徒的最大痛苦就是懷疑。我們怎麼能肯定上帝確實存在呢？許多哲學家和神學家都主張上帝的存在可以用邏輯與理性來證明；然而巴斯卡雖然熟悉他們宣稱的那些證據，卻無法完全信服。

於是，巴斯卡提出了一個全然不同的方法。他放棄驅逐懷疑論的嘗試，並且承認一個理性的人永遠無法確定上帝是否存在，我們只能估計上帝存在的「機率」。即便如此，巴斯卡仍然主張相信上帝是有意義的，他充滿創意的神來之筆，就是把信仰闡明為一場賭博。你面臨兩種選擇：相信或不相信；事實也有兩種可能：上帝確實存在或者上帝並不存在。圖五十二中的表格顯示了四種可能的結果。

從一方面來看，如果你不相信上帝，那你就能夠參與那些帶著邪惡的樂趣，那些教會學校修女諄諄告誡務必抗拒的樂趣；不過你也必須冒著可能落入火熱煉獄，永世不得超生的風險。另一方面，假設你選擇相信上帝，這樣的信仰是要付出代價的，比方說每個星期天早上，就算你寧可繼續睡大覺或出去打網球，卻還是得乖乖坐在不舒服的教堂長椅上；不過如果上帝確實存在，那麼這麼做可能就是值得的，因為到時候你將獲得在天堂度過永生的夢幻獎賞。

這個表格顯示每個可能結果的獎勵或處罰，如果你是個有數學腦袋的人，你會在表格上填寫數字，量化你不喜歡教堂的程度，或是想像地獄有多麼可憎的程度。你也可以估計上帝存在的可能性，據此量化你的懷疑論或信仰強度。然後，你要計算相信和不相信的的預期收益，並且做出相應的選擇。

不過巴斯卡幫我們省去了費心計算的麻煩，直接指出結果顯而易見，根本不必做那些數字加減工夫。天堂的價值是無限大的，因為永恆的生命長得沒有止盡，無限大乘上任何數字仍然是無限大；因此，只要上帝存在的機率是大於零的任意數，那麼信仰上帝的預期收益就是無限大，其他數字的精確值都不重要。簡而言之，上教堂就像買彩券一樣，如果頭彩獎金是無限大，那麼花多少錢買彩券都是值得的。

巴斯卡離世已經好幾個世紀，時代變了，新的千年也帶來新的賭注。想瞧瞧現代賭徒的模樣，我們必須旅行到亞利桑那州的斯科茨代爾（Scottsdale），尋找一座奇怪的倉庫。進入這棟建築後，我們會看到一排排的金屬容器，高度比一個人要高一些。這種容器叫做杜瓦瓶（dewar），像個巨型的保溫瓶一樣，把內容物和外界隔離開來。這裡面裝的可不是夏天徒步旅行想喝的清涼飲料，杜瓦瓶裡裝的是液態氮；裡面也沒有冰塊，裡面放的是四具屍體，或是六個人頭。

這裡是阿爾科生命延續基金會（Alcor Life Extension Foundation）的總部，這個基金會擁有大約一千名活著的會員，以及大約一百名已經死掉的會員。入會者必須保證會支付二十萬美金費用，這筆錢需要在你於法律上宣告死亡時付清；基金會的回報，則是承諾會無限期將你的身體保存在攝氏零下一九六度的環境裡。你也可以選擇只需保存你的頭顱，若是這種情況，價碼就會下降到八萬美元。這個基金會有他們自己的語言：裝在杜瓦瓶裡的人並沒有死亡，而是「去除生命」；冷凍的頭顱是「神經保存物」；這樣的冷凍措施則稱為人體冷凍（cyonics）。

阿爾科的會員都是樂觀主義者，這點從基金會二十八分鐘長的宣傳影片《無限的未來》可以清楚看出來。就長遠來看，科學和技術的進步會讓人類完成現在看起來似乎不可能的事；人類操控物質的能力將變得更為精密複雜，最終的確有可能讓屍體「重獲生命」。屆時阿爾科倉庫裡的這些凍結屍體不僅能夠復生，連他們原有的疾病和老邁的年紀都有可能逆轉，這些復活者將恢復到自己年輕時的青春活力。

物理學家羅伯特．艾丁格（Robert Ettinger）是第一個向大眾提出人體冷凍概念的人。由於在電視上頻頻露面，以及他在一九六七年出版的暢銷書《永生不朽的前景》（*The Prospect of Immortality*），讓他變得小有名氣。儘管如此，人體冷凍也是花了很多年，經歷數次起跑犯規，才終於成為事實。最初的幾年還發生一些極為尷尬的事件，意外將冷凍屍體解了凍，然後不得不把這些屍體像一般屍體一樣埋葬。最後到了一九九三年，阿爾科基金會在斯科茨代爾建造了現有的設施，看起來似乎足夠安全穩當，可以讓屍體在凍結狀態下保存很多年。

艾丁格的確已經成功地把他的想法推廣給大眾，但是他也倍受嘲笑奚落。沒錯，我們很容易就會想否定這些阿爾科的會員，認為他們是一群被騙走大批金錢的傻瓜。不過這種反應未免太過輕率，誰能真正保證復活是永遠不可能的事呢？比較合理的說法，應該是說復活的可能性很低，但並不是零。於是這就等於打開大門迎接巴斯卡式的論點：阿爾科會員資格的期望值，等於復活的機率乘上永恆生命的價值。由於永恆生命的價值是無限大，所以阿爾科會員資格的期望值也是無限大，因此那二十萬美元裡的每一分錢都值得。就像基督教一樣，人體冷凍是一個賭注，大獎則是永恆的生命。巴斯卡的賭注要求你對上帝的信仰下注，艾丁格的賭注則要求你下注在科技上。

他會醒過來嗎？

二十世紀的法國作家阿爾貝・卡繆（Albert Camus）在他的論著《薛西佛斯神話》（*The Myth of Sisyphus*）中一開場就發表了一段引人爭議的宣言：「真正嚴肅的哲學問題只有一個，那就是自殺。」我要用下面這段話來還擊：真正嚴肅的科學與技術問題只有一個，那就是永生不朽。透過戲劇化的開場白，卡繆引進了生命是否值得繼續活下去以及人生是否有意義的問題。值得特別一提的是：自殺是一個純粹的哲學問題，因為並沒有實際的障礙阻止這回事。如果你想殺死自己，那你真是走運啦，要找到槍、繩子、高聳的建築物，或是毒藥，全都不是什麼難事；然而永生不朽卻是一個技術性的問題，就算你想長生不老，目前也沒有任何可用的選項。

追求永遠年青這回事的歷史，恐怕和人類本身一樣古老。我的學校老師告訴我，西班牙探險家龐塞・德・萊昂（Ponce de León）就是在尋找青春之泉的途中發現佛羅里達的；這段迷人的故事現在被認為是杜撰的，真是可惜。不過歷史學家似乎仍然相信一些記載：公元前三世紀時，秦始皇曾經兩度派出探險隊去尋找傳說中的長生不老仙丹；宮廷方士徐福率領船隊及童男童女三千人，遠航東方海域多年，卻徒勞而返，後來他又二度出海遠征，從此再也沒有回來。

如今，追求永生不朽的風潮蒸蒸日上，推銷員兜售著維他命、抗氧化劑，還有抗老化面霜，這些東西和其他現代版的長生不老仙丹，比較接近充滿渴望的思維，而不是真正的現實。不過有些人認為科學終於已經走到延長壽命的突破邊緣了，奧布里・德・格雷（Aubrey de Grey）在他的著作《結束老化》（*Ending Aging*）中，提出他的概念：消弭老化工程策略（Strategies for Engineered Negligible Senescence，簡稱SENS）。他列舉老化過程中會出現的七種類型分子與細胞損傷，並且預測科學最終將能防止或修復所有這些問題。德・格雷與其他人共同創立了瑪士撒拉基金會（Methuselah Foundation），提供獎金給能夠讓老鼠存活日數創下記錄的研究者。

就某一方面而言，目前在衰老及延長壽命方面已經有真正踏實的科學研究出現，如果我胡亂批評這一類的研究，會是一件愚蠢的事。雖然延長生命這個領域的確出現過不少騙人的江湖術士，不過這並不會讓真正的科學研究卻步。衰老和死亡真的是令人著迷的議題，雖然目前解決方案還沒有立即出現的可能性，但是誰知道呢？只要有足夠的時間，人類應該會有達到永生不朽的一日。

不過在另一方面，我對於在這方面抱持極端樂觀的論調仍深感懷疑。發明家雷・科茲威爾（Ray Kurzweil）在他的書《長壽以至永生》（*Live Long Enough to Live Forever*）裡，預言人類將在數十年內做到長生不老這回事。如果你能設法活久一點，一直撐到那個時候到來，你就有可能永遠活下去了。但就我個人而言，我很有信心確認：你，親愛的讀者，最後還是會死掉，就跟我一樣。

如果你對這方面的長期進展抱持樂觀、對其短期進步卻抱持悲觀，那麼你可以做些什麼呢？何不用加入阿爾科來為自己的死亡預先做準備？將你的身體浸入裝滿液態氮的時空膠囊，好讓它不只維持幾百年，甚至可以萬古長存，直到人類精通的藝術不僅是永生不朽，也包括復活為止。人體冷凍只是一項臨時措施，實施這種方法的是放眼未來的人，他們現有的文明先進到足以製造出液態氮，但仍不足以讓人長生不老。

現在大家似乎都聽過人體冷凍（cyonics）這回事，（有的人會把它寫成cryogenics，但是這個字是「低溫學」，指的是低溫研究的通稱，和追求永生不朽的努力不同。）大眾對此開始注意的轉折點可能是在二〇〇二年。當時有位棒球明星泰德．威廉斯（Ted Williams）去世，他在第三次婚姻所生的兒女將他的遺體送到阿爾科保存，但是第一次婚姻所生的女兒提出訴訟，理由是威廉斯在其遺囑中曾提出火化的要求。這場奇特的官司進行期間，阿爾科純粹在場外觀望，靜待判決結果，威廉斯的頭顱和身體則暫以冷藏而非冷凍的方式，存放在他們的倉庫裡。最後，阿爾科總算收到其餘的費用，終於將這位運動員的遺體安放至液態氮中。

根據我對大眾意見的解讀，至少人們現在愈來愈願意考慮人體冷凍的要求。阿爾科的會員們則是更進一步，因為相信這回事而把金錢投資在冷凍上。宗教早就成功說服人們相信一些令人難以置信的事；一九一七年，將近七萬人群集於葡萄牙的法蒂瑪村莊附近，目睹太陽改變顏色，並在天空中瘋狂舞動；有三位牧童則宣稱見到聖母瑪利亞及聖家的其餘成員。現在每一年都會有數百萬朝聖者遠赴「太陽奇蹟」的發生地，這裡已是羅馬天主教會於一九三〇年正式承認的聖地。

民意測驗專家告訴我們，八〇%的美國人相信奇蹟的確存在。不過我也曾聽過一些基督徒嘲笑這類的故事，認為相信奇蹟是未開化又粗俗的事；但我們不要忘記，基督教也做過這樣的俗事，那就是最著名的奇蹟：耶穌基督的復活。根據羅馬天主教教義的變體說（transubstantiation），奇蹟每個星期天繼續在各個教會發生：餅與酒會轉化為基督的身體與血。如果你是虔誠的信徒，堅信這樣的奇蹟就是理性而始終如一的態度。事實已是如此，對於超自然力量的存在，你哪裡還需要什麼其他的例子呢？

時至今日，大家都愛上奇蹟的另一個來源。在二〇〇七年七月二十九日的前幾天，數千名來自美國各地的狂熱分子聚集到蘋果電腦公司這個科技聖壇前；iPhone上市才一天半，二十七萬名客戶已經成了信徒，到當年年底之前，已有數百萬人紛紛跟進。由於引發這場近十年最受期待新產品的狂潮，有些部落客開始稱iPhone為「耶穌手機」。

從它激起的興奮之情來看，iPhone顯然傲視群倫，我們甚至可以稱之為現代奇蹟。如果你認為這麼說太誇張了，不妨想像一下活在十九世紀的人會怎麼看待iPhone。根據克拉克〔Clark，譯注：指英國科幻小說家亞瑟・查理斯・克拉克（Arthur Charles Clarke），最知名著作為《二〇〇一太空漫遊》〕的「預測第三定律」所言：「任何足夠先進的科技，都和魔法無法區分」。科技透過源源不絕的奇蹟早已說服我們，它的確擁有驚人的力量，一股對科技樂觀主義的新狂熱，已經深深嵌進我們的時代精神裡。

施洗者約翰告訴我們：彌賽亞將至，天國近了。科技的先知則是雷・科茲威爾，其福音就是他二〇〇五年出版的書：《奇點迫近》（*The Singularity Is Near*）。先前我提過摩爾定律，它所描述的電腦計算能力指數增長，已經在過去四十年中讓我們瞠目結舌。科茲威爾把這個輝煌的過去外推至未來，並且推及電腦以外的科技，對未來提出了完全沒有界限的展望。

科茲威爾的無限樂觀讓我想起萊布尼茲，我在前面提過他對感知能力的看法。萊布尼茲的教誨認為我們生活其中的世界，已經是所有可能的世界中最好的一個；這個學說來自他對一個簡單論點的演繹：既然上帝是完美而全能的，那麼他創造的世界一定是最好的。世人會記得萊布尼茲的樂觀主義，主要是經由法國哲學家伏爾泰（Voltaire）對此主義的冷嘲熱諷。在伏爾泰的諷刺小說《憨第德》（*Candide*）中，博學的邦葛羅斯博士試圖說服書中其他角色：世界是完美的，似乎渾然不知其實無論他們身在何處，邪惡和暴行都圍繞在他們身邊。

我們當然不是生活在所有可能世界中最好的一個裡，不過稍等一下，科技會把我們送到那個最好的世界裡；這就是科茲威爾過度樂觀的邦葛羅斯式承諾。這樣一絲可能的意味已經引發人們對人體冷凍的興趣。依我看來，人們不再抱持懷疑正是他們接受機械論（mechanism）的跡象，這種哲學理論的信條是：人體（因此也包含大腦），無非是一台機器。就算我們的身體比我們製造出來的機器錯綜複雜得多，但機械論認為，最終而言二者在基本上並沒有差別。

我們抵制這樣的理論已經有很長一段時間了。甚至在十九世紀，有些生物學家便已堅信「生命力」存在生物中，而且不受物理與化學定律支配的理念。到了二十世紀，分子生物學領域的進步把生機論（vitalism）推到一旁，但許多人仍然固守某種形式的二元論（dualism），這種理論認為心智現象仰賴於非物質的東西，例如靈魂。不過也有很多人被神經科學的發現說服了，相信

「機器裡的幽靈」並不存在。

如果身體真是一台機器，為什麼無法修復它呢？如果你接受機械論的信條，這種可能性似乎並不違反邏輯或物理定律。T．H．懷特（T. H. White）在他的亞瑟王傳奇小說《石中劍》（*The Sword in the Stone*）裡描述了一個用來諷刺極權社會的螞蟻群落，這個螞蟻窩的每個入口都掛著標語：「所有未被禁止的事都是強制性的。」科茲威爾已經更新了萊布尼茲的概念，告訴我們：「所有事都有可能是無可避免的。」

然而每一個執著的夢想家都討厭被提醒這回事：世上可能性如此多，我們永遠不會結束追尋的工作，但任何決定都涉及成本和效益的權衡考量。**復活也許是可能的，但代價是什麼呢？**沒錯，一個人的生命是無價的，不過如果沒有任何一家銀行付得起這筆錢，那又如何？舉例來說，假定復活在原則上是可能的，但是付諸實行需要的能量卻超過存在於已知宇宙中的能量。到了某個程度，資源的有限或過於昂貴就開始攸關緊要了。

復活的困難度對阿爾科的會員們也事關緊要，因為這決定了他們的投資期有多長。人體冷凍的重要賣點之一，就是一旦浸入液態氮之後，你可以永遠待在裡面靜靜等待，永遠不會覺得厭煩；但是你能指望你的安息之地永遠保持原狀嗎？如果需要花上一百萬年，科技才會進步到復活變得可行的程度，阿爾科到那時候還存在的機會有多大？

有些人體冷凍的信徒可能會選擇對這些實際考量視而不見，不過那些天生習慣抱持懷疑態度的人，將不得不考慮艾丁格的賭注。巴斯卡認為沒有必要進行計算工作，因為賭注是為了贏得無限的大獎；然而在現實中，和我們的宇宙相關的東西沒有哪一樣是真正無限的。到了最後，理性的決策者真的必須執行概率的計算；雖然沒有人真正知道相關的那些數字是多少，但最起碼可以做個估計。想要根據資料來做這樣的評估，需要在科學和醫學方面的論題做些研究。

沒錯，任何機器都可以藉著更換損壞的零件達到保持無限期運轉的目標。二〇〇七年時，世上最古老的汽車被拍賣掉了。這輛侯爵夫人（La Marquise）是在一八八四年由曾經是世界上最大汽車製造商的迪昂—布東暨特赫巴杜（De Dion Bouton et Trépardoux）公司所製造的，裡面裝的是蒸汽機引擎，而不是內燃機引擎。不過這輛車拍賣所得的價錢（三百二十萬美元），告訴我們一輛還能正常運轉的非常老的老車有多麼難能可貴。汽車通常是設計成可以使用十二年左右，超過二十五年的車子就可以算是古董了。如果純粹以交通運輸為目的，維持一輛超過二十五年的車子並不符合成本效益，因為小量更換零件或是一件件慢慢把零件替換掉，都是非常昂貴的花費。讓一輛車子永遠保持可以運轉的狀況，只有基於美學或感情上的原因才值得這麼做。

當然，保持人體繼續運作還有更好的理由。有時候我們可以用昂貴的代價更換零件來修復身體；現在器官移植已經可行，這是因為有藥物之助，得以抑制接受者的免疫系統，防止它攻擊來自捐贈者的器官。如果使用的器官其組成細胞基因與接受者完全相同，就更可以全然避開免疫反應；目前只有移植器官是來自另一位同卵雙生子的情況，才有這種可能。不過，組織工程師的夢想就是讓細胞在人工支架上生長，在人體外培養出器官來；如果他們成功了，以後就可能從某個人身上採取細胞，讓這些細胞成長為器官，再把培養出來的器官移植回這個人身上，這樣就不再需要器官捐贈者了。

我們對器官移植的未來發展雖深感樂觀，但它還是有一個基本的限制：**大腦是無法取代的器**

官。這句話並不是敘述大腦移植的技術難度很高，我要談的是個人自我認定的問題，這一點用桑尼和泰瑞的故事可以清楚說明。

一九九五年，由於泰瑞．卡托自殺，桑尼．葛蘭姆得到泰瑞捐贈出來的心臟，後來經歷許多令人驚訝的事件轉變，泰瑞的遺孀雪柔在九年後和桑尼結婚了。結婚四年之後，桑尼用和泰瑞一樣的方式，舉槍對著自己的頭部射擊而自殺身亡。地方小報為此新聞而瘋狂，紛紛出現像是「共用一顆心，兩人步上相同自殺路」這樣的標題。

媒體報導者和部落客爆發各種瘋狂猜測及疑問，是不是移植的心臟中含有記憶，才會讓桑尼愛上雪柔呢？會不會也是這顆心臟迫使桑尼自殺，就像它對泰瑞做的事一樣？這個故事後來變得沒那麼神祕，因為警察發現雪柔已經結過五次婚，據說每一次都會把她的丈夫搞到快瘋掉。接受泰瑞的心臟後，桑尼還是桑尼，他的個人本質保持不變。說桑尼因為移植了泰瑞的心臟因而愛上雪柔是值得懷疑的論調，更有可能的是他之所以會被雪柔吸引，是因為雪柔本身就很有吸引力。（畢竟她可是有能力迷倒五任丈夫的人。）

相對而言，讓我們來考慮一個假設的大腦移植過程，這種程序在目前還是不可能的，但是可以用來當作有趣的思想實驗題材。假定泰瑞的大腦被移植到桑尼的身上，那麼說桑尼接受了泰瑞的大腦是沒有意義的，因為手術後的桑尼已經不是他的朋友認識的那個桑尼了。如果這些朋友問道：「桑尼，記不記得那次我們一起去……？」得到的回答大概會是一片茫然的眼神。我們應該要說其實是泰瑞接受了桑尼的身體，換句話說，這應該叫做身體移植，而不是大腦移植。然後雪柔和已自殺的丈夫二度重逢就會有不同的解釋。

桑尼和泰瑞的離奇故事引出了人體冷凍的一個重點：保存大腦是一個關鍵議題。大多數阿爾科會員選擇了比較便宜的選項，只冷凍自己的頭顱，他們相信（假定）任何未來的文明如果已經先進到能讓他們復活，應該也能做得到取代他們的身體。不過這個未來的文明能不能讓他們冰凍的大腦甦醒過來呢？

每一個正在考慮要不要接受阿爾科這種服務的人，都得面對這個問題，但我認為這個問題即使對一點都不在乎阿爾科的人也極為有趣。復活可說是機械論學說的終極挑戰，哲學家可以為這個問題辯到臉紅脖子粗，科學家們可以發現所有他們想要的證據，但他們永遠無法完全說服我們身體和大腦都只是機器。只有等到工程師有能力建造出和人體一樣複雜及神奇的機器，才算是提供了最終的證明。或者若是他們可以像修車那樣，以修復方式讓死者的身體和大腦恢復生機，那也算數。

就更實際的層面來談，我們可以把阿爾科的問題，當作一般人詢問醫院的那些問題的極端版本來看。當一個病人陷入昏迷時，他或她的朋友和家人都會想知道：他（或她）究竟會不會再醒過來？儲放在阿爾科的那些大腦就像陷入昏迷的大腦一樣已經受損，這兩種大腦生與死之間的界限都已經模糊。讓已受損的大腦恢復生機的基本限制是什麼？這裡就要再次說明：想要妥善解決這個問題，一定要把神經連結體列入考慮。

近似宗教的人體冷凍

阿爾科的處理程序，是以低溫生物學這個科學領域為依據。你可能已經知道，生殖醫學科的醫生會把精子、卵子及胚胎冷凍起來以供日後使用；血庫會將稀有血型冷凍起來以備日後輸血之用。最經典的方法是用很慢的方式來降溫，譬如說每分鐘只降低一度，在此之前還需要先把細胞浸沒於甘油或其他冷凍保護劑中，以提高其存活率。這種方法稱不上完美，精子是存活率最好的，卵子和胚胎就稍微差一些。低溫生物學家想做的是冷凍整個器官，因為有時立即移植是不可能的，但是若為了這一點便將器官拋棄，又實在太可惜了。

慢速冷凍方式的發現，主要是透過多次的試驗與錯誤修正。為了改進這個方法，低溫生物學家試著瞭解成功的原因何在。想要釐清冷卻過程中細胞內發生哪些複雜現象可不是件易事，不過有一件事倒是已經確定的：如果細胞內產生冰晶，那絕對是致命的。雖然不知道為什麼細胞內產生冰晶具有致命性，但是低溫生物學家明白必須不惜一切代價避免這種情況發生。**緩慢冷凍的目的，就是讓細胞之外的水分凝固，而細胞內的水分則否。**

這怎麼可能做到呢？如果你住在寒帶地區，可能已經看過人們在冬天下雪期間將鹽灑在人行道上，這樣做可以防止結冰（也可以避免行人滑倒），因為鹽水結凍的溫度比純水低。鹽水的濃度愈高，它的凝固點就愈低。細胞慢慢冷卻時，一種稱為滲透壓的力量會將細胞中的水分逐漸吸出來，於是殘留在細胞裡的水變得愈來愈鹹，因而能夠抵禦結冰。如果細胞被冷卻的速度過快，裡面的內容物來不及變得夠鹹，它們就會結凍，造成致命的後果。

慢速冷凍並不是完全無害，因為細胞內部雖未結冰，卻會變得過鹹，這點不會致命，但仍會損害細胞；而甘油之類添加劑雖具保護作用，但效果有限。因此，一些研究人員乾脆放棄慢速冷凍的方法，取而代之的方式，是在特定的條件下冷卻細胞，把液態的水變成一種奇特的狀態，像玻璃那樣，或者稱為玻璃化（vetrified），這個字來自玻璃的拉丁字根。這種玻璃化狀態是固體，但並非呈結晶狀，裡面的水分子保持混亂狀態，不會形成像你在冰晶中看到的那種井然有序的晶格。

在正常情況下，玻璃化需要極其迅速的冷卻過程，這一點對細胞做得到，但對器官就沒有辦法了；替代的方式，就是如果你添加極高濃度的冷凍保護劑，那麼即使用緩慢的冷卻速度，也可以得到讓水分玻璃化的結果。生育研究人員已經把這個方法應用於冷凍卵母細胞（oocyte，譯注：卵原細胞經有絲分裂發育為卵母細胞，再經過減數分裂後才形成卵子）和胚胎上，並且取得成功的結果。

葛雷格．費伊（Grag Fahy）在一家二十一世紀醫藥（21st Century Medicine）公司工作了幾十年，專門研究冷凍保存器官的問題。費伊曾用電子顯微鏡檢查玻璃化組織，結果顯示這個程序似乎可以保護細胞的結構，讓細胞膜的損壞狀況變得比較低；然而令人失望的是，器官的玻璃化多年來一直都無法通過嚴峻考驗：它們在復溫及移植後，始終無法恢復原有功能。後來經過一次顯著的進展，費伊的團隊終於成功了，最近發表的結果是一個經過玻璃化的腎臟，已經在移植到兔子身上後正常運作了好幾個星期。阿爾科受到費伊的研究啟發，現在也改用玻璃化的方式保存其會員的屍體。

所以這些屍體可以冷凍多久不會損壞呢？你大概早就注意過，放在你家冰箱冷凍庫的東西也不可能無限期地保存下去。不過這和人體冷凍沒有關係，因為零下一九六度的液態氮遠遠比家裡的冷凍庫冰冷得太多了，它已經接近可能的最低溫度：「絕對零度」，或是零下二七三度。冰冷的溫度可以保持東西，是因為它們會減緩化學反應，也就是減慢會改變分子之原子結構的那種轉變過程，液態氮的極端冰冷幾乎可以讓化學反應完全停止。屍體中的分子不會改變，除非它們被宇宙射線或其他類型的電離輻射擊中，由於這類碰撞極其罕見，因此物理學家彼得・梅哲（Peter Mazur）估計細胞在液態氮中應該可以儲存幾千年。對阿爾科的會員而言，時鐘雖然不斷嘀嗒作響，但是到時間耗盡前至少還有數千年之久。

不過還有一個更基本的問題，這些阿爾科會員在被玻璃化之前，應該已經死去數小時，甚至好幾天了。所以死亡根據定義到底是不是不可逆的呢？如果真的是不可逆的話，復活又怎麼能成功呢？

不可逆性確實是我們對死亡所下定義的核心觀點，但也是讓這個定義出問題的地方。不可逆性並不是一個永恆的概念，它仰賴於現有的科技，現在不可逆的東西未來有可能變成可逆的。在大部分的人類歷史中，一個人死了就是指呼吸和心跳停止，然而現在這樣的變化有時是可逆的。我們現在已經可以讓病人重新恢復呼吸、重新啟動心跳，甚至移植一個健康的心臟過來，把有缺陷的心臟取代掉。

相反地，即使一個人的心跳和呼吸仍然繼續，但是腦部的損傷夠嚴重，現在也有可能讓他或她在法律上被視為死亡。這種重新定義是為了因應一九六〇年代，引進機械式呼吸器所造成的結果；這種機器可以讓事故受害者保持活命，即使病人一直未能恢復意識，他們的心臟還是可以繼續搏動；直到最後心跳停止，或是家屬要求拔除呼吸器為止。在解剖檢查時，他們的身體器官無論從肉眼或顯微鏡下看起來都完全正常，但是大腦通常會變色、軟化或部分液化，甚至往往在移除的時候解體。這種情況有個渾名叫做「呼吸器大腦」，病理學家下的結論是這些腦子早在身體其餘部分死亡之前就已經死掉了。

到了一九七〇年代，美國和英國開始制定新的法律來管理如何決定死亡與否的問題。傳統的標準是呼吸／循環系統的衰竭，美國又另外增加了一個標準：整個腦部死亡，包括腦幹在內；不過在英國，只有腦幹死亡也足以構成死亡的認定。美國的定義有時被稱為「全腦死亡」，英國的標準則稱為「腦幹死亡」。

腦幹對呼吸作用和意識是關鍵部位，它的神經元會產生控制呼吸肌的訊號，如果這些神經元失去作用能力，呼吸就會停止，使得病人一定得靠呼吸器才能活下去。腦幹在呼吸作用所扮演的角色，讓腦幹死亡與呼吸／循環系統死亡的傳統概念緊附相依。腦幹扮演的另一個角色或許更為重要，那就是它負責**喚醒腦部其他部分恢復意識**。我們的醒覺程度向來總是上上下下不斷改變，最戲劇性的變化出現在睡眠／清醒週期。腦幹的神經元中有幾個大群組統稱為網狀活化系統（reticular activating system），它們會將軸突廣泛發送到大腦各個區域。這些神經元可以分泌特殊的神經傳導物質，叫做神經調節物質（neuromodulator），這種化學物質能「喚醒」丘腦（thalamus）和大腦皮質。沒有這些作用，病人就沒有意識，即使腦部其他部分毫無損傷也沒有用。

這種情況可以如此概述：「如果腦幹死了，那麼大腦就死了；如果大腦死了，那麼人就死了。」這是英國的腦幹死亡概念的依據，它是有道理的，因為腦幹運作的時間通常長過大腦的任何其餘部分。腦部損傷會引起腦水腫，也就是腦中液體異常積聚，造成顱內壓升高，導致血流停滯；甚至更多腦細胞死亡，引發更嚴重的水腫，並進一步阻斷血流。這種惡性循環繼續下去，到達最高點時就是腦幹因壓力而毀損的時候。所以，腦幹不再有作用時，很可能腦部的其他部分已經破壞殆盡了。

這是一般情況的過程，但有時候（雖然很少見），也可能大腦的其餘部分完整無損，只有整個腦幹遭到破壞。此時只要沒有呼吸器的幫助，病患就完全無法呼吸，而且他們永遠也不會恢復意識。然而有人會主張病患仍然活著，因為他們的回憶、個性和智力想必都還保存在大腦裡，而這些特性對個人自我認定而言，應該比呼吸、循環，或腦幹功能更是根本的基礎。

目前這種區別只具有理論上的意義，因為沒有任何一個腦幹完全受損的病人曾經恢復意識。不過我們可以想像在未來的醫學中，醫生可以誘導腦幹的神經元再生，逆轉所受的損害，那麼病人就有可能恢復意識並重獲功能。到時候腦幹失能意味此人已經死亡的概念，可能就像呼吸／循環功能衰竭，代表死亡的觀念一樣過時了，因為這些情況已經是可逆的。

這種未來的發展現在看來似乎還有些牽強，不過預測日後情形並不是我們在此的真正目標，更確切而言，我們要的是用這些思想實驗來激發我們找到更基本的死亡定義。理想情況下，這個定義應該不管以後醫學進步到什麼程度都還能適用。在這本書裡，我曾經提過多種不同方式，用來測試「你就是你的神經連結體」這個假說；如果此假說為真，那麼死亡的基本定義應該緊隨其後馬上出現：**死亡就是指神經連結體的毀壞**。當然，我們還不知道神經連結體中是否包含一個人的記憶、個性，或是智力。測試這些想法大概還會耗費神經科學家很長一段時間。

在近期內，我們所能做的只是推測。很有可能神經連結體包含一個人大部分的記憶訊息，但即便如此，神經連結體也有可能並非包含所有的訊息。就像任何摘要一樣，神經連結體會省略掉一些細節，但是這些被捨棄的訊息卻可能和一個人的自我認定有關。據我推測，神經連結體死亡代表一個人喪失記憶；不過反過來的情況不見得為真，即使神經連結體保存完好，個人的記憶還是有可能丟失。（我將在下一章探討完整的問題。）

由於重點放在大腦結構上，使得神經連結體死亡的定義和傳統基於大腦功能的定義相悖。目前死亡在法律上的定義，是整個大腦或腦幹的功能呈現不可逆的喪失。但是正如我們所看到的，不可逆這個詞是有問題的。毒蛇咬傷及某些藥物都可以模仿腦幹死亡的症狀，但這些功能的喪失是可逆的，只要先靠機器換氣一小段時間，病人就可以完全復原。所以即使對專家而言，決定何時功能喪失才是永久性的，也可能是非常棘手的問題。

另一方面，神經連結體死亡是基於一個結構上的標準，意味著功能真正無法逆轉地喪失（假定它就代表記憶的喪失）。可惜的是，這個定義實際上在醫院裡一點用也沒有；目前，我們對活著的病人，可以透過腦幹傳達的反射作用、腦電波圖（ＥＥＧ），或是功能性核磁共振造影（ｆＭＲＩ）來測量腦部的功能，不過我們知道對於活體大腦，根本還沒有辦法找到神經連結體。

對於神經連結體死亡概念的實際應用，我只想得到一個方式，也許它不是真的那麼實用，但是發現它實在太美妙不過：何不使用神經連結體學來嚴格審查人體冷凍的主張呢？我曾詳細敘述阿爾科會員的大腦已經因為循環／呼吸系統衰竭和玻璃化而受損，這些損傷是否真如阿爾科所宣稱的可以逆轉呢？為了找到答案，我建議我們先試試找到玻璃化大腦的神經連結體。如果發現這個神經連結體裡的資訊原來已經被消除了，那麼我們就可以宣告神經連結體死亡。未來的先進文明也許可能做到復活，但僅限於身體，而不是心智。不過，如果那些資訊仍然完好無損，那我們就不能排除記憶復活、個人自我認定修復的可能性。

我猜想我們不應該用玻璃化的人腦來進行這項實驗，不過阿爾科也有一些玻璃化的狗和貓的大腦，這是因應一些愛好寵物的會員要求。說不定有些會員會願意為了科學進步而犧牲自己的寵物大腦？

除非這個科學試驗真的進行過了，否則我們只能推測可能會有的發現。眾所皆知大腦對於缺氧極為敏感，只要幾秒就會讓人失去意識，幾分鐘後便會造成永久性的腦部損傷。這就是為什麼發生像中風之類的問題時，流向腦部的血流若遭阻斷會如此致命的原因。乍看之下，這個問題對阿爾科的會員似乎是個壞消息；到阿爾科收到屍體的時候，腦子至少已經缺氧好幾個小時，沒有任何一個細胞能夠活下來了。（當然，定義細胞死活的難度並不亞於定義整個身體死活的難度。）無論是死是活，細胞都已遭到嚴重破壞。電子顯微鏡（ＥＭ）的研究已經顯示出呼吸／循環衰竭後數小時內腦部組織會出現哪些類型的損害；除了其他變化之外，粒線體看起來也有損傷，而細胞核中的ＤＮＡ則呈現異常結塊。

不過這些和其他的細胞異常狀況都和神經連結體的死亡不相干，真正重要的是突觸和「接線」的完整性。突觸似乎比較不成問題，它們在電子顯微鏡的影像中看起來仍然完整，所以即使在死亡的大腦中，突觸顯然還是很穩定。軸突和樹突的狀態比較難以判斷，它們的橫截面在已發表的二維影像上看起來大致完好；最大的問題是，損害是否已經破壞大腦的「接線」，這點可以透過追蹤三維影像中的神經突來回答。即使其中有些地方中斷，追蹤仍然可能繼續進行。對於單獨一個中斷處，我們可以找出兩個顯然原本相連的自由端，把中間的缺口連接起來；但如果有許多成簇的相鄰斷裂處，就沒有辦法看出哪些自由端曾經連接在一起。這將是代表真正的神經連結體死亡，資訊喪失，連結性再也無法恢復；無論多麼先進的科技都無法挽救。

就目前而言，**人體冷凍比較接近宗教，而不是科學，因為它的根據是信念而非證據**。那些會員們相信未來的文明能讓他們復活，然而卻只是基於他們自己對科技能夠無限進步的信念。我所提出的測試方式終將為艾丁格的賭注帶來一些科學意味；如果玻璃化的人體含有完整無缺的神經連結體，這並無法證明復活是可能，但若神經連結體死亡的情況已經發生，那就幾乎可以確認復活是不可能的。

很多阿爾科會員可能並不希望看到這樣的測試結果，他們或許更喜歡以盲目信仰做為面對死亡逼近的安慰手段。如果科學測試揭露的事實資料，有可能駁倒他們的信仰，他們可能寧願這樣的測試沒有進行過。不過說不定也會有其他會員想要看到壓倒信仰的證據，並且還會要求做神經連結體完整性的測試。

結果也有可能儲存在液態氮中的阿爾科會員，都已經呈現神經連結體死亡的狀態。如果真是如此，也不代表阿爾科就完蛋了，他們永遠都可以運用神經連結體學來改善準備及和玻璃化大腦的方法。除了真的讓他們的會員復活之外，這是我所能想到的，可以評估其程序品質的唯一途徑。就算他們目前的方法並不能防止神經連結體死亡，他們終究也會找到做得到這一點的方法。

大腦保存獎

人體冷凍並不是唯一能將身體或大腦保存到未來的方法。艾瑞克・卓克斯勒（Eric Drexler）在他一九八六的奈米技術宣言：《創造的引擎》（*Engines of Creation*），提出大腦可以用化學的方式保存。查爾斯・奧森（Charles Olson）於他一九八八年發表的論文〈根除死亡的可能方式〉（A Possible Cure for Death，這標題還真是謙虛），也獨立地提出同樣的說法。

卓克斯勒和奧森提出的並不是什麼新的程序，而是一種稱為塑化（plastination）之舊程序的新用途。你可能看過相當受歡迎的塑化保存人體巡迴展覽，類似的方法也早就被用於製備組織以供電子顯微鏡觀察；這麼做的目標，不僅是為了維護肉眼可見的組織外觀，研究者還試圖讓細胞的每一個細節都保持完整，包括個別突觸的結構在內。首先要用特殊的化學物質，例如甲醛，透過血管循環方式傳遞到各個細胞；這種物質稱為固定劑，因為它們在組成細胞的分子之間生成連結，把這些分子固定在原來的位置上。一旦以這種方式增強後，細胞的結構就獲得保護而不會崩解。然後大腦中的水分會被置換為乙醇，之後又被替換為環氧樹脂，在烤箱中烘到變硬。最後的成品是一個含有大腦組織的塑膠塊（參見圖五十三左）。這個塑膠塊夠堅硬，可以用鑽石刀切成非常薄的薄片，也就是我們尋找神經連結體時需要的切片。

以醛類固定是塑化的第一個步驟，也被殯葬業用來保存屍體，這種做法稱為防腐處理，用於葬禮時需要短時間公開展示的遺體。在極少數的案例裡，公開展示的過程並未隨著葬禮結束，像是俄國的革命家列寧於一九二四年逝世後便經過防腐處理，他的遺體至今還放在莫斯科的陵墓中供人瞻仰。目前並不清楚防腐處理過的屍體可以保持完整多久，但就算外表看起來正常，從顯微鏡裡看到的結構情況也可能已經惡化。完整的塑化過程可以無限期地保存生物結構，其結果類似於被困在琥珀化石中的昆蟲（圖五十三右），有些化石已有數百萬年的歷史。

塑化可能比人體冷凍更安全，因為它不需仰賴液態氮的穩定供應。如果阿爾科破產，或是發生某種災難破壞了他們的倉庫，那些屍體及大腦就會陷入險境。而塑化的大腦並不需要特殊維護，根據奧森的預測：「大腦以化學保存法處理所需

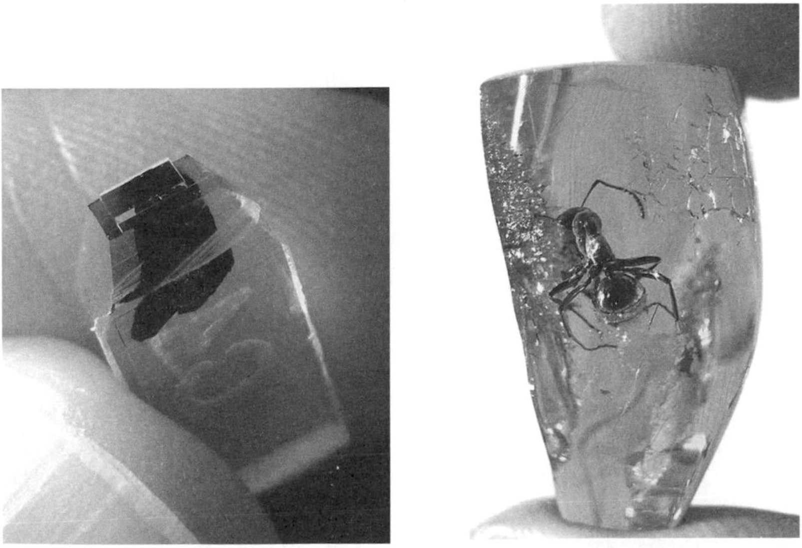

圖五十三：塑化：以環氧樹脂保存的大腦組織（左），以及琥珀中的昆蟲（右）。

的成本，可能低於典型的葬禮。」不過還是有個重要的絆腳石橫亙前方：到現在為止，塑化只適用於非常小的大腦碎片；由於各種技術上的原因，目前還沒有人能成功地以此法保存整個人類大腦，並讓裡面的神經連結體保持完好無損。

最近肯．海華斯決定對這方面有所貢獻。如果你還記得的話，他發明了ATUM，就是那台可以把大腦切片切得超薄，然後用膠帶收集起來以供造影成像及分析的機器。很多神經科學家不僅受好奇心驅使，也受野心驅動；有些人想要發現大腦中的東西，是為了出下一本書，或是提高自己的名聲，其他人則是渴望贏得諾貝爾獎。然而海華斯的想法讓其他所有人的野心都顯得微不足道：他的目標是永生不死；就像名導演伍迪．艾倫所說的：「我不想透過我的作品達到永垂不朽，我想透過不死來實現這回事。」

海華斯和他的同僚成立了「大腦保存獎」，提供十萬美元獎金給任何一個能夠成功保存大量腦部組織，並且讓神經連結體完全不受損傷的團隊。如果能夠保存老鼠的整個大腦，也可以獲得四分之一的獎金；因為做到這一點的話，算是進展到人腦方面的成功踏腳石，人腦的體積大約是鼠腦的一千倍。

海華斯計畫塑化他自己的大腦，而且他希望能在他死於自然原因之前做到，因為此時他的大腦仍是完全健康的。雖然這樣做能讓他的大腦以最佳情況迎向未來，但是無論用哪種一般定義來看，這麼做都等同於殺了他。他可能很難找到幫手，因為這種行為可能會被視為協助自殺。海華斯主張塑化他的大腦不是自殺，而是救贖，這是他獲得永生的唯一機會。

但是你要如何恢復已經塑化的大腦呢？你可以提高溫度讓冷凍精子恢復生機，也可以想像如何解凍阿爾科倉庫裡的屍體；但是要逆轉醛類固定、環氧樹脂包埋的過程，看起來似乎困難得多。不過話又說回來，如果未來的文明夠先進，可以讓死者復活，說不定他們也會先進到可以反轉塑化過程。卓克斯勒想像可以派遣一支像分子那麼小的「奈米機器人」軍隊，用來去除身體和大腦的塑化物，並修復任何曾讓死者受苦的損傷。然而他提出這想法已經二十五年了，奈米科技似乎並沒有走到距離實現他的夢想更近一點的地方。

海華斯仔細考慮過他的計畫，如果他的塑化大腦無法恢復，還有另一個可能更好的選擇。他想像自己的ATUM發明，在未來的版本中，能力已經擴大到足以處理一個比較大的腦子，也就是他自己的腦子。等到他的大腦切成極薄的切片後，便能進行造影成像和分析，找到他的神經連結體。這些資訊可以用於生成海華斯的電腦模擬版本，一個想法和感覺都和真的海華斯一樣的分身。這個計畫聽起來似乎比人體冷凍還牽強，這真的可行嗎？

第十五章 另存新檔

我們對天堂的瞭解竟然這麼少，著實令人難過。不過我們至少還能想像出那個大門的樣子：上面鑲著珍珠，高高聳立於雲端。使徒彼得在門邊看守，準備提出最困難的問題好讓罪人汗顏。但是大門裡面究竟是什麼樣的景象呢？每個人都穿著白色的衣服，（我實在不確定我會不會喜歡這樣的景象。）豎琴是唯一的配件，而且到處都是天使。相關的片斷資訊實在不多，很難繼續描述下去；不過直到最近，我才明白為什麼各個宗教都寧可在這方面模糊帶過：因為人們比較喜歡想像自己要的天堂是什麼樣子，不希望有人把定型的天堂硬塞給他們。

世界上各種文化與宗教中，對於天堂的概念，在整個歷史上都演變得很慢，直到第二個千年來臨的最近，有一種截然不同的想法出現了：

天堂是一台真正高效能的電腦。

我說的可不是有些宅男輕撫著他們的筆電時，臉上露出的那種狂喜神色；讓我們不要把那種戀物癖錯認為心靈開悟的徵象。不過話又說回來，為什麼這些人醒著的時候要花那麼多時間上網呢？如果說他們渴求超然地存在，渴望跳脫這個軀體和這個世界的不足之處，會不會太牽強呢？只要待在網上，青少年就可以忘記自己滿臉的痘痘和發育不良的體格帶來的尷尬；人們可以改用化名、改變年紀，或是用自家狗狗的照片來偽裝自己；網民可以自由自在地變成他們想要的模樣，而不是他們真正的樣子。

身體黏在電腦前面，呆滯目光死盯著發光螢幕，手指不停敲打鍵盤；老實說，這樣的實體存在感實在稍微弱了一些，我只會把這情況稱為煉獄。但這仍然不是我所謂的天堂的新概念。有些宅男想要的更多，他們想要完全拋棄自己的身體，把他們的心智轉移到電腦上。這樣以電腦模擬身分來生活的想法已經被不少科幻小說所接受，稱之為「心智上傳」，或者簡稱「上傳」。

現在這麼做還是不可能的，不過也許我們需要做的，只是靜待電腦的功能變得更強大。電玩遊戲就是驚人的證明，證明電腦可以模擬物質世界。每一年裡面的景色都變得更細膩、更豐富，角色的移動方式也更加栩栩如生。如果電腦能做到這一點，它們有什麼理由不能模擬人類的心智？

把上傳和升天進入天堂相比並不算誇張，只要想想這個詞本身：「上傳」，顯示的方向是正確的，因為大多數人都同意天堂座落於一個很高的地方。有些信徒比較喜歡說「心智下傳」，不過他們畢竟是少數；這一點並不難理解——因為「下傳」聽起來帶著「下地獄」的味道。

就像傳統的天堂思想一樣，相信「上傳」可以幫助我們克服面對死亡的恐懼。一旦上傳，我們就能成為不朽，不過這只是開始而已；在一個虛擬的世界裡，我們只要靠重新編寫電腦的模擬程式，就可以美化及強化我們的身體，不必到健身房吃盡苦頭。或者我們也可以超越這種膚淺的關注，轉而把焦點放在增進心智能力。讓我們不只是往上傳，讓我們往上升級（upgrade）吧！

你可能會出聲抗議，說上傳並不能真正讓我們擺脫物質世界，得到自由，因為執行模擬功能的電腦仍然可能出現故障或老舊損壞的問題。但是基督徒也教誨我們：天堂中的不朽靈魂並不是沒有軀體，（只有在死亡到審判日之間的空檔，靈魂才會在沒有軀體的情況下四處遊蕩。）他們仍然有身體，只是幸好這個身體是個廉潔、改善過或完美的版本。

同樣地，如果你活在電腦裡，會比活在身體裡好過得多。即使阿爾科的會員後來真的成為身體復活的幸運受益者，享受著未來醫學所提供的青春永駐優勢，但是他們仍然必須擔心也許有天會發生奇怪的意外，導致自己的大腦損毀至無法修復的地步。相較之下，上傳會讓人覺得更安全、更有保障；就算碰巧遇上硬體出毛病，或是未來大家又愛又恨的作業系統出現錯誤（bug），導致你遭到扼殺，反正永遠都可以從備份重新還原。

無疑地，一定有人會說所有這些論調都沒有掌握到重點：上天堂要的不只是脫離軀殼而存在，而是與上帝合而為一。雖然上傳者並不見得想要見到基督教的上帝，但他們的確希望進入一個新的精神境界。在這個天空中的偉大電腦裡，上傳者的一行行代碼將會混合形成一個蜂巢心智（hive mind）或集體意識。根據佛教教義，他們最後終將化解自我與他人中間的區隔藩籬，而這些他人可能處於邪惡與苦難的根源。帶著所有飽含人性光輝，但不包含失敗的記憶，這個新的「超我」將擁有超凡脫俗，幾乎可視為神聖的智慧，我們將在與眾人合而為一的體驗上找到精神寄託。上傳帶來的影響將遠遠超過一九六〇年代的「愛之夏」與二十世紀末的「寶瓶時代」，因為那些運動不過曇花一現，當初配帶著花朵的嬉皮人士，日後也是一樣開著寶馬汽車、投票要求減稅。

談夠了上傳的好處，天堂聽起來也真不錯，但是我要怎麼做才能到那裡去呢？呃，這是一個很難回答的問題。正如我將在這一章中解釋的，到目前為止，只有人提出一個很久以後才可能做得的方法：**以電腦模擬在你大腦神經元網路中循環流動的電子訊號**。我們相信到了本世紀末，強大到足以處理這種模擬狀態的電腦應該會出現。想要在模擬環境中將神經元模型以正確方式接線，就必須先找到你的神經連結體；目前我們還想不出有任何方式，可以不需在過程中破壞你的大腦就做到這一點。這部分聽起來頗令人擔憂，不過基督教的天堂也不見得比較好：想要抵達那裡，總是需要先死掉才行。而且這種破壞性的上傳還有一個額外的好處：在上傳之後，你可以把舊有自我裡所有難以處理的毛病通通消除掉。

為了討論方便起見，讓我們先忽略這些議題，單純地假設你的神經連結體可以找得到。這也會讓上傳變得可能嗎？模擬整個大腦現在還只是科幻小說中的題材，但是模擬部分大腦，至少從一九五〇年代起就已經是科學的一部分了。我們在第二篇描述過的感知、思維及記憶的模型，已經被正式數學公式化，並在電腦上進行模擬，當然，原本的目標並不是像上傳這樣野心勃勃的事，這種模擬是為了重現大腦諸多功能中的一個小子集，以及用神經科學實驗來測量神經的尖峰。

正如我在第四篇的展望所言，分割、解碼，及比較神經連結體都要靠電腦來分析大量數據，但並不需要電腦模擬神經元產生尖峰。在我自己做過一些電腦模擬工作後，我認為不需模擬是一個優點。分析數據比較不會引領我們誤入歧途，因為我們是從數據出發，盡力從中提取知識，儘可能運用最少的假設。相較之下，模擬則是從希望重現一個有趣現象開始，過程中我們會試著找到達成目的所需要的數據。這種充滿渴望的思維，如果並非立足於現實，可能會很危險。過去我們因為沒有實證數據支持，不得不將各種假設整合在我們的模型上，不過神經連結體學和其他測量真實大腦的方法現在已經愈來愈精巧複雜，有了更好的數據，我們便可以讓大腦模型更為逼真。只要方法用得對，模擬會是研究神經科學的利器，這點無可否認。

前面我曾敘述過，也許有一天我們可以從神經連結體解讀出記憶來，用的方法是將神經元攤開恢復原狀，找出突觸鏈來；這麼做可以讓我們猜出，喚起連續性記憶時神經元產生尖峰的順序為何。另一種方法，則是運用神經連結體來建立網路中神經元產生尖峰的電腦模擬模型，然後讓模擬模型開始運作，觀察神經元在喚起回憶時產生尖峰的順序。想要把這種方法擴大到整個大腦，是再自然不過的夢想。**上傳才是真正檢驗這條假設：「你就是你的神經連結體」的終極方式。**

研究者對於怎麼做才是模擬大腦的最適當方式早就爭論已久，本章中關於上傳的討論，應該又會掀起所有在概念方面的異議之聲，只是（我希望是這樣），會以更具活力的方式出現。讓我們來考慮一下任何模型建造者必須回答的第一個問題：怎樣才算成功？

你也是一具殭屍

阿爾科提出的承諾：復活與青春永駐，很容易想像，然而上傳則完全是另外一回事。以模擬身分生活在一台電腦裡會是什麼樣子？你會覺得無聊和寂寞嗎？

這個問題在桶中之腦（brain in a vat）的場景已有探討，這是科幻小說及大學哲學課程常用的題材。假設有個瘋狂的科學家抓到你，把你的大腦拿出來，設法讓它在一個裝滿化學物的桶子裡繼續存活且正常運作。你腦子裡的神經活動仍然縱橫去去，但並未和外界產生關聯，因為你的腦子已經脫離肉體。這種隔離遠遠超過你躺在床上、閉上眼睛的感覺；因為和自己的感覺器官與肌肉關係全然切斷，你將被隔絕在最黑暗、最孤獨無依的幽禁環境裡。

這情況看起來還滿糟糕的，不過上傳者不用擔心，任何未來的文明，如果已經先進到足以創造出模擬大腦，一定也有能力處理其輸入和輸出的問題。相較之下，輸入和輸出還是比較容易的部分，因為大腦和外在世界的連結，遠遠少於大腦內部的連結。例如視神經從眼睛連結到大腦，透過它所擁有的上百萬條軸突傳送視覺輸入訊息；這樣聽起來好像很多，不過大腦裡還有更多軸突來來往往。（大腦中上千億的神經元大部分都有軸突。）在輸出方面，錐體束攜帶訊號從運動皮質傳送到脊髓，好讓大腦能夠控制身體的運動；錐體束就跟視神經一樣，也包含上百萬條軸突。因此，我們的未來文明可以把電腦模擬和攝影機及其他感測器，甚至人造身體連接起來；如果這些「周邊設備」做得夠精巧，上傳的心智就能夠聞到玫瑰花香，享受真實世界的所有其他樂趣。

但是為什麼到了模擬大腦我們就停下來？為什麼不模擬整個世界呢？這樣上傳者就可以聞到虛擬的玫瑰花，並且和其他模擬大腦結為好友。無論如何，從花費在電腦遊戲上的時間和金錢來判斷，現在有很多人似乎更喜歡虛擬的世界。誰知道呢？說不定我們的物質世界實際上就是一個虛擬的世界。如果真是如此的話，我們又有什麼辦法可以知道呢？有些物理學家和哲學家，還有那些可謂為當代先知的電影導演，都曾暗示我們和這整個宇宙，實際上是在一台巨大電腦上運作的模擬世界。我們也許認為這想法太荒謬而嗤之以鼻，但即使以邏輯推理，也無法排除這樣的可能性。

如果模擬的結果感覺上和現實世界完全一樣，那麼以模擬身分生活就和真實的生活樂趣一樣多。（也許有人很不喜歡現實生活，讓我們這麼說吧：如果是這樣的話，至少活在虛擬世界裡也不會更糟。）音響發燒友總想達到「高傳真」的效果，企圖透過電子系統忠實重現現場音樂演出實況。上傳者也將會沉迷於追求更重要性質的逼真程度，但他們能夠期待的只是很接近真實情況的東西，而不是與實物一模一樣的複製品。到底要多精確才算夠精確呢？

在電腦科學中，大多數問題都能直截了當地下定義；如果我們想把兩個數字相乘，怎麼樣才算成功很明顯就看得出來；但是人工智慧（ＡＩ）想達成的目標就比較難以明確陳述。一九五〇年時，數學家艾倫．圖靈（Alan Turing）提供一個操作型定義；他想像有個測試，考官將訊問一個人和一台機器，他的任務就是決定何者為人、何者為機器。聽起來也許很容易，但這裡有個麻煩之處：這場訊問是經由輸入及閱讀文字，就像上網「聊天」那樣的方式來進行的，這是為了避免考官以外表、聲音，或是其他圖靈認為和智能並不相干的特性，辨識出對方是人還是機器。現在假定很多考官都執行過這個任務後，如果所有考官未能得出正確的一致意見，那麼我們就可以宣布這台機器是成功的人工智慧範例。

圖靈提出他的測試方法，用來評估一般的ＡＩ。我們可以很容易地改進這個測試方法，用來衡量某個特定人士的電腦模擬是否成功，只要把考官限制為此人的朋友與家人，也就是對他或她最熟悉的那些人就行了。如果連他們也無法區分出現實與模擬的差別，那這個心智上傳就算成功了。

進行這種特定的圖靈測試時，外觀和聲音是否都應列於禁止接觸之列，就像一般版本的測試一樣？這一點可能會讓你躊躇不前，畢竟聲音和笑容似乎是愛上一個人的整體經驗中不可或缺的部分。但是已經有很多人在根本沒見過面之前，就經由網上聊天和電子郵件愛上對方。另一個例子：氣切手術的程序是在氣管上開個洞，解除呼吸阻塞的問題，這種手術的副作用就是破壞原有的聲音；然而每個人都同意手術前後患者還是同樣的那個人。最後一個將身體因素從測試中排除的理由，就是上傳者本來就是希望能跳脫他們自己的身體，他們在乎而想要保存的只是自己的心智而已。

朋友和家人會有足夠的警覺心，可以檢測出模擬版本和真人之間的所有差異嗎？歷史上的冒充者案例完全無法鼓舞我們的信心。十六世紀時，有位男子出現在法國的阿爾蒂加村，自稱是之前失蹤八年的馬丹．蓋赫。他搬進蓋赫家，與蓋赫的妻子同住，並且和她生了孩子。不過這位「新」蓋赫最後還是被指控為冒名頂替者，第一次審判時無罪釋放，但第二次審判時獲判有罪。就在他提出上訴，即將贏得勝利時，另一名男子戲劇性地現身，宣稱他才是真正的蓋赫，所有家庭成員突然一致同意，聲明正在受審的那位「新」蓋赫是冒充的騙子。於是「新」蓋赫被定罪，之後他也坦承了自己的罪行，沒多久便被處決了。

這位「新」蓋赫相當善於模仿，只有在和真人並列比較時才顯露敗象。如果是運用不能看也無法聽到對方的方式，進行正規圖靈測試來檢驗他的真假，他很有可能可以安全過關，因為事實證明，連真正的蓋赫對自己之前婚姻生活的記憶，都沒有這位「新」蓋赫那麼詳細。

從這個案例和其他冒充者的案子，可以看出朋友和家人都不是個人身分的完美鑑定者。不過如果差異實在細微到難以察覺，也許這些就不是重要的差異；而且就算差異很明顯，也不見得這個模擬就算是徹底失敗的版本。腦部受損的患者在受傷後可能完全變了一個人，但是他們仍然會被別人所接受。如果朋友和家人是這個上傳行動的「客戶」，那麼他們的滿意與否才是衡量一切的標準。

但是話又說回來，也許真正的客戶就是你，你就是這位想要被上傳的人。當然，你的朋友和家人對於數位化的你是否滿意很重要，但最重要的是你滿不滿意。這個議題會讓我們的立論點搖搖欲墜，然而我們無可避免地一定得好好面對它。

假設你已經上傳到電腦裡了，之後我第一次打開電腦的電源開關，讓模擬開始進行。我很確定我一定會問你：「你覺得怎麼樣？」彷彿你是剛從深沉的睡眠中醒來，或是剛從昏迷狀態甦醒。那麼你會怎麼回答呢？

圖靈測試的要求是客觀性，並將這一點訴諸來自外界的審查者，然而完全忽視主觀評價也是一件愚蠢的事。當然，我也會想要詢問已經上傳的那個你：「你對自己的模擬版本滿意嗎？」你絕對不會用這種問題去詢問化學反應或黑洞的模擬方程式，不過對於一個大腦的模擬版本，這個問題完全是恰如其分的。

不過在此同時，我們根本搞不清楚我究竟該不該相信你的回應。如果你的大腦模擬有機能失常的問題，你可能就會表現得像腦傷的受害者一樣。神經學家都知道，這些受傷者往往會否認自己的問題；例如，失憶症（amnesia）患者有時會在他們自己出現記憶失誤時，指控是別人欺騙他們；中風患者也並不是都會承認他們自己的癱瘓狀況，而且可能會編造出各種天馬行空的解釋，來說明為何無法執行某些任務。你的主觀意見很可能並不可靠。

然而，你當然可以爭辯你的意見才是最重要的。你的朋友與家人的滿意度，取決於你的模擬版本是否符合他們對你的行為的期望，這些期望是以你的模型為基礎而來的，也就是他們經年累月觀察你的行為所得的印象。不過你也有你的自我模型，這是你根據自我反思及自我觀察所得的結果。你的自我模型根據的數據資料，遠多於其他人眼中你的模型所含的資訊。

也許生命中總有些時刻會讓你心想：「今天的我表現得完全不像我自己。」情況可能是你對某些微不足道的小事忽然大發雷霆，或是發現自己的行事方式迥異於平日的典型表現；不過通常你的行為模式都會在自己期待的範圍內。根據推測，你的自我模型應該會和你其他的所有回憶一起上傳，你可以透過不斷比對自身行為與自我模型預測的結果差異，來檢查你的模擬的詳實程度。模擬愈精確，不一致的部分就會愈少。

現在，讓我們假定這個上傳已經成功通過了客觀和主觀標準的評判，你的朋友和家人都說他們很滿意，你（也就是說你的模擬版本啦）也說你很滿意。那麼我們現在可以宣布上傳成功了嗎？其實還有個最後的隱憂：我們沒有辦法直接接觸評估你的感覺。即使你說你感覺很好，我們怎麼知道你是不是真的有感覺呢？也許你只是裝裝樣子、虛應故事罷了，有沒有可能上傳其實已經把你變成僵屍了呢？

有些哲學家相信要電腦模擬出人的意識，根本上就是不可能的事。他們說無論水的模擬有多麼精確，實際上它仍然不是濕的。同樣地，你的模擬也許在朋友和家人看來已經夠精確，甚至連這個模擬版本都宣稱自己很滿意，但是它仍然缺乏我們稱之為意識的主觀經驗。這樣也許不見得不好，但它肯定聽起來不像是達成不朽的途徑。

我們沒有辦法駁斥那個你可能變成殭屍的想法，因為沒有客觀的方法可以衡量主觀的感覺。事實上，這個概念如此強大，甚至對真正的大腦也像對模擬一樣適用。據你所知，也許你的狗狗就是一具殭屍，牠可能表現得像是牠餓了，但其實牠並不是真的有飢餓的感覺。（法國哲學家笛卡兒就主張動物都是殭屍，因為牠們缺乏靈魂。）據我所知，你也是一具殭屍，我沒有辦法證明你不是，因為**沒有一個人可以直接感受到另外一個人的感覺**。然而大多數人，尤其是寵物愛好者，都相信動物能感覺到疼痛，而且事實上幾乎每一個人都相信其他人能感覺到疼痛。

我看不出有什麼方法可以解決這樣的哲學爭論，這只是你的直覺和我的直覺相反的問題而已。就個人而言，我認為一個足夠精確的大腦模擬就會有意識。真正的困難不在哲學方面，而是實際執行的問題：這種程度的精確度真的做得到嗎？

心智上傳

亨利．馬克拉姆（Henry Markram）的名氣，來自於他是世界上最昂貴的模擬人腦的創造者，不過神經科學家對他最熟悉的是他在突觸方面的開創性實驗。馬克拉姆是第一個以系統化方式研究赫布規則依序版本的人，他的方法是在誘導出突觸可塑性時，拉長兩個神經元產生尖峰的時間差距。我第一次聽到馬克拉姆說話是在一次研討會上；那一次我也遇到菸不離手但是魅力十足的亞麗克斯．湯姆森（Alex Thomson），她同樣是位聲名卓著的神經科學家，她在演講中提到突觸時熱情洋溢，看得出她愛上了這些突觸，也希望我們一樣愛上它們。相對而言，馬克拉姆的表現則有如突觸界的大祭司，要求我們對突觸的複雜奧祕表達敬畏與尊重。

馬克拉姆在他二〇〇九年發表的演講中，承諾十年內將會出現電腦模擬的人類大腦，這句經典之語傳遍了全世界。如果你也在網上看過那段演講影片，可能會同意我的看法：雖然他雕像般的英俊臉龐看起來有點凶巴巴，但是他說話的態度既溫和又吸引人，對這樣的夢想充滿沉靜有力的信念。不過同樣那一年再過一陣子之後，他聽起來就沒有那麼平靜了。他的競爭對手，IBM的研究員達緬卓．莫達（Dharmendra Modha）宣布已經完成模擬貓腦，他在二〇〇七年曾經宣稱完成了模擬的老鼠大腦。馬克拉姆的回應，是寫了一封憤怒的信函給IBM的技術長：

親愛的伯尼：

上次Mohda（信中原文拼錯）提出愚蠢的聲明，說他做出模擬的鼠腦時，你告訴我你會把這傢伙倒吊起來勒死他。

我以為……記者可以看得出來這次IBM的報告是個大騙局，還沒有人能做出像貓腦那種規模的模擬大腦，但不知何故，他們居然完全被這種令人難以置信的聲明所矇騙。

我對於這次的宣告深感震驚……

我認為應該由我來「把貓從袋子裡放出來」（譯注：意為揭露祕密），將這個徹底的詐騙行為公諸於世。

競爭固然重要，但是這種行為對這個領域是個恥辱，也是極端的傷害。顯然Mohda接下來就要宣稱他模擬出人腦了，我真的很希望有人對這傢伙的科學和道德進行審核調查。

祝 一切順利

亨利

馬克拉姆並沒有打算把他的憤慨當成祕密，他把這封信的副本寄給很多記者，其中一位在部落格上寫了個故事講述這場爭議，並且下了個詼諧的標題：「貓腦釀成貓戰」。

這封信明顯標示出馬克拉姆與IBM的關係降到新低點。他們在二〇〇五年一開始時是盟友的關係，當時IBM與馬克拉姆的任職機構，也就是瑞士的洛桑聯邦理工學院簽署了一項協議，這個聯合計畫的目標，是藉著用IBM的藍色基因／L（Blue Gene/L）模擬大腦，來向大家引介這台當時全世界最快的超級電腦。馬克拉姆把這個計畫稱為藍腦（Blue Brain），暗指IBM的暱稱藍色巨人（Big Blue）。不過自從莫達在IBM的阿瑪頓研究中心（Almaden

Research Center）開始一項帶著競爭意味的模擬計畫後，馬克拉姆和ＩＢＭ的關係便逐漸惡化。

馬克拉姆試圖透過指責他的競爭對手造假，來捍衛他自己的工作，不過他其實讓人對這整個產業都產生懷疑。任何人都可以用電腦模擬巨大數量的方程式，然後宣稱它就像個大腦。（時至今日，你甚至不需要有台超級電腦就已經可以這麼做。）但是要怎麼證明呢？我們又要如何得知馬克拉姆不會也是個騙子？

我們不應該因為他那一台炫目耀眼的超級電腦就分了心，忘了注意到他的研究有個致命缺陷：缺乏可判斷成功與否的明確定義標準。到了未來，藍腦應該可以用我們之前提過的特定圖靈測試進行評估，但是這種測試只有在模擬版本已經非常接近實物時才會有用。至於那些號稱的模擬鼠腦與貓腦，恐怕連八字都還沒有一撇；短期間內應該還不會有任何「鼠丹．蓋赫」可以騙倒你啦！圖靈測試會告訴我們是不是已經達到想要的目標，不過在那一天來臨之前，我們需要有別的方式，能夠讓我們知道自己是不是朝著正確的方向前進。

這些研究人員確實有所進展嗎？馬克拉姆的整封信太長，我不打算在這裡刊出全文，因此我會做個總結，說明他的尖酸言詞背後所包含的科學成分。簡而言之，藍腦是由神經元模型所組成的，這些模型以極度複雜的方式處理電子與化學訊號，比莫達的電腦模擬中的神經元模型更接近真正的神經元；不過，莫達的神經元模型又比本書中討論過的加權投票模型更近似實際情況。

已有大量實證證據顯示，加權投票模型和很多神經元相當接近，不過我們也知道這個模型並不完美，甚至對某些神經元而言嚴重失敗。馬克拉姆說的沒錯，真正的神經元有許多簡單模型無法涵蓋的複雜之處。一個神經元本身就相當於一整個世界，它和任何細胞一樣，是由許多分子構成的高度複雜組合物，是一台由分子零件組裝而成的機器。而這些分子每一個又都是原子構成的微型機器。

正如我前面提過的，離子通道是一種很重要的分子，因為它們負責傳送神經元裡的電子訊號。軸突、樹突和突觸各自包含不同類型的離子通道，或者至少包含不同數目的離子通道，這就是為什麼神經元的這些部分具有不同的電特性。原則上，**每個神經元的行為都有其獨特性，正是因為它們各有獨特的離子通道配置方式**。這一點和加權投票模型就差遠了，因為這個模型要求所有的神經元基本上是一模一樣的。這對模擬大腦而言，聽起來是個壞消息，如果神經元有無限多種類型，我們怎麼可能成功地以模型來仿造它們？因為這表示即使測量出某個神經元的屬性，我們也無法把這些資訊沿用到另一個神經元上。

有另外一個希望，可以讓你跳脫神經元無限變化的泥沼：神經元類型。你可能還記得卡哈爾根據位置和形狀來分類神經元，你可以把這些屬性想成像是動物的棲息地和外觀。每當某位神經科學家說到大腦新皮質的「雙花束細胞」，就會讓我想起博物學家提及北極的北極熊的那種方式。那些博物學家可能還會指出，北極熊和棕熊不一樣，雖然牠們都會獵捕海豹。同樣地，相同類型的神經元通常表現出相同的電性能，這可能是因為它們的離子通道以同樣的方式分布。

如果情況真是如此，那麼神經的多樣性實際上是有限的。我們應該匯編一本所有神經元類型的目錄冊，這算是大腦的「零件清單」，然後為每一種類型的神經元建立一個模型。我們會假定，每個模型都能有效代表所有正常大腦中的這一類神經元，就像我們假定所有電子裝置中的電阻，都以同樣方式運作一樣。等到所有的神經元類型都已建立模型，我們就已經準備好，可以開始模擬大腦了。

馬克拉姆的實驗室已經透過體外實驗的方式，找出許多新皮質神經元類型的電特性；他們根據這些數據，為每個神經元類型建立如同數百個電隔室（compartment）交互作用的模型，這是模擬每個神經元上數百萬個離子通道的作用。馬克拉姆建立在藍腦上的神經元多隔室（multicompartment）模型與真實情況的近似性，確實讓他實至名歸。

然而藍腦在某個方面還是有嚴重缺陷。由於沒有任何已知的大腦皮質神經連結體，所以目前還不清楚該如何讓這些神經元模型相互連結。馬克拉姆遵循的是彼得斯定律（Peters' Rule），這是一條理論性的原則，說明連結性是隨機的。大腦中那些呈「義大利麵」式糾結的軸突和樹突，靠意外碰撞造成接觸點，在其中各個接觸點位置，突觸以某種機率出現，有如拋擲一個正反面機會不均等硬幣的結果一樣。

彼得斯定律在概念上與前面曾介紹過的一種想法有關：主張突觸隨機生成的神經達爾文主義，但是這兩種概念並不相等。神經達爾文主義中還包括活動依賴（activity-dependent）式的突觸消除，這會使得存活下來的連結變成非隨機性。研究者已發現一些違反彼得斯定律的例子，我預期之後還會有更多這類例子出現，目前這個定律還能苟延殘喘，是因為我們對神經連結體仍處於無知狀態。

就像電腦科學家喜歡說的：「輸入垃圾，輸出也會是垃圾」，如果藍腦的神經連結是錯誤的，那麼它的模擬也會跟著錯。不過我們也不要過度挑剔，將來馬克拉姆總是有可能把從神經連結體得來的資訊整合到藍腦裡，然後他的模擬是否就能真正實現呢？

要回答這個問題，讓我們再次考慮一下秀麗隱桿線蟲的情況。牠的神經連結體已經揭曉，這一點和人腦的新皮質不同。但是你可能會很訝異：牠的神經系統只有一小部分被模擬過，所得的模型已經幫助我們理解牠的一些簡單行為，但這些只是零零碎碎的努力結果，到目前為止，還沒有人做到能夠接近模擬整個神經系統的程度。

遺憾的是，我們缺乏良好的秀麗隱桿線蟲神經元模型。正如我前面提過的，這些神經元大部分甚至不會產生尖峰，所以加權投票模型在此並不適用。為了做出神經元的模型，我們必須測量它們，結果事實證明，測量秀麗隱桿線蟲的神經元比測量老鼠神經元，甚至人類神經元還要困難。我們也缺乏和秀麗隱桿線蟲的突觸有關的資訊，牠的神經連結體甚至沒有具體指明，那些突觸是興奮性還是抑制性。

所以藍腦缺少的是一個神經連結體，而秀麗隱桿線蟲缺少的則是神經元類型的模型；模擬大腦或神經系統時，這兩種要素都是必需的。因此我們之前的宣告該修訂為：「你就是你的神經連結體，加上神經元類型的模型。」（讓我們假設一個神經連結體被定義為，會指明每個神經元的類型。）不過神經元類型的模型所包含的資訊應該遠少於神經連結體，因為大多數科學家都同意神經元的類型遠比神經元的總數要少得多。就這方面的意義而言，「你就是你的神經連結體」仍然算是非常近似事實的良好敘述了。此外，我們之前也假定所有同類型的神經元在所有正常大腦中都以同樣方式運作，就像所有的北極熊在正常情況下都獵捕海豹一樣。如果我們上傳了很多個人，所有這個模擬都可以共享同樣的神經元類型模型，**一個人唯一獨特的內含資訊，就是他或她的神經連結體。**

值得特別一提的是秀麗隱桿線蟲的資訊內容比重並不一樣，牠的三百多個神經元被分為大約一百多種類型，所以類型的數目並非比神經元的數目少很多；基本上差不多是每個神經元同身體對側的對應神經元）就自成一型。如果最後結果是每個神經元都需要自己的模型，那麼這些模型裡包含的資訊總數可能會超過神經連結體所含的資訊。因此，即使「你就是你的神經連結體」對我們來說幾乎是完美的敘述，但對線蟲而言，則是與實際情況差距甚遠的糟糕敘述。

換個方式來說，秀麗隱桿線蟲的神經系統就像是一台每個零件都獨一無二的機器，每個零件個別的運作狀況都和整體的組織同等重要。與此完全相反的極端情況，則是一台只用單一類型零件建構的機器，（如果你的年紀夠大的話，可能還會記得那種老式的樂高遊戲組合，裡面只含有同一種類型的樂高積木。）像這樣的機器，其功能性幾乎完全取決於零件的組織方式。

一般電子設備比較接近這種極端，因為它們通常只包含幾種類型的零件，像是電阻、電容和電晶體；這就是為什麼收音機功能如此倚重於它的接線圖。人類大腦的零件清單又更長了，所以需要花上多年的努力，才能為人腦中每一種神經元類型建立模型。不過這份零件清單上的項目數量仍然遠遠小於所有零件的總合數量，這就是為什麼各個零件的組織方式如此重要，以及為什麼「你就是你的神經連結體」這個敘述和事實相去不遠的緣故。

大腦模擬還包含神經連結體的另一個重要面向：改變，如果沒有這個部分，你上傳的那個自我將無法儲存新的記憶或學習新的技能；馬克拉姆和莫達都是運用赫布突觸可塑性的數學模型來包含重新加權的功能。不過把其他功能，像是重新連結、重新接線和再生都包括進來也很重要；一般而言，為這四個R建構的模型，精細度會比為神經元中電子訊號所建構的模型低得多，改進這些模型是可能做得到的事，但仍需耗費多年的研究工夫。

這些都是重要的注意事項，不過神經元類型的模型，以及涵蓋神經連結體改變方式的模式，都還是可以順利安插到以神經連結體為基礎的模擬大腦整體框架中。有沒有任何與大腦相關，但從根本上就與這個框架不相容的東西？我們會遇上的困難之一，就是神經元會突破突觸的限制，與外界交互作用；舉例來說，神經傳導物質分子可能會從突觸之處逃脫，擴散開來，然後被更遙遠的神經元感測到。這可能會導致並未透過突觸相連結的神經元，一樣會交互作用，甚至連實際上根本沒有互相接觸的神經元，也能產生交互作用。由於這種交互作用發生在突觸之外，自然不會被涵蓋於神經連結體中。依據某些突觸外的交互作用建立出來的模型有可能很簡單，但若是那種神經傳導物質分子擴散至神經元之間狹小曲折空間，也許就需要建立相當複雜的模型才能模擬實際狀況。

倘若突觸外的交互作用其實才是大腦功能的關鍵部分，那我們就可能需要拋棄「你就是你的神經連結體」這個假設，比較弱的陳述：「你就是你的大腦」也許還站得住腳，但如果要用這點來當作上傳的基礎，大概會更加困難。我們可能得扔掉神經連結體的抽象概念，更進一步把考量層面往下降到原子的層次；大家可以想像一下，運用物理定律來創建一個電腦模擬版本，模擬人腦中的每一個原子。這麼做的結果絕對是個極端忠實於真正情況的版本，遠遠勝過以神經連結體為基礎的模擬效果。

但這樣還是有美中不足之處，那就是既然有這麼多原子，所需要的方程式數目將會是個天文數字。單是考慮到需要的電腦運算能力該有多大，就可以看出它似乎太過荒謬，而且這是完全不可能做到的，除非你的後代子孫壽命長到天長地久。依目前的情況，就連最小的原子組合體（叫做分子），都很難模擬成功，模擬大腦的所有原子幾乎是匪夷所思的事。有限的運算能力並不是唯一的障礙，連取得資訊以便開始模擬的工作都有困難，這可能會需要測量大腦中所有原子的位置和速度，這樣的資訊量絕對比一個神經連結體所包含的資訊多得多了。目前我們還不清楚該如何收集這些訊息，也不知道該如何在合理的時間內完成這些工作。

所以，**如果你打算上傳自己，你唯一的希望就是以神經連結體為基礎的策略**。在未來幾年內，我們將透過第四篇討論過的幾種研究方法，來查明「你就是你的神經連結體」這句話是否為真，或者至少是不是一個近似真相的良好敘述。這類科學研究會把焦點集中在更近期的目標，但也會帶來一些想法，讓我們明白心智上傳實際成功的機會有多大。

生命的意義

身為人類，長久以來我們一直相信，或者想要相信，生命除了物質方面的存在之外，應該還有別的東西：「我不只是一塊肉而已，我還有靈魂。」就逃脫身體束縛的夢想而言，心智上傳只不過是人類長久以來願望的最新重述版。

過去幾個世紀，科學已經動搖我們對靈魂的信念。它首先告訴我們：「你是一堆原子。」根據唯物論的這種學說，宇宙就是一個巨大的撞球檯，原子就像撞球一般，在檯面上依照物理定律移動及碰撞。你的原子自然也不例外，而且得和宇宙中所有其他原子遵守同樣的定律。然後生物學和神經科學又告訴我們：「你是一台機器。」根據機械論的這種學說，你這具機器的零件就是細胞，或是像DNA這種特殊分子，你的身體和大腦基本上和人類製造出來的機器沒什麼不同，只是複雜得多而已。

不過電腦已經迫使我們重新審視唯物論和機械論的學說。上傳者相信的是：「你是一堆資訊。」你既不是機器也不是物質，那些只是儲存工具，用來儲存真正的你：資訊。我們從使用電腦的日常經驗中，已經學會如何分辨資訊本身及其物質化身。假定我拿走你的筆記型電腦，而且基於抑遏不住的暴怒，將它砸個粉碎；你把電腦的殘骸收回去，設法從中取出硬碟，它看起來狀況還不錯，所以你也無需哀悼良久，只需要把裡面的資訊轉移傳輸到另一台筆電就行了，然後日子就可以繼續過下去，彷彿什麼事都沒發生過。

上傳者看不出人和筆電有什麼基本上的差異，他們認為把代表你個人自我認定的資訊，傳輸到另一種物質形式上應該是可能的。上傳者對唯物論者的駁斥是：「你不是你的原子，而是這些原子排列構成的模式。」對機械論者的指責則是：「你不是你的神經元，而是它們連結的模式。」雖然模式也需要物質才能具體化，但是它本身確實屬於資訊的抽象世界，而不是物質的具體世界。

真的，上傳者說不定就會說你的新筆電是舊筆電的轉世化身，筆電的靈魂輪迴就發生在你把硬碟上的資訊轉移過去的時候；所以現在他們帶來的概念是：資訊就是新的靈魂。我們等於兜了一大圈，又回到從前的那種概念：自我奠基於一種非物質的存在實體，一種比物質更飄渺的東西。

這樣的類比其實並不完美；我們通常都認為靈魂是不朽的，但資訊可不一樣，它是可以永久喪失的。奈米科技學家拉爾夫・梅克爾（Ralph Merkle）曾經為資訊理論式死亡（information theoretic death）的概念下過定義：儲存在大腦中有關個人自我認定的資訊遭到破壞。現在再回到我們的筆電例子以說明他的概念；假定你從損壞的電腦裡找到原本的硬碟，但是裡面的馬達在被摔打的過程中壞掉了，所以想把裡面的資訊傳到你另外的筆電已經超出你的技術能力，但是有比你更厲害的電腦宅男可能可以修復這個馬達，好讓你能夠執行傳輸工作。另一方面，如果我夠卑鄙，只要拿個強力磁鐵從你的硬碟上面掠過就行了，根本不必砸爛你的電腦；這麼做可以抹除硬碟上的資訊，因為它們是以磁模式儲存在裡面的。如果是這樣的情況，那就無論科技多先進，都沒有辦法救回你的資訊。這種情況從根本上就完全沒救了。

梅克爾對死亡的定義在哲學上的重要性大於實際的重要性；想要應用這個定義，我們必須確切知道記憶、個性、個人自我認定等各方面究竟如何儲存在大腦裡。如果這些資訊是包含在神經連結體裡，那麼資訊理論式死亡指的無非就是神經連結體的死亡。

所有意圖達到永生不朽的努力，都可以視為企圖保存資訊的嘗試。大多數人都會希望在自己過世之前擁有孩子，那麼有些儲存在他們ＤＮＡ中的資訊就可以留在孩子的ＤＮＡ裡繼續存活下去，而其他類型的資訊則會留存在孩子們的記憶裡；有些人則試圖透過寫歌或寫書，留下這類後代子孫會記住的東西來達到不朽。這是另外一種試圖把與自己有關的訊息嵌入他人心智的方法。

人體冷凍和心智上傳追求的都是保存大腦中的資訊，我們可以把這些方法看成另一種運動的部分方式，這種範圍更廣泛的運動稱為超人類主義（transhumanism），其目的在於改變人類這個物種。超人類主義論者如是說：我們不再需要等待達爾文演化論裡的冰川期來襲，我們可以運用科技來改變我們的身體和大腦；或者我們也可以完全拋棄它們，移居到電腦上。

超人類主義曾被嘲笑為宅男的被提（rapture，譯注：基督教用詞，指信徒被送到天上與主同在）。有些人會覺得在這麼多可怕問題威脅當今世界的時候，卻幻想著在未來得到永生，實在是很奇怪的想法；不過超人類主義是開悟（Enlightenment）思想無可避免且合乎邏輯的延伸，可以提升人類的理性力量。由於理性在數學和科學上卓然有成，讓歐洲的思想家更有勇氣去嘗試，用理性思維推導出來的原則建立法律和哲學，而不是訴諸傳統或上帝的啟示。哲學家萊布尼茲甚至認為，所有的意見分歧都源於推理錯誤，並且建議這些問題都可以透過將爭議論點符號邏輯形式化來解決。

但是到了二十世紀，理性的局限變得非常明顯。邏輯學家庫爾特・哥德爾（Kurt Gödel）證明數學是不完整的，因為存在一些真實的陳述，但是數學無法證明。量子力學方面的先驅物理學家發現有些事情是真正隨機的，即使有無限的資訊與運算能力，也無法預測其結果。如果理性連在數學和科學上都失敗了，我們還怎麼能指望它在其他地方成功呢？的確，許多哲學家都開始相信道德不可能衍生自理性，他們稱努力這麼做的行為是自然主義謬誤（naturalistic fallacy）。

超人類主義論者不再相信理性可以回答所有的問題，然而他們仍然相信理性的至高無上，因為它的力量能夠不斷創造出更先進的科技。超人類主義論解決了一個開悟上的重要問題，這問題主要是認為科學的世界觀剝奪了很多人對生命目標的感覺。**如果物質的現實世界只是一堆原子**

四處蹦蹦跳跳，或是基因為求複製而彼此競爭，那麼生命很可能顯得毫無意義。理論物理學家史蒂芬．溫伯格（Steven Weinberg）在他談論大霹靂（Big Bang）的著作《最初三分鐘》（*The First Three Minutes*）中寫道：「宇宙愈顯得可以理解時，也愈顯得沒有意義。」巴斯卡在他的《沉思錄》中，以更具詩意的方式來表達這個觀點：

> 我看到圍繞著我的是宇宙中那些可怕的空間，而我發現自己被困在這片浩瀚區域的一個角落，既不知道我為什麼被擺在這裡而不是別的地方，也不明白為什麼分配給我的短短一生是在這個時間點，而不是整個永恆之中任何在我之前或在我之後的時間。四面八方除了無窮無盡之外，我什麼也看不到，這無窮無盡環繞著我，我是個原子、是個影子，存活僅一瞬，然後再也不會回來。我只知道我一定很快就會死去，但是我對那個無法逃脫的死亡卻一無所知。

「生命的意義」包括全體的和個人的兩個層面。我們可以問這兩個問題：「我們在這裡是有理由的嗎？」以及「我在這裡是有理由的嗎？」超人類主義對這些問題會如此回答：第一，人類的宿命就是要超越人類本身的條件，這不僅是將要發生的事，也是應該發生的事。第二，個人的目標可以是向阿爾科登記、夢想將心智上傳，不然就是運用科技來改善自己。遵照上面這兩點去做，超人類主義就能把人生意義提供給之前被科學奪走人生意義的那些生命。

聖經說：上帝依祂的形象造人；德國哲學家路德維希．費爾巴哈（Ludwig Feuerbach）說：人用自己的形象創造了上帝；而超人類主義則是說：人類將會把自己變成上帝。

後記

瞭解自己，改變自己

該是回到現實的時候了。我們每個人都只有一條命可活，只有一個大腦可用；到最後，生命中的每一個重要目標，都會被濃縮歸結為我們大腦中的改變。我們有幸擁有一些能夠轉換改造的自然機制，但也因為發現它們的局限而深感沮喪。神經科學除了引發我們的好奇心與驚異感之外，究竟能不能為我們帶來改變自己的新見解與新技術呢？

我認為我們這個時代最重要的思想之一，就是連結論，這是強調連結對心智功能之重要性的學說；根據此一見解，改變我們的大腦確實指的就是改變我們的神經連結體。連結論的起源可以回溯到十九世紀，但是以實證方式評估其主張一直是件難事。經過一段漫長的時光，我們終於做好準備，可以好好測試這個學說了，這都得歸功於神經連結體學的新興技術。心智的差異真的是源於神經連結體的差異嗎？如果我們能成功回答這個問題，就應該有能力辨識出大腦接線上我們預期的那些改變。

接下來的步驟將是設計增進這些改變的新方法，以分子干預方式為基礎，來促進那四個R：

重新加權、重新連結、重新接線，以及再生。這些方法也應包括利用訓練療法駕御這四個R，帶來正向的改變。

為了讓這些進展都成為事實，我們我們必須繼續發展必要的科技。在科學史上有很多例子，就是不管這些研究者有多麼聰明，都無法克服某些觀念上的障礙，直到合適的工具出現為止。你不會指望穴居人弄得清楚老式機械鐘如何運作，如果他連一支螺絲起子都沒有的話；同理可證，期待神經科學家手頭沒有超級複雜的工具，卻能把大腦搞得清清楚楚，根本是不切實際的事。我們的科技才剛開始足以勝任這個工作，但是我們還需要科技的能力翻倍再翻倍，變得更強大才行。

我們需要建立一個能夠促進這些科技進步的研究環境。可能性之一是接受「大挑戰」，也就是最具野心的計畫，以激發我們的想像力，動員我們的心智努力。我們可以設定目標，用電子顯微鏡找到鼠腦的整個神經元連結體，或是採用光學顯微鏡找出人腦的整個區域性連結體。這兩個計畫的難度相仿，因為它們需要取得及分析的數據數量差不多；我估計二者各需要十年左右的密集努力。這兩種神經連結體將是神經科學家的寶貴資源，就像基因體對生物學家已經不可或缺一樣。

這些計畫也許極其困難，但我們可以同時尋求捷徑；隨著科技的發展，的確有可能以快速而便宜的方式找到較小的神經連結體。與上述的大挑戰相較，找出一立方公釐人腦中的神經元連結體，或是鼠腦的區域性連結體，所需的時間應該會快上一千倍。找到許多較小的神經連結體，對於研究個體差異及變化會是相當重要的資訊。

在急需找到精神疾病更佳治療方式的現在，為什麼我們要把投資耗費在未來的科技上呢？我認為我們應該二者兼顧。在未來這幾年裡，我們的治療方式一定會有所改進，不過我預期要再花幾十年才能找到到真正治癒的方法。由於這勢必是一場持久戰，所以今日做合理的投資，來日就能收穫長遠回報，這麼做絕對是值得的。

你可能會懷疑這些科技真的能不斷進步，屆時足以讓找到神經連結體變得既快速又便宜嗎？在人類基因體計畫開始進行之前，為整個人類基因體定序看起來同樣幾乎是個不可能的任務；神經連結體學也許看起來很困難，但就某些意義上而言，它和神經科學上的更大努力相比，可說是微不足道。由於我們的目標很明確，所以很清楚知道何謂成功，而且也能夠量化我們的進展。相對而言，神經科學更廣泛的目標：瞭解大腦如何運作，只有模模糊糊的定義，甚至連專家們對於這定義究竟意味些什麼，都還無法達成一致的意見。一旦明確定義出目標，只要投注時間、金錢和精力，就可能產生進步。這就是為什麼我相信神經連結體學必定能夠實現其目標，不管這些目標看起來野心有多大。我們需要的只是起身迎接挑戰。

小男孩在水中拍濺著水花，開心地笑了；上岸後，他開口詢問：「師父，為什麼溪水會流動呢？」老人沉默地注視著這位剛入門的小僧，接著回答：「大地會告訴水該如何流動。」在返回寺院的旅途中，他們走過一座搖搖欲墜的人行橋，小僧緊緊抓住老人的手不放，看著下方深處的溪流，問道：「師父，為什麼峽谷會這麼深呢？」等到他們抵達安全的對岸，老人回答他：「水會告訴大地如何移動。」

我相信我們大腦裡的溪水也是依大致相同的方式流動，神經活動流過我們的神經連結體，推動當前的經驗，並且遺留印記，變成我們的過往回憶。神經連結體學在人類歷史標示出轉折點，當我們從非洲大草原上與猿猴類似的祖先演化成現在的模樣，明顯的區別就是比較大的腦子。我們已經用這樣的大腦塑造出科技，而這些科技又反過來為我們帶來更加驚人的能力。最終，這些科技將變得更為強大，足以讓我們用來瞭解自己，並且改變自己，走向更美好的境地。

致謝

二〇〇七年時，范艾森（David van Essen）邀我到神經科學學會演講，為這本書播下種子。在數千名觀眾面前發言時，我以接受尋找神經連結體的挑戰做為總結。就在台下群眾接下來發出的嗡嗡議論聲中，普瑞爾（Bob Prior）鼓勵我寫本書出來，我接受了他的建議，但是決定把目標鎖定為一般大眾。由於沒有什麼現成知識可以用來做假設，我不得不對最初步的原則提出理由，並且對我自己的所有信念都加以質疑。我是遵循這條指示進行的：「先清空你的杯子，才能夠再裝滿它。」（Empty your cup so that it may be filled，譯注：據說是李小龍的名言。）

我在二〇〇九年完成初稿，卡林（Catharine Carlin）指引我去找萊文（Jim Levine），而艾瑞利（Dan Ariely）則為我正式引見。吉姆以無比熱情提議擔任我的代理人，帶來非常巨大的推進力。他招募了傑出的庫克（Amanda Cook），她不斷以這句問話來敦促我：「讀者為什麼要在乎這個？」除了編輯我所寫的文字、增進我講故事的能力外，她也重塑了我的思考方式。我從來沒有預期到這本書在她的指導下能有這麼戲劇化的改變，我覺得在這方面我實在太幸運了。

生活在科學中會帶來很多精彩的額外福利，有機會認識許多聰明而有趣的同僚；和其他神經科學家進行的許多迷人討論，讓這本書變得更豐富。最初是唐（David Tank）的明智忠告，讓我踏上神經連結體之路；接著登克（Winfried Denk）為這本書的兩份草稿做出評論，鼓勵我繼續寫下去；李奇曼（Jeff Lichtman）耐心指導我與突觸消除及神經達爾文主義相關的知識；海華斯（Ken Hayworth）為我解說他的切片機，並且熱情地提出超人類主義的主張；柏格（Daniel Berger）則是為本書貢獻了許多改進的建議。

幾次的公開演講經驗，讓我更能適應時代潮流。鮑爾（Ute Meta Bauer）邀請我到麻省理工學院的視覺藝術學程（Visual Arts Program）講課，哈克斐德（Susan Hockfield）把我帶到世界經濟論壇（World Economic Forum），而卡迪克（Sarah Caddick）則幫助我在ＴＥＤ演講，把這些資訊傳播給大眾。

最後，我要感謝蓋茨比慈善基金會（Gatsby Charitable Foundation）、霍華休斯醫學研究中心（Howard Hughes Medical Institute），以及人類前峰科學計畫（Human Frontiers Science Program）為我的神經連結體研究提供研究經費。

科學人文 52

打敗基因決定論：一輩子都可以鍛鍊大腦！

CONNECTOME: How the Brain's Wiring Makes Us Who We Are

作　者—承現峻（Sebastian Seung）
譯　者—陳志民
主　編—李筱婷
執行編輯—張啟淵
美術設計—江孟達
執行企劃—劉凱瑛
董事長
總經理—趙政岷
總編輯—余宜芳
出版者—時報文化出版企業股份有限公司
10803台北市和平西路三段二四〇號四樓
發行專線—（〇二）二三〇六—六八四二
讀者服務專線—〇八〇〇—二三一—七〇五
（〇二）二三〇四—七一〇三
讀者服務傳真—（〇二）二三〇四—六八五八
郵撥—一九三四四七二四時報文化出版公司
信箱—台北郵政七九～九九信箱
時報悅讀網—http://www.readingtimes.com.tw
電子郵箱—history@readingtimes.com.tw
法律顧問—理律法律事務所　陳長文律師、李念祖律師
印　刷—盈昌印刷有限公司
初版一刷—二〇一四年八月十五日
定　價—新台幣四〇〇元
⊙行政院新聞局局版北市業字第八〇號

國家圖書館出版品預行編目（CIP）資料

打敗基因決定論：一輩子都可以鍛鍊大腦！/ 承現峻著；陳志民譯.
-- 初版. -- 臺北市：時報文化, 2014.08
面；　公分. --（科學人文；52）
譯自：Connectome : how the brain's wiring makes us who we are
ISBN 978-957-13-6031-7（平裝）

1.神經生理學　2.腦部

398.2　　103014018

ISBN 978-957-13-6031-7
Printed in Taiwan